水基钻井液性能参数动态感知原理与方法

王 韧　梁海波　邹佳玲　王建龙　刘锋报　等编著

石油工业出版社

内 容 提 要

本书围绕现有水基钻井液性能参数实时测量方法及测量精度提升问题进行了讨论,详细介绍了自研的一套适合于地面应用的水基钻井液性能参数在线监测装备,对水基钻井液流变性能实时测量具有重要的指导意义。

本书可供从事钻井液工作的技术人员、科研人员和管理人员参考,也可供高等院校相关专业师生阅读。

图书在版编目(CIP)数据

水基钻井液性能参数动态感知原理与方法 / 王韧等编著. —北京:石油工业出版社,2024.1
ISBN 978-7-5183-6569-2

Ⅰ.①水… Ⅱ.①王… Ⅲ.①水基钻井液-研究
Ⅳ.①P634.6

中国国家版本馆 CIP 数据核字(2024)第 052183 号

出版发行:石油工业出版社
(北京市朝阳区安华里二区 1 号楼 100011)
网　　址:www.petropub.com
编辑部:(010)64523687　图书营销中心:(010)64523633
经　　销:全国新华书店
印　　刷:北京中石油彩色印刷有限责任公司

2024 年 1 月第 1 版　2024 年 1 月第 1 次印刷
787×1092 毫米　开本:1/16　印张:11.25
字数:242 千字

定价:70.00 元
(如出现印装质量问题,我社图书营销中心负责调换)
版权所有,翻印必究

《水基钻井液性能参数动态感知原理与方法》
编 写 组

王　韧　　梁海波　　邹佳玲　　王建龙
刘锋报　　屈沅治　　杨泽星　　杨　海
张　毅　　刘可成　　李颖颖　　刘路漫
白　杨　　王金堂　　赵志良

目　　录

第1章　钻井液性能参数动态感知研究现状 ··· 1
　1.1　钻井液测量研究现状 ·· 2
　1.2　流变参数反演研究现状 ·· 5
　1.3　流量计测量研究现状 ·· 6
　1.4　隔膜泵控制研究现状 ·· 7
　参考文献 ·· 8

第2章　水基钻井液流量恒流优化控制 ··· 12
　2.1　隔膜泵流量控制方式 ·· 12
　2.2　流体脉动特征理论分析 ·· 17
　2.3　隔膜泵运动仿真 ·· 22
　2.4　双泵定转角脉动消减技术 ·· 31
　2.5　隔膜泵调速控制模型 ·· 33
　2.6　控制参数标准设计 ·· 37
　2.7　PID恒流控制技术 ··· 39
　参考文献 ·· 51

第3章　水基钻井液流变参数动态感知 ··· 53
　3.1　流体流变本构模型 ·· 53
　3.2　管流压差法测量原理 ·· 54
　3.3　测量方案设计 ·· 59
　3.4　流变性参数测量实验分析 ·· 63
　3.5　钻井液流变参数准确获取研究 ·· 74
　参考文献 ·· 97

第4章　利用质量流量计测量水基钻井液性能参数精度提升技术 ············· 100
　4.1　质量流量计概述 ·· 100
　4.2　科氏质量流量计测量原理 ·· 106

4.3 质量流量计振动影响分析 ………………………………………… 110

4.4 质量流量计密度测量可行性 ………………………………………… 117

4.5 质量流量计质量流量测量可行性 ……………………………………… 120

4.6 脉动流对测量管的影响 …………………………………………… 126

4.7 脉动流对信号相位差影响分析 ……………………………………… 132

4.8 质量流量计相位差测量误差校准模型 ………………………………… 137

参考文献 …………………………………………………………………… 149

第5章 水基钻井液性能参数动态感知系统开发 …………………… 150

5.1 电控系统设计 ……………………………………………………… 150

5.2 硬件系统设计 ……………………………………………………… 152

5.3 系统总体设计方案及技术路线 ……………………………………… 152

5.4 系统框架设计 ……………………………………………………… 160

5.5 系统数据库设计 …………………………………………………… 162

5.6 配套功能模型设计 ………………………………………………… 163

第6章 水基钻井液性能在线监测系统现场试验情况 ……………… 167

第1章 钻井液性能参数动态感知研究现状

石油能源被称为"现代工业的血液",是保障社会经济、生活、发展的重要资源之一[1]。随着社会经济的迅速发展,人们对于物质生活的需求越来越大,对石油能源的消耗也越来越多。目前我国已开采油气产量已无法满足社会发展对石油能源的需求,因此,我国亟需加大对油气资源的开发力度。由于我国地理位置原因,油气资源处于较深地层。随着勘探力度增加,我国石油钻探向着地层越来越深,地质情况越来越复杂的地区进行开发,随之井下问题变得更加复杂[2-5],更应对事故进行早期监测分析和预警,最大程度防止事故的发生[6-7]。如果对事故的早期监测分析和预警不及时,容易造成井喷、钻具掉落、井壁坍塌、硫化氢中毒、原油泄漏等事故,导致人员伤亡和经济损失,同时生态环境也会遭到不同程度的破坏[8-9]。因此,钻井安全技术成为了油气勘探过程的一项重要技术[10-13]。

钻井液是保障钻井施工作业安全的关键之一。钻井液不仅具有携带岩屑完成井眼净化,稳定地层不发生坍塌的作用,还具有控制井底压力平衡避免引起井涌井喷、防止卡钻等作用[14-15]。同时钻井液还具有润滑钻头、冷却、水功率传递等功能[16]。近几十年来,钻井液性能的实时测量技术一直受到业内人士的关注。由于国内钻井液实时测量技术起步晚,目前在国内石油装备技术中发展缓慢,未应用于井场使用。国外斯伦贝谢或者贝克休斯的钻井液实时测量产品和技术价格高昂,引进将给钻井作业增加较高成本。随着社会自动化和人工智能技术的发展,自动化和人工智能被应用于各个行业领域[17-19]。我国油气能源行业正处于向智能化、智慧化转型的重要阶段,对于油气勘探而言,钻井作业中的大部分自动化技术早已实现,如自动化装卸钻杆、钻井起钻下钻的控制操作、井口回压的自控反馈控制等[20-21],所以钻井液的实时多参数测量变得越来越重要。

目前,要实现钻井液性能参数实时测量亟待解决以下几个问题:

(1) 钻井液流变模式中流变参数的获取主要使用非线性拟合公式,未充分考虑测量过程中隐藏的影响因素对流变参数获取的影响,从而导致流变参数准确性降低。

(2) 测量管安装或者使用过程中受环境因素影响,当测量管倾斜时,受到重力作用影响导致管道压差测量结果不准确。

(3) 使用隔膜泵作为整个钻井液参数在线测量系统的动力源时,未考虑泵入管道的实际流量与理论流量的差异和隔膜泵脉动流量影响的问题,导致测量管道中钻井液流变参数的计算误差较大;其次,未充分考虑如何使电动隔膜泵在变流量后快速地稳定下来实现恒流测量;再者,未考虑脉动流对测量精度的影响。

本章将详细介绍钻井液性能参数动态感知的研究现状。

1.1　钻井液测量研究现状

目前，在石油钻井工程中对钻井液的流变性能参数无法直接测量，通常需要应用仪器通过测量与其相关的辅助变量，然后将这些辅助变量代入到常用的流变模型中计算获得其流变参数，同时也可以获得黏度。目前常用的测量方法有以下几种：

1.1.1　落球法

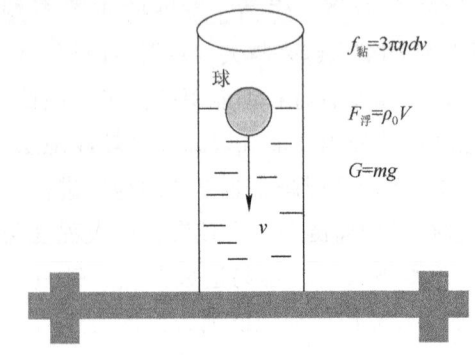

图1.1　小球受力分析示意图

在静止液体中，一个下落的小球分别受到浮力、重力、黏滞力的作用，分析其受力情况，受力分析如图1.1所示。球体受到的重力等于所受到的浮力与黏滞力之和。根据斯托克斯定律来测量计算流体的黏度[22]。

待测量的流体的黏度根据式(1.1)获得：

$$\eta = \frac{2}{9} G r^2 \frac{\rho_s - \rho_f}{v_0} \quad (1.1)$$

式中：η 为流体黏度；G 为重力；r 为球的半径；v_0 为做匀速运动时的速度；ρ_s 为球密度；ρ_f 为流体密度。

落球法测量流体参数的局限性表现为剪切力和剪切速率等基本数据获取困难。因此该方法对非牛顿流体难以做全面的分析，仅适用于牛顿流体。而且在球向下落的运动过程中，液体中各个部分的数值并不一样，对数据的处理比较困难。

1.1.2　旋转法

在石油行业中，对于计算典型的 API 模型推荐的是旋转黏度计。其基本原理是当待测流体与转筒中浸入其中的旋转物体发生旋转运动时，该旋转体受到转筒里流体黏滞阻力的作用，在该作用下原来的转速或者扭矩会发生改变，转子的旋转和浮筒的挠度使扭矩可以通过扭力弹簧与表盘读数相关[23]。因此到轴的一段距离处的剪应力可以从刻度盘读数和仪器参数中计算出来，如图1.2所示。

对石油钻井行业来说，通常使用旋转法来测量钻井液的性能。利用六速旋转黏度计测量转筒内流体在不同剪切速率下的剪切应力，进而可以获得流

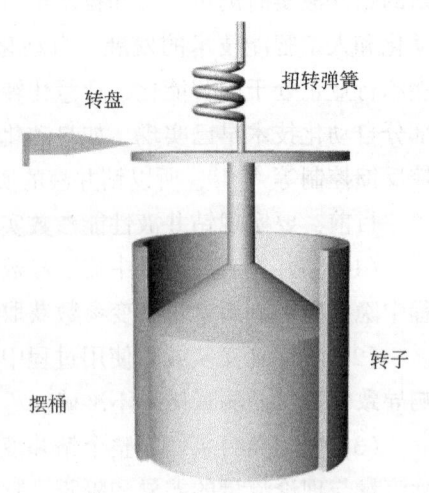

图1.2　旋转测量法示意图

体的流变性能参数,以及黏度参数。该方法优点在于测量范围广,测量起来比较方便,缺点在于其测量时间长达10多分钟,且由于受操作人员的规范动作影响,容易造成测量误差大。

1.1.3 毛细管压耗测量法

利用毛细管测量法测定液体黏度的方法具有悠久的历史,随着电子技术的进步发展,将该技术与压力传感器技术相结合,形成了一种毛细管黏度计测量技术。其主要是将压力传感器通过三通处安装在测量管两端上,与测量管连接成测量环路。最简单的设计是仅有一个环路,由恒流泵驱动液体流经环路时,压差传感器测出压力降,用公式求出黏度[24]。

利用流体在毛细管道中的压力损失变化测量,流体流变性能根据不同的测量原理分为两种类型:恒速型与恒压型,前者主要测量压差,后者主要测量流速。通常在实际工程中,使用的高压毛细管流变仪器大多数为恒速型。利用恒速型毛细管流变仪来测量流体性能参数的原理是根据哈根—泊肃叶定理。在流管两端安装压力传感器,当流体以一定流速流过流管时,管道内的不同位置压力会发生变化,因此可根据流管的长度、管径等参数计算流体的黏度等,如图1.3所示。

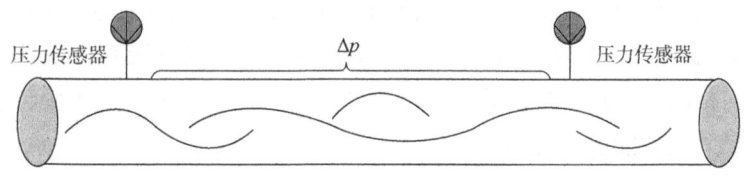

图1.3 毛细管恒速型测量法

该方法测量速度快、便于自动化测量、清洗方便,但采用该方法对钻井液参数的测量技术目前尚未见应用于井场。在现场实现对钻井液参数实时在线测量不仅有利于实时对钻井安全进行监测,还有利于优快钻井,提高钻井时效与质量。

对于流体性能测量仪研制技术方面主要有以下研究:高卫东、陈勋(2019年)提出了一种测流体剪切应力的装置。该装置包括一个内壁光滑的管,以及压力表、压力变送器。管的长度远远大于管内径且管的形式不局限于直通同径管。该装置在入口处安装一个阀门,当流体充满整个管道时关闭阀门。将压力测量设备安装在入口大于20倍水力直径处,以便测量流体流过管道时的压差,进而通过公式计算出管内流体的剪切应力[25]。中国石化胜利油田孙浩玉(2019年)提出了一种变径的异管式在线测量装置实现对钻井液流变性的实时测量。该装置使用了6段不同管径的异型毛细管,在每根异型管安装压力传感器,以此来测量流过每根管流量的压差。根据每根管的尺寸和压差计算出每段的剪切应力,进而根据公式计算出钻井液的流变参数。在管道入口处安装阻尼器和流量计、恒流泵。利用恒流泵将钻井液以泵送的方式泵入管道,阻尼器对泵入的流量进行平滑作用,减少波动。流量计测量钻井液质量、流量和温度。为了消除钻井液温度对压差测量结果的影响,对压力进行精确测量,优化了压差传感器探头几何参数,建立了三温度的三次函数修正模型。

该文章仅针对了宾汉流体和幂律流体进行研究，但常用的流变模式不止2种[26]。西安交通大学刘向阳等(2011年)提出了一种利用毛细管在线测量流体黏度的方法，该研究考虑了高温高压条件对黏度的影响。搭建了实验平台，其中包括毛细管、压差传感器、温度传感器等，在入口前端安装温度传感器。该装置压力测量值最高可达30MPa，温度测量值最高可达500℃[27]。西南石油大学黄逸仁(1994年)提出了一种狭缝式的毛细管流体性能自动连续测量流变仪，可测量牛顿流体与非牛顿流体的流变参数。该设备的管道采用矩形流道，在流道上安装压力传感器。该设备能够测量剪切速率在$10^2 \sim 10^5 s^{-1}$范围内的流体流变参数，且测量误差不超过3%。该装置配备有数据处理、数据输出、流体回收等系统[28]，但测量过程中需要更换不同量程的压力传感器和不同尺寸管径的管子，具有一定局限性。张秀梅等设计了一种测量流体黏度的压力黏度计。该黏度计将压力传感器的压力腔与管道相连接，构成非环路测量系统。其减少与流体管路的连接点，并减少了流体流经管道时的扰动。利用该黏度计先进行多点测量然后再利用回归法测量流体黏度，其成本低、性能稳定[29]。中国石化胜利油田罗云凤、刘保双等(2018年)设计了一种两个串联压力振动管在线测量钻井液密度的装置[30]。该装置主要有2个密度传感器、2个压力调节阀、连接管道(软管)、螺杆泵和管道上2个压力传感器，加厚了石棉层的减震底座。该装置误差在0.003g/cm³。经实验证明，在使用范围内测量结果受温度与流速影响很小，可忽略不计。张家田、李新华(2001年)介绍了自动测量钻井液流变参数的系统软件设计。该系统能够完成远程控制与检测、数据分析及处理。但该系统开发主要是配套使用旋转黏度计来实现实时、在线的钻井液性能参数检测[31]。

2015年斯伦贝谢公司提出了一种利用井下压力传感器进行钻井液流变性能参数测量的方法[32]。该方法将井眼看作是一个大型的管道黏度计。井筒不是光滑且同轴的，为了准确预测钻井液流变参数，考虑了偏心率对环空压耗的影响，修正了壁面剪切速率。将3个传感器(也可在关键位置安装多个传感器)分别安装在离钻头695.8ft、1076.2ft、1456ft处，并记录3个传感器处的压力，得到每一段井筒距离的压差值。通过智能钻杆的遥测系统将数据返回地面进行分析。2016年，斯伦贝谢公司研制了一套连续自动测量钻井液流变参数的仪器。该装备基于管道黏度计的方法，通过压差传感器获得钻井液性能参数，如：钻井液密度、临界雷诺数、钻完井液的实时摩阻系数、稠度系数、流性指数等。通过驱动泵升压保持流体在管道中流动来测量管道中的压耗。该仪器配备数据采集与数据分析系统，能够实时分析采集的参数，并利用合适的流变模式计算出钻井液的流变参数。在现场应用时采样系统主要安装在钻井旁的钻井液池后，在这里钻井液经过振动筛、脱气器、除砂器等一系列处理和清洗，其目的是为了保证钻井液中的固体不会堵塞管道，或者防止固体进入管道内破坏管道内壁，从而影响测量结果的准确性[33]。Johan Wiklund等提出了一种基于在线超声多普勒的UVP-PD流体流变参数的测量方法。该研究将超声速度剖面(UVP)和压力(PD)测量的方法相结合。在不同体积流量的压力驱动的稳定剪切流中进行了实验，结果表明该研究可以实时地监测瞬时速度分布和流变特性[34]。

综上所述，安装在测量管的压差传感器未考虑安装距离导致的端边效应和动能影响测量值的问题等。如果压力传感器的引压孔较小，测量触变性流体会降低压力传感器的灵敏度。该技术主要被国外公司垄断，国内尚未见其在井场的应用报道，目前只存在于实验中。国外仪器的测量周期长。因此，如何解决上述问题是实现钻井性能实时、准确、快速测量的关键。

1.2　流变参数反演研究现状

反演问题是根据问题的结果或者一般原理来确定模型的参数或者表征问题的参数。通常通过问题的结果去推测原因，即：问题结果—模型—最优的模型参数估计值。在反演问题中主要注意几个问题：（1）建立正确的数学模型是快速找到合适反演结果的基础，根据给定的结果，采用一般原理进行推导，能都找到合适的模型参数值；（2）反演出来的结果是否存在唯一性[35]。传统的反演方法难以满足复杂情况、处理标准高的要求。随着人工智能技术的发展，将其应用到反演问题过程中，使得模型参数估计值达到全局最优或者局部最优，能够快速、准确获得最优反演参数。智能反演技术在岩土工程的研究中应用较多，但是对于石油行业大多数在于利用测井资料进行地球物理参数的反演，针对钻井液流体性能参数的反演还未见到相关报道。钻井液流变参数的反演结果是维持地层—井底压力平衡的数据基础，是指导安全钻井作业的重要手段。

东北大学的陈炳瑞、冯夏庭等（2004年）介绍了一种基于模式—遗传算法—神经网络多模型的岩石流变参数智能反演方法[36]。该方法首先使用均匀试验设计方法获得学习样本；然后利用前馈神经网络方法建立代理模型来代替反演分析中的正演计算，以此来减少计算工作量。代理模型能够描述流变模型中的流变参数与位移之间的非线性关系；最后利用模式搜索与遗传算法对待反演的流变模型的参数进行寻优。武汉大学的周伟、徐千等（2007年）介绍了一种针对堆石体9参数流变模型参数的智能反演方法[37]。该方法利用均匀设计构造训练样本，主要包括流变模式中的9个参数和位移参数，并确定参数的范围；然后采用神经网络建立9个流变参数与位移输出的映射关系，构建智能反演分析的目标函数与约束条件；最后利用遗传算法与序列二次规划算法来对待反演的9个参数进行联合优化反演。黄河勘测规划设计院的李远程等（2017年）提出了一种7参数的流变参数反演方法[38]。在众多的流变参数中，利用敏感性分析法选出7个最适合的流变参数，利用遗传算法对7个参数进行位移反演。针对石油行业，山东大学朱高阳（2020年）介绍了一种利用深度学习方法的随钻电磁波测井资料的地层信息反演技术[39]。该方法使用Batch Normalization的深度神经网络架构对随钻电磁波测井在层状各向同性地层和各向异性地层中的测井资料进行反演，从而得到一组最优地层资料参数，并同真实地层资料进行对比，表明此智能反演方法的快速、准确与可靠性高。南华大学的周杨（2014年）在宾汉姆流变模式条件下进行流变模型两参数的反演[40]。对新拌自密实度混凝土利用L-箱进行实验测试，并结合CFD进行混凝土流体力学计算流动形态，建立目标函数。最后利用坐标轮换法对宾汉姆流变模式的动切力和塑性黏度两个参数进行寻优反演，从而得到最佳流变参数。

综上所述，对于流变参数的反演主要都是针对岩石流变参数的反演，且国外极少有相关资料做流变参数智能反演。而反演方法的选择、模型的准确建立是获得准确流变参数的关键技术。因此，针对钻井液流体流变参数的智能反演，本书借鉴岩土流变参数智能反演思路来进行研究。

1.3 流量计测量研究现状

第一台科氏流量计根据科氏力原理于20世纪70年代由美国Micro Motion研制。自此以后国内外对科氏流量计的研究越来越多，且被广泛地应用于工业生产中，可以根据不同的测量要求对测量管的管型进行设计，能够适用于气体、高黏度的流体等测量。

西北工业大学仝猛(2003年)以单直管为研究对象对科氏流量计进行建模并进行数值模拟分析了流体压力、拾振器附加质量等不同因素对测量管的模态及频率影响；同时针对流量计的二次仪表中微弱信号的处理、相位差、频率等问题提出了不同的解法[41]。重庆大学宋帅(2018年)以双"U"形管作为研究对象，利用Ansys分析了管径、管长、管倾斜等物体本身结构的变化对各阶模态的固有频率的影响。其次分析了管内流体的压力、流速等外界因素对测量管应力及变形等的影响。对科氏流量计的相位差检测算法进行研究[42]。对于科氏流量计信号处理方法，主要有李叶[43]从信号的时域、频域着手来对信号进行分析，提出了利用自适应格型陷波、负频修正的DTFT与SDTFT算法来跟踪信号的频率与相位差。张建国[44]除了对单向流、气液两相流的信号进行建模与分析外，还对批料流的信号进行建模与分析。其次通过实验根据信号的特征建立了ARMA数学模型，采用BP神经网络对模型进行误差修正。针对利用科里奥利流量计对两相流进行测量时造成的误差测量偏大，中国石油大学李珊珊、赵玉琦、朱小倩针对管道内流体的流型，如：分层流、环状流等情况建立了气液两相流的科氏流量计振动模型，并对模型求解。其次进行实验对建立的模型进行修正。根据结果可知，一般气体含量超过5%，测量误差偏大[45-48]。对于脉动流造成的测量误差，北京航空航天大学樊尚春(2003年)在脉动流的情况下分析了对直管科氏流量计测量特性的影响，建立了测量管内流经流体属于脉动流的数学物理模型，采用伽辽金法对模型进行求解[49]。

国外学者针对利用流量计测量多相流研究与测量管的结构研究偏多。如Mahmoud Meribout等提出了一种利用科氏流量计与流量调节器结合的新型两相流科氏流量测量计[50]。牛津大学R.P.Liu使用神经网络来修正流量计测量气液两相流时造成的操作困难与测量误差。牛津大学Ming Li在针对利用科氏流量测两相流时开发了一种复杂信号处理技术来跟踪由两相流产生的快速变化的传感器信号，并将该技术连接到商用科里奥利流量管的新型片上系统(SOC)的原型变送器中实施，降低测量误差[51]。同时国外一些公司推出了能测量两相流的科氏流量计，如：艾默生高准ELITE流量计，主要是在二次仪表的信号处理模块中加入了能够修正测量时管内存在气泡的系统[52]。Krohne公司设计的双并联测量管可以在特定的条件下测量15%含气量的流体。Chris Mills讨论了科氏流量计在采油过程中，利用科氏流量计测量时遇到出油的高温、压力和黏度因素的影响导致测量管的材料特性发生变化而导致质量流量读数不准确的缺点。Chris Mills 提出了一系列在使用时的校准建议[53]。

综上所述，针对科氏流量计的研究主要表现为流量计的建模分析及干扰因素的影响分析，并提出相对应的解决方法来消除干扰，减小造成的测量误差，提高测量精度。国内外针对脉动流对科氏质量流量计的影响研究都是针对单直管测量管，还没有学者从弯管型测量管角度出发研究脉动流对其的影响，也没有学者针对性研究脉动流下测量误差校准方法。弯管型质量流量计是最常见的科氏质量流量计，因此对脉动流下"U"形测量管科氏质量流量计的影响和测量误差校准方法研究很有必要。

1.4 隔膜泵控制研究现状

隔膜泵是管道流体输送的核心设备，其具有长距离、高扬程等特点，本书将其作为钻井液性能测量装备的动力端，为实现钻井液在不同流速下进行管道压差测量提供了动力。早期国外对于泵的工作方式主要采取固定频率控制，无法调节运动冲程。随着技术的不断发展，对于泵的工作调节方式增加，如：电控伺服控制、气动伺服控制、变频控制等。本书选择的隔膜泵工作方式为变频调速的方式，其属于恒转矩负载，节能效果好。与此同时还能同先进的控制理论技术结合来实现不同流速下流量快速稳定、动态补偿的目的。另一方面，相对于传统的控制系统而言，采用变频器实现隔膜泵的调速控制能够极大地简化控制系统，提高工作性能可靠性，且利用变频器能够及时采取措施保护电动机，具有强大的保护功能。

控制理论与技术被广泛地应用于现代工业中，张岩对变频器在隔膜泵相关技术应用研究中，由于工业环境的复杂性容易受到噪声的影响及谐波的产生影响变频器的电流造成PLC 通信产生干扰等因素提出了相关的安装解决措施[54]。朱智勇利用模糊 PI 技术与 SVP-WM 调制技术开发了隔膜计量泵控制系统，进而来实现隔膜计量泵在变频调速过程中的动态补偿，缩短调节时间，快速稳定系统性能[55]。对隔膜泵控制技术研究中，浙江工业大学程超(2011 年)提出了一种模糊控制的隔膜泵控制系统[56]。针对隔膜计量泵系统的运行特点，建立了系统传递函数，并设定控制执行机构的死区和饱和区。最后设计了一种自适应调整因子的模糊控制器。哈尔滨工程大学 Wei wei 等设计了一种基于双 EO(电渗透)执行器的新型 POMS 微型隔膜泵[57]。该研究为了获得最大的输出流量和回压，在入口和出口处固定了两个 PDMS 隔膜微型阀。在最佳占空比下，微型泵具有高性能的特点。基于此，在微流控制系统中利用模糊 PID 控制方法实现了微流控制系统中流量的稳定控制。杜锦程针对液压隔膜泵经常发生负载变化而产生较大的能量损失提出一种自适应的调速回路，同时结合 PID 控制技术对液压缸位移负反馈控制系统进行分析，能够快速地对系统进行调节[58]。赵李桃利用隔膜泵进行输煤管道的运送。为了实现脉动消峰效果，设计了泵组不同泵的最佳相位角运行，并采用主轴同步控制的方法实现 6 台隔膜泵组的同步控制，结合模糊 PID 算法实现泵组的定转角协同运行[59]。Nobuyuki Kasa 等于 2009 年提出了一种模糊 PID 控制的隔膜泵系统[60]。该研究主要是针对磁动力新型隔膜泵模型的几个参数未知,以及许多参数随时间变化而变化。因此结合模糊理论,设计了模糊 PID 控制器。每个线圈都设计有一个单独的控制器,并且三个控制器具有一个公共参考输入。Yoshiro Kobayashi 等(2010 年)介绍了一种节能型的小型隔膜泵[61]。该研究开发了隔膜泵的电磁和机电模型。基于这些模型设计了新型节能隔膜泵的驱动线圈及控制系统,主要利用模糊 PID 理论进行控制,最后对新型节能隔膜泵进行了结果评估,效果优良。Valeri Korumov 等(2008 年)为了提高小型节能隔膜泵的生产率,对隔膜泵的控制器进行建模和设计[62]。由于隔膜泵模型的一些参数不确定性及非线性动力学特性,利用模糊 PID 进行控制器的设计。控制器所设计的系统的鲁棒性分析非常简单。泵控制系统由数字信号处理器(DSP)驱动,可实现高质量控制。

由于隔膜泵一抽一吸往复作用,其泵出的瞬时流量属于脉动流,而流量的脉动引起流体在管道中压力的脉动,使得测量数据波动过大、精度较低。在不改变泵自身结构参数情况下,一些学者从泵的外部系统角度出发在系统回路上安装外部装置,如:蓄能器、消声装置等来减少管路系统中泵出的流量脉动而造成的压力脉动[63]。孙婉婷对系统脉动流的原因进行研究,分析了主要的参数对脉动控制的影响并设计了一套脉动消减系统,其主要在出口管线上加气囊式储蓄的缓冲装置[64]。何智勇分析了泵液压系统振动和噪声,根据流体—结构耦合振动原理设计了一种共振式压力脉动滤波器,其降低了压力脉动,但在频率的选择性上还存在一定的局限性[65]。刘大威从机械结构的角度出发,将两个参数完全一样的泵进行并联,使得两台泵输出的流量脉动错开相位,一个流量为波峰,另一个为波谷,将其叠加减少脉动,然后利用电动机将两个泵同步带动,持续保持两台泵工作时的错开定相位[66]。

综上所述,对于隔膜泵的 PID 流量调节控制的研究大多采用传统的 PID 方法或者模糊 PID 进行调节控制。由于多电动机协同控制系统具有高度的非线性、时变性、受负载扰动影响大等特点,该方法虽然在稳定性上可靠,但是容易导致调节响应时间长。因此,如何实现对泵流量的快速稳定控制,以及脉动的消除是获得准确压差测量数据的关键。

<h2 style="text-align:center">参 考 文 献</h2>

[1] 车长波,朱杰,李富兵,等.全球油气资源形势[J].天然气工业,2010,30(1):1-4,133.

[2] 李中.中国海油深水钻井技术进展及发展展望[J].中国海上油气,2021,33(3):114-120.

[3] 谢玉洪.南海西部深水区自营油气田勘探开发现状及展望[J].石油钻采工艺,2015,37(1):5-7.

[4] 苏义脑,路保平,刘岩生.中国陆上深井超深井钻完井技术现状及攻关建议[J].石油钻采工艺,2020,42(5):527-542.

[5] DILLON W P, MAX M D. Gas hydrate in seafloor sediments: Impact on future resources and drilling safety[C]//Offshore Technology Conference. OnePetro, 2001.

[6] 孙东征.深水浅层安全钻井液密度窗口预测技术及工程应用[J].石油钻采工艺,2019,41(5):573-579.

[7] ZEIN J, IRAWAN F, HIDAYAT A M, et al. Case Study-Constant Bottom Hole Pressure of Managed-Pressure Drilling Utilization to Maintain Wellbore Instability in East Java Drilling Operation, Indonesia[C]//SPE Asia Pacific Oil & Gas Conference and Exhibition. OnePetro, 2016.

[8] BRUNO M S. Fundamental research on percussion drilling: improved rock mechanics analysis, advanced simulation technology, and full-scale laboratory investigations[R]. Terralog Technologies Inc., 2005.

[9] TABIBZADEH M, JAIN A. Systematic Root-Cause Analysis of Three Major Offshore Oil and Gas Drilling Accidents Using the AcciMap Methodology[C]//SPE Western Regional Meeting. OnePetro, 2018.

[10] NIEVES-ZÁRATE M. Ten Years After the Deepwater Horizon Accident: Regulatory Reforms and the Implementation of Safety and Environmental Management Systems in the United States[C]//SPE/IADC International Drilling Conference and Exhibition. OnePetro, 2021.

[11] 谭成轩, 韩淑琴, 孟宪刚. 重庆开县天然气井喷事故与现今地应力环境变化的思考[J]. 天然气地球科学, 2007(6): 908-910.

[12] 曾喜喜. 复杂地形条件下的重气扩散研究[D]. 北京: 中国地质大学(北京), 2012.

[13] 赵强, 沈栩锐, 徐雅芩. 钻井现场生产安全事故统计与分析[J]. 安全, 2016, 37(6): 39-42.

[14] LONG L, DA Y, LEI L, et al. Application of innovative high density high-performance water-based drilling fluid technology in the efficient development and production of ultra-deep complicated formations in the Tian mountain front block in China[C]//Offshore technology conference Asia. OnePetro, 2018.

[15] DAVISON J M, CLARY S, SAASEN A, et al. Rheology of various drilling fluid systems under deepwater drilling conditions and the importance of accurate predictions of downhole fluid hydraulics[C]//SPE annual technical conference and exhibition. OnePetro, 1999.

[16] 徐关怀. 钻井泥浆流量及相关参数的监测与建模研究[D]. 淮南: 安徽理工大学, 2007.

[17] FLORENCE F. Upstream oil and gas drilling processes and instrumentation open to new technology[J]. IEEE Instrumentation & Measurement Magazine, 2013, 16(6): 6-10.

[18] 赵琪. 信息技术在石油钻探工程中的应用[J]. 化工管理, 2019(12): 110-111.

[19] RAHIMI R. Progression of Offshore Drilling Safety Culture through Smart System, Experience in South Pars Gas Field, Phase 12[C]//SPE/IADC Middle East Drilling Technology Conference and Exhibition. OnePetro, 2011.

[20] TA QUOC B, DALGIT SINGH H K, NGUYEN LE QUANG T, et al. Successful Wellbore Pressure Management Using Intelligent MPD and Continuous Circulation System on an HPHT Well in Vietnam[C]//SPE/IATMI Asia Pacific Oil & Gas Conference and Exhibition. OnePetro, 2021.

[21] ISKANDAR F F, ABIDDIN M S Z, NAZZERI N, et al. Integrated Real-Time Operation Centre: A Complete Solution towards Effective & Efficient Drilling Operation[C]//Offshore Technology Conference Asia. OnePetro, 2018.

[22] 刘迁, 汪华莲, 张毅, 等. 探究落球法黏滞系数实验的最佳实验条件及误差修正[J]. 大学物理实验, 2018, 31(2): 103-105.

[23] KANG D, WANG W, LEE J, et al. Measurement of viscosity of unadulterated human whole blood using a capillary pressure-driven viscometer[C]//10th IEEE International Conference on Nano/Micro Engineered and Molecular Systems. IEEE, 2015: 1-4.

[24] DU H, WANG G, DENG G, et al. Modelling the effect of mudstone cuttings on rheological properties of

KCl/Polymer water-based drilling fluid[J]. Journal of Petroleum Science and Engineering, 2018, 170: 422-429.

[25] 高卫东, 陈勋. 一种通过管路测流体静剪切应力的装置: CN208350559U[P]. 2019-01-08.

[26] 孙浩玉, 周延军, 刘海东. 变径异型管式钻井液流变性在线监测装置研究与应用[J]. 中外能源, 2019, 24(12): 49-54.

[27] 刘向阳, 何茂刚, 张颖. 高温高压流体在线毛细管黏度测量[J]. 工程热物理学报, 2011, 32(8): 1283-1285.

[28] 黄逸仁. 毛细管狭缝流变仪的测量原理和应用[J]. 石油学报, 1994(4): 86-95.

[29] 张秀梅, 张兆谟, 王遵立. 压力式细管黏度计[J]. 仪器仪表学报, 1998(3): 81-84.

[30] 罗云凤, 刘保双, 王忠杰. 双压力振动管钻井液密度在线测量装置[J]. 钻井液与完井液, 2018, 35(1): 42-46.

[31] 张家田, 李新华. 钻井液流变参数自动检测系统软件设计[J]. 煤田地质与勘探, 2001(5): 63-64.

[32] VAJARGAH A K, OORT E. Automated drilling fluid rheology characterization with downhole pressure sensor data[C]//SPE/IADC Drilling Conference and Exhibition. OnePetro, 2015.

[33] VAJARGAH A K, SULLIVAN G, OORT E. Automated fluid rheology and ECD management[C]//SPE Deepwater Drilling and Completions Conference. OnePetro, 2016.

[34] WIKLUND J, STADING M. Application of in-line ultrasound Doppler-based UVP – PD rheometry method to concentrated model and industrial suspensions[J]. Flow Measurement and Instrumentation, 2008, 19(3-4): 171-179.

[35] 曾帅. 基于H-B流变模型用L-箱测试与反演自密实混凝土的流变参数[D]. 衡阳: 南华大学, 2016.

[36] 陈炳瑞, 冯夏庭, 丁秀丽, 等. 基于模式—遗传—神经网络的流变参数反演[J]. 岩石力学与工程学报, 2005(4): 553-558.

[37] 周伟, 徐干, 常晓林, 等. 堆石体流变本构模型参数的智能反演[J]. 水利学报, 2007(4): 389-394.

[38] 李远程, 张利娟, 周伟. 基于流变参数反演的高面板坝长期变形预测[J]. 中国农村水利水电, 2017(11): 134-138.

[39] 朱高阳. 基于深度学习的层状储层中随钻电磁波测井资料的正反演研究[D]. 济南: 山东大学, 2020.

[40] 周杨. 基于宾汉姆模型用L-箱测试与反演自密实混凝土流变参数[D]. 衡阳: 南华大学, 2014.

[41] 仝猛. 科氏质量流量计理论与应用研究[D]. 西安: 西北工业大学, 2003.

[42] 宋帅. 科里奥利质量流量计的结构分析与相位差算法研究[D]. 重庆: 重庆大学, 2018.

[43] 李叶. 科里奥利质量流量计数字信号处理算法的研究与实现[D]. 合肥: 合肥工业大学, 2010.

[44] 张建国. 科氏质量流量计信号建模与处理方法研究[D]. 合肥: 合肥工业大学, 2018.

[45] 赵玉琦. 基于科氏流量计的环状流测量模型研究[D]. 青岛: 中国石油大学(华东), 2013.

[46] 李姗姗. 科氏流量计测量气液两相分层流的模型研究[D]. 青岛: 中国石油大学(华东), 2013.

[47] 朱小倩. 科氏流量计两相流测量含气率影响规律及修正方法的研究[D]. 青岛: 中国石油大学(华东), 2011.

[48] WANG L, LIU J, YAN Y, et al. Gas-liquid two-phase flow measurement using Coriolis flowmeters incorpo-

rating artificial neural network, support vector machine, and genetic programming algorithms[J]. IEEE Transactions on Instrumentation and Measurement, 2016, 66(5): 852-868.

[49] 樊尚春, 宋明刚. 直管式科氏质量流量计对脉动流响应的研究[J]. 北京航空航天大学学报, 2003(1): 67-71.

[50] MERIBOUT M, SHEHZAD F, KHAROUA N, et al. Gas-liquid two-phase flow measurement by combining a Coriolis flowmeter with a flow conditioner and analytical models[J]. Measurement, 2020, 163: 107826.

[51] LI M, HENRY M, ZHOU F, et al. Two-phase flow experiments with Coriolis Mass Flow Metering using complex signal processing[J]. Flow Measurement and Instrumentation, 2019, 69: 101613.

[52] DUTTON R E. Correction of coriolis flowmeter measurements due to multiphase flows: U.S. Patent 6, 327, 914[P]. 2001-12-11.

[53] MILLS C. Calibrating and operating Coriolis flow meters with respect to process effects[J]. Flow Measurement and Instrumentation, 2020, 71: 101649.

[54] 张岩, 曹亮. 变频器在隔膜泵控制系统中的应用[J]. 控制工程, 2009, 16(S3): 13-15.

[55] 邱杰. 隔膜计量泵变频调速的动态补偿方法研究与设计[J]. 化工管理, 2013(22): 41, 104.

[56] 程超. 基于模糊控制的隔膜计量泵控制系统的研究[D]. 杭州: 浙江工业大学, 2009.

[57] WEI W, GUO S. A microfluidic system with fuzzy PID controller[C]//The 2011 IEEE/ICME International Conference on Complex Medical Engineering. IEEE, 2011: 47-52.

[58] 杜锦程. 液动隔膜泵动力端液压系统分析与研究[D]. 成都: 西南石油大学, 2016.

[59] 赵李桃. 水煤浆运输系统的隔膜泵控制[D]. 西安: 西安科技大学, 2016.

[60] KASA N, HIRANO Y, KROUMOV V. Modeling of novel type diaphragm pump[C]//2009 International Conference on Networking, Sensing and Control. IEEE, 2009: 647-652.

[61] KOBAYASHI Y, TAKEYARI T, KROUMOV V. Control of novel type diaphragm pump for medical instrumentation[C]//Proceedings of the 2010 International Conference on Modelling, Identification and Control. IEEE, 2010: 359-363.

[62] KORUMOV V, KASA N, SHIBAYAMA K, et al. Modeling and control of a new type diaphragm pump using DSP[C]//2008 16th Mediterranean Conference on Control and Automation. IEEE, 2008: 1308-1313.

[63] 欧阳小平, 李磊, 方旭, 等. 共振型液压脉动衰减器研究现状及展望[J]. 机械工程学报, 2015, 51(22): 168-175, 182.

[64] 孙婉婷, 唐秀丽. 往复式液压隔膜泵系统流量脉动控制分析研究[J]. 科技通报, 2015, 31(12): 49, 125-127.

[65] 何志勇, 何清华, 贺尚红. 液压系统泵源回路压力脉动抑制试验研究[J]. 矿山机械, 2010, 38(20): 35-38.

[66] 刘大威. 液压泵输出流量脉动控制及其应用研究[D]. 长春: 吉林大学, 2013.

第 2 章 水基钻井液流量恒流优化控制

水基钻井液流量优化控制是保障现场油气钻探安全施工的重要手段之一。它的主要任务是优化控制钻井液流量，保证所得的流量数据可以正确反映井下工况，实现早期实时风险预警和优快钻井。井场上对于钻井液流量的控制大多采用传统的 PID 方法或者模糊 PID 进行调节控制。该方法虽然在稳定性上可靠，但是容易导致调节响应时间长，因此为了实现对泵流量的快速稳定控制及对脉动现象的消除，本章以隔膜泵为例展开对水基钻井液流量恒流优化控制问题的探讨，主要介绍了隔膜泵流量控制方式、消减流体脉动技术及 PID 恒流控制技术涉及的主要技术问题，提出了一种利用改进的麻雀算法优化 PID 控制器参数的方法。

2.1 隔膜泵流量控制方式

目前国内外隔膜泵种类主要分为三种：电磁驱动式隔膜泵(主要以电磁体作为驱动力，根据输入信号产生电磁引力，使得驱动机构往复运动)、机械驱动式隔膜泵(以机械运动的方式作为驱动使得膜片变形)、液压驱动式隔膜泵(主要工作方式是用活塞驱动液压油，然后依靠液压油驱动隔膜)。

电磁隔膜计量泵是计量泵的一种，是用来计量被运输流体的容积式泵。大多数计量泵都由控制部分、驱动部分、传动部分及过流部分组成。相比较其他计量泵，电磁隔膜计量泵最大的特点就是驱动部分：由电磁体作为主要的驱动力。电磁隔膜泵是以电磁铁为驱动，目的是为了能满足小流量低压力的液体的输送，它因简单的操作结构、能量消耗低、精确计量、便捷的调节方式和性价比高而在行业内受到广泛的喜爱。

电磁推杆带动隔膜在泵头内往复运动，引起泵头腔体体积和压力的变化，压力的变化引起吸液阀门和排液阀门的开启和关闭，实现液体的定量吸入和排出。当电磁铁的线圈得电时，铁芯吸合电磁推杆，同时相应的 5 根弹簧被压缩，液体被定量吸入；当电磁铁的线圈失电时，被压缩的 5 根弹簧由于电磁力的消失而释放，液体被定量排出。

电磁隔膜计量泵集诸多优点于一身：结构简单，易于控制，能耗较小，计量准确，调节方便，同时性价比高，在行业内深受消费者喜爱，被广泛应用于各种行业。但由于流量较小，也只能承受较低的管路压力。

流量调节方式有许多种，常见的方法有：输出管道安装回路法，通过在输出管道系统中添加旁路回路，再通过调节旁路阀来控制回流，这样可以通过调节系统输出来达到控制流量的目的，既方便又快速，但它的缺点是会增加能量耗损。改变泵速法，改变泵的转速来调节装置或者电动机的流量值。调节活塞长度法，是最常用且有效的方法，可以通过调节活塞的行程长度来调节流量，它的优点是在流量小的情况下满足线性要求。

气动隔膜泵是靠气压工作的机械(图2.1)。它将气源从泵进气口输入后通过导向阀和气阀总成交替改变气流方向来交替推动左右隔膜使之吸料和出料，同时阀球随料的进出而打开和关闭来配合一个工作循环的完成。只要泵内部件该密闭的密闭，该畅通的畅通，泵就能循环往复不停地工作。泵正常工作条件下，根据帕斯卡原理可知，在受力面积隔膜一定的情况下，泵频率的快慢、力的大小取决于气源压强的大小。

气动隔膜泵的工作原理是在泵的两个对称工作腔中各安装一个隔膜，隔膜由中心连杆连接成一个整体。压缩空气从泵的进气口进入阀门，通过阀门将压缩空气引入其中一个腔体，推动腔体中的膜片移动，另一个腔体中的气体排出。到达行程终点后，阀机构会自动将压缩空气引入另一个工作腔，推动隔膜向相反方向移动，使两个隔膜连续同步地前后移动。

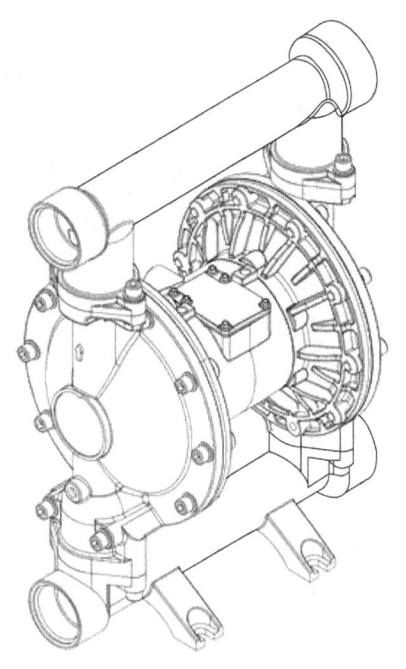

图 2.1 气动隔膜泵

气动隔膜泵由压缩空气驱动。定向空气分配阀和引导阀（称为"气室"）设置在泵的中心。介质流经两个对流管和外隔膜室，称为"介质室"。通常，止回阀（球形或片形）设置在每个外隔膜室的顶部或底部，或共用一个对流管。两个外部隔膜室由吸气端口和出口连接器连接，泵是自吸收的。在操作中，空气分配阀交替控制每个隔膜的加压。每次行程后，阀门会自动改变位置，使空气可以切换到另一个隔膜室，使两侧的隔膜室形成交替的吸液和送压行程，隔膜并行运动，气阀不需要油和润滑油，这是气动隔膜泵优先的运行方式；清洁干燥的空气可以提高泵的性能。当介质通过气动隔膜泵时，止回阀一开一关，这使得每个外隔膜室交替地填充和排出，止回阀对压力差做出一个反应。球阀止回阀可处理含小颗粒的介质，而片阀止回阀系统可以处理含接近管径尺寸不同大小软颗粒的介质。当空气分配阀允许压缩空气进入气动隔膜泵左隔膜腔时，隔膜在压力下被推出，形成压力输送冲程。压力输送部分的介质被迫离开左外隔膜室、止回阀和歧管，然后从泵的出口流出。出口位置可以是顶部、底部或侧面。当气动隔膜泵左隔膜腔在压力下推出时，隔膜连杆将右隔膜向内拉，止回阀充满液体。循环动作完成后，空气分配阀会自动改变位置，使空气切换到另一个隔膜室，并反向重复上述循环动作。工作原理图如图 2.2 所示。

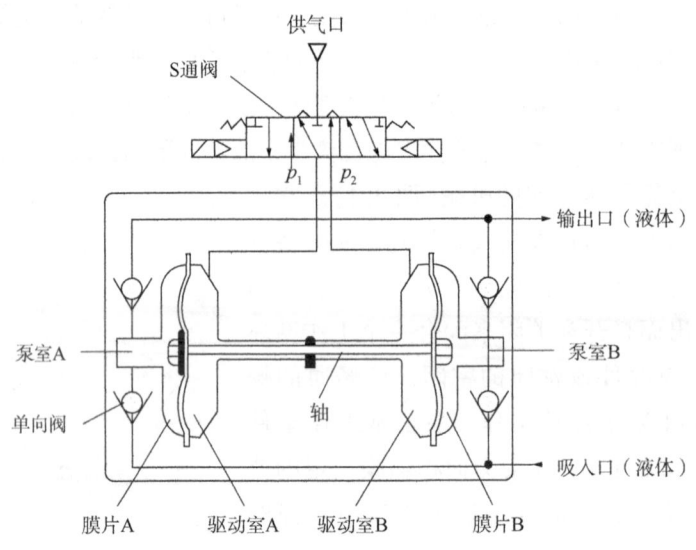

图 2.2　气动隔膜泵工作原理图

气动隔膜泵不仅节约能源，而且非常安全可靠。如图 2.3 所示，气动隔膜泵的安全防护系统十分完善，且工作稳定，可以有效防止泵的损坏和污染，还可以最大限度地减少润滑油的消耗，降低维护费用。这些优点使气动隔膜泵成为节能技术的重要组成部分，得到了广大用户的认可和喜爱。

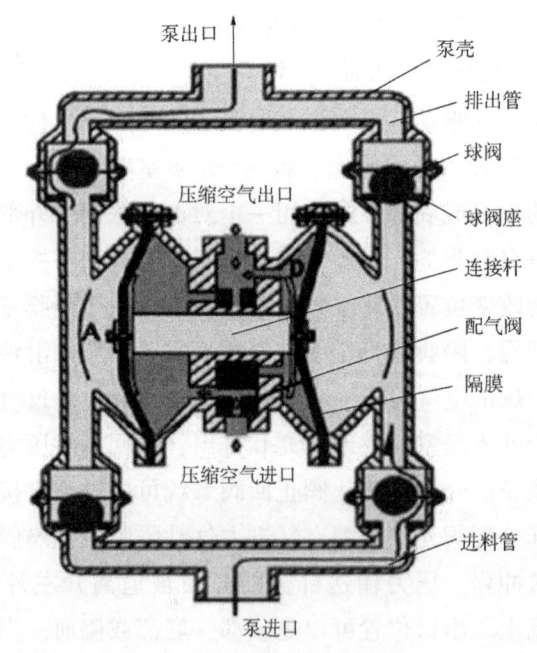

图 2.3　气动隔膜泵的结构[1]

液动隔膜泵（图 2.4）是一种新型的，正在开发的用于浆体管道输送的隔膜式浆体泵，与现有隔膜泵相比，该泵动力端采用成熟的液压驱动技术，取消了活塞隔膜泵中的减速机构、曲柄连杆机构等，极大地简化了传动装置的机械结构，降低了泵的成本。同时，液动隔膜泵操作简单，较易维修，占地面积、投入较少。另外，液动隔膜泵可以从原理上消除浆体输送流量的脉动，减少了液压冲击。

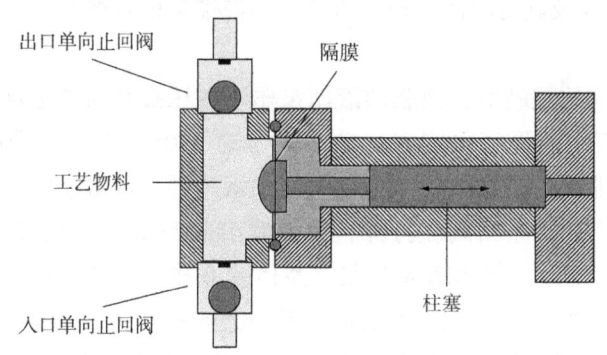

图 2.4　液动隔膜泵示意图

液动隔膜泵是一个机械设备，与驱动电动机、润滑系统、监控设备，以及变频器、电气控制系统等组成一个泵组。泵组通过电气控制系统，实现泵组设备的启停、故障的监控、频率改变等一系列的控制要求。变频器实现输出频率的改变，以改变电动机的转速，即可改变泵速而达到输送流量的无级调节，以满足系统工艺的流程要求。液动隔膜泵的组成如图2.5所示。

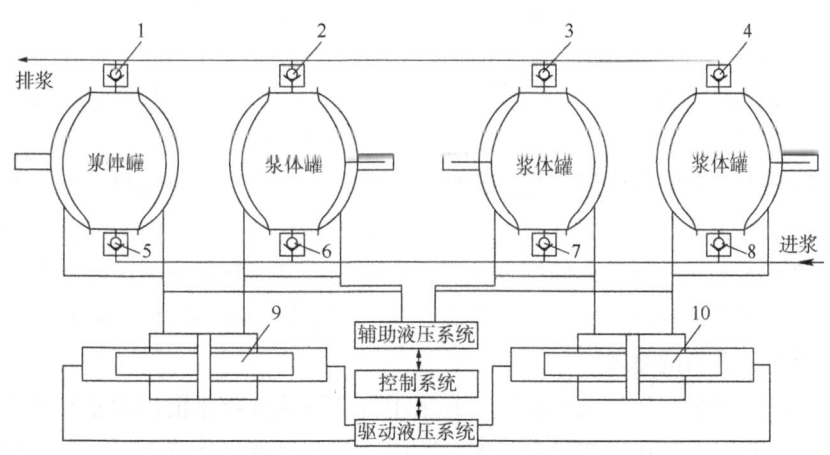

图 2.5　液动隔膜泵组成示意图
1，2，3，4—排浆止回阀；5，6，7，8—进浆止回阀；9，10—液压缸

浆体罐 A、B、C、D 主要由隔膜、位移传感器和隔膜室组成，隔膜把隔膜室分成油侧和浆侧，实现油浆隔离，油侧与驱动液压系统和辅助液压系统相连，浆侧与进浆与排浆止回阀相连。液压缸由柱塞缸和活塞缸复合而成，其作用是：(1)流量放大，把驱动液压系统的高压小流量变成浆体所需的低压大流量；(2)隔离驱动与辅助液压系统，保证驱动液压系统的清洁。进排浆止回阀1~8都是单向止回阀，其作用是防止浆体回流使浆体单向流动。驱动液压系统主要包括驱动电动机、驱动液压泵、电磁溢流阀及电磁换向阀等，其

作用是为液动隔膜泵运行提供动力；辅助液压系统由辅助电动机、辅助液压泵及电磁换向阀等组成，其作用是进行液压缸与隔膜室间油液的补/排以调整隔膜工作极限位置；控制系统采用PLC进行开发，能使液动隔膜泵完成手动或自动运行。

现以浆体罐A、B及其对应的驱动液压缸9和进排浆止回阀1、2、5、6为例来阐述液动隔膜泵的工作原理。

在PLC控制系统的控制下，当驱动液压泵驱动液压缸9向左运动，驱动油液进入浆体罐A，推动浆体罐中的隔膜向浆侧运动。浆体罐A中浆侧压力升高，排浆止回阀打开，浆体罐A进行排浆。同时，浆体罐B中的油液流回液压缸9隔膜向油侧运动，浆体罐B浆侧压力降低，进浆止回阀6打开，浆体罐B进行吸浆。同理，在PLC控制系统控制液压缸9向右运动时，浆体罐A吸浆，浆体罐B排浆。如此往复运动，完成浆体的输送。工作时，驱动液压缸9、10中的活塞按90°的相位差往复运动，以保证两缸9、10不同时换向，从而防止出现死点而引起泵流冲击。工作过程中隔膜应在理想的区间运动，否则隔膜会发生拉伸产生较大变形，从而使其寿命降低。隔膜运动区间通过调整隔离油量实现，在隔膜运动过程中，实时检测隔膜的位置，一旦越界立即停止液压缸运动，并启动辅助液压系统通过补油或排油来调整隔离油的油量，从而使隔膜回到正常的运动。

液压隔膜泵是固液两相介质（矿浆）管道长距离输送和压力喂料输送的核心设备。管道输送现在被称为"第五大运输行业"，与其他运输方式相比，管道输送具有环保、节能、安全、快捷等明显优势。由于冶金选矿和煤矿往往地处偏僻山区，铁路、公路等传统方式运输成本高，且沿途抛洒污染环境，故管道输送技术得到大力发展，其核心动力设备液压隔膜泵也相应地得到了大力发展。高浓度、磨蚀性的固液两相矿浆的长距离管道输送必须通过大流量、高压力参数的液压隔膜泵来实现。长期以来，大型液压隔膜泵都是被业界称为庞然大物的泵设备。我国的大型液压隔膜泵主要采用国外品牌产品，采购价格昂贵，且维护费用高。随着国产液压隔膜泵的技术发展，自动化程度不断提高，国产品牌逐渐代替进口产品，加速我国长输管道业、湿法冶金和煤化工等瓶颈领域的发展，同时对泵的高自动化控制程度提出了严格的要求。

隔膜泵平台主要是利用机械驱动的，其采用电动机通过减速箱带动左右两端柱塞上面的隔膜前后往复运动来工作。在隔膜泵的泵腔内，左右两边都装有上下单向球阀，由于机械传动引起隔膜的运动，会造成工程腔内流量体积的改变，由于压强的改变迫使上下单向球阀交替地开启和关闭，最后达到将液体不断地吸入和排出的效果。钻井液流体性能参数在线测量系统中的隔膜泵配备有传感器，用于执行隔膜泵的运动控制、人机交互，以及数据传输等。它的主要特点是能够自动工作，目前已经被广泛运用。

隔膜泵是钻井液性能在线测量系统中的管道输送核心装置，目前为了显著提高隔膜泵的调速性能，降低隔膜泵工作时的事故率并提高其自动化工作水平，越来越多的先进变频调速控制技术和高性能变频器在隔膜泵等管道自动控制与自动运输上被应用。隔膜泵的控制系统主要由变频器、网络通信设备，以及PLC设备组成。控制系统中的PLC设备构成了整体控制系统的控制中心。其他模块通过现场总线连接到 PLC 控制中心进行实时通信与信号反馈。在功能上，PLC 控制中心主要是对隔膜泵输送的介质材料，以及传感器单元等进行数据采集。然后结合数据处理模块，PLC 将采集的海量数据进行内部计算、存储，以及处理。与此同时，通过网络通信设备，PLC 的控制指令信号会发送到变频器模块进行相应的指令操作。最后变频器驱动隔膜泵的主电动机工作，调节转速，完成对隔膜泵的控制。

(1) 控制泵的出口阀门开度。

该方式通过控制隔膜泵出口阀门的开闭程度来控制流量。当调节阀门的开度时，隔膜泵的排出流量与给定的流量值发生偏离，阀门会在控制器发出的控制信号下进行制动，使得隔膜泵的输出流量回到给定的输出流量值。从本质上说，控制隔膜泵出口阀门的开闭程度就是改变传输介质管路上的阻力，从而引起流量的变化。需要注意的是，当采用本方案时，流量控制阀不应该布置在泵的入口段而应该布置在泵的出口管道上。从整体上，根据隔膜泵的出口阀门开度来控制流量方案比较简单易行。

(2) 控制泵的转速。

通过调节隔膜泵的转速来对泵的排出流量进行控制的方式一般机械效率比较高，因为从能量消耗的角度进行了整体的统筹考虑，但是该方式一般会导致调速机构比较复杂。该方式一般适合仅需控制蒸汽即可控制转速的场合。

(3) 控制泵的出口旁路。

该方式通过改变隔膜泵的出口旁路开度，使得隔膜泵排出流量重新回到吸入管路，从而实现对泵排出流量的控制。该方案控制阀的通径比装在出口管道上的要小得多，这是因为这种方式控制流量的隔膜泵压差大流量小。但是因为从旁路回流的一部分介质会损耗掉隔膜泵的做功的能量，使得该方式机械效率较低，能耗较大，经济效益低，因此较少采用。

2.2 流体脉动特征理论分析

在工业现场，不同泵送设备引起的流体脉动现象有差别，但其压力或流量的脉动都有周期性的特点。在各种井场常用泵中，隔膜泵由于其良好的吸力特性，可以高效、可靠地输送各种浓度、侵蚀性的化学物质和高黏度的流体，即使流体含有大量固体成分，隔膜泵也可以轻松处理。所以隔膜泵广泛地应用于石油天然气开采、煤矿开采运输等行业，本书以隔膜泵为例分析其造成的流体脉动现象特征。

隔膜泵的种类型号多种多样，按照驱动能源分类可以分为电动、气动，以及液压；按照腔室的数量可以分为单缸、双缸、三缸等。不同类型的隔膜泵在出口流量及出口压力等方面有些许的区别。其中电动双缸单作用隔膜泵以结构相对简单、泵送效率高、能耗小、便于安装的特点受到广泛应用。所以本书以电动双缸单作用隔膜泵为例进行研究。

如图 2.6 所示，电动双缸单作用隔膜泵由驱动端和液力端两个部分组成。图 2.6(a) 为驱动端，包括电动机与减速机构，具有将电能转化为机械能的作用；图 2.6(b) 为液力端，主要由活塞杆、隔膜、工作腔室，以及止回球阀等部件组成，负责通过传动机械带动活塞杆运动，在工作腔室形成内外压力差，完成吞吐流体的动作。

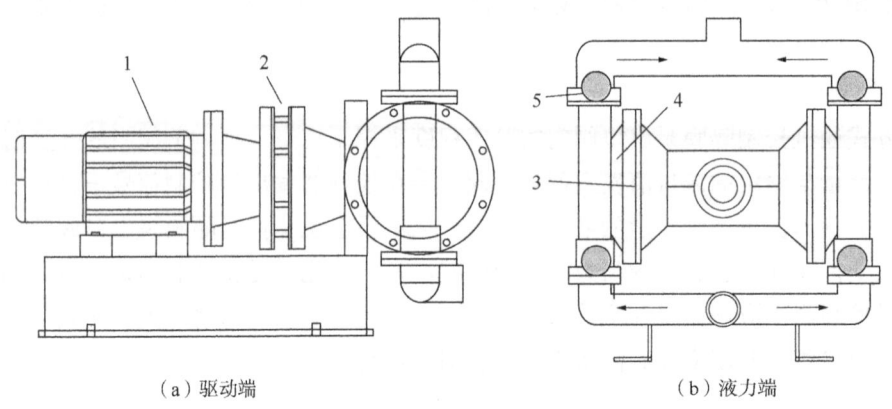

（a）驱动端　　　　　　　　　　（b）液力端

图 2.6　电动双缸单作用隔膜泵结构示意图

1—驱动电动机；2—减速机构；3—隔膜；4—工作腔室；5—止回球阀

液力端的运动如图 2.7 所示，图中虚线部分为隔膜运动区域与偏心轮运动轨迹。假设如图 2.7(a) 所示为初始时刻($t=0$)，两侧隔膜均位于最右端，偏心轮沿逆时针为正方向旋转。设置一个旋转周期时间为 T，当 $T/4$ 时，左侧与右侧隔膜运动至中程，在此期间，球阀①打开，球阀②关闭，左侧工作腔室排出流体，球阀③关闭，球阀④打开，右侧工作腔室吸入流体，直至 $T/2$。如图 2.7(b) 所示，当 $T/2$ 时，左右侧隔膜泵均位于运动区域最右端。当 $3T/4$ 时，左侧与右侧隔膜运动至中程，在此期间，球阀①打开，球阀②关闭，左侧工作腔室吸入流体，球阀③打开，球阀④关闭，右侧工作腔室排出流体。

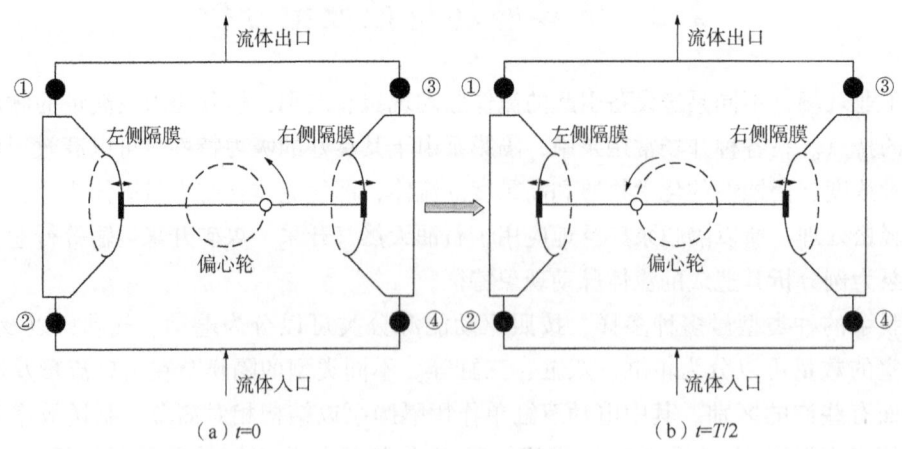

（a）$t=0$　　　　　　　　　　（b）$t=T/2$

图 2.7　液力端运动示意图

电动双缸单作用隔膜泵(下文简称隔膜泵)的工作原理可以概括为：电动机作为动力源，将电能转化为机械能，通过减速机构使偏心轮进行旋转运动，偏心轮连接连杆再带动左右两端隔膜一吸一合地往复运动。在左右两个工作腔室上下两端，装有上下四个单向球阀，隔膜的运动造成工作腔室内的容积的改变，形成压力差迫使四个单向球阀交替地开启和关闭的同时，将液体不断地吸入和排出。

根据图2.6与图2.7可以看出隔膜泵的结构在空间上存在对称性，可以根据几何学将液力端平面化，并取其单侧腔室进行分析。

根据隔膜泵工作原理将单侧腔室中的曲柄连杆结构、活塞和隔膜的运动简化，如图2.8所示。假设隔膜泵处于最理想工况下工作，即不考虑隔膜泵的容积损失和介质在动能传递过程中的损失，隔膜泵的瞬时理论流量在变化规律和数值波动上与曲柄连杆及活塞部分的运动情况相关。而隔膜泵采用曲柄滑块连杆机构推动隔膜做往复运动时，连杆活塞做周期性变速往复运动，因此隔膜泵的瞬时流量随时间周期性变化[2]。

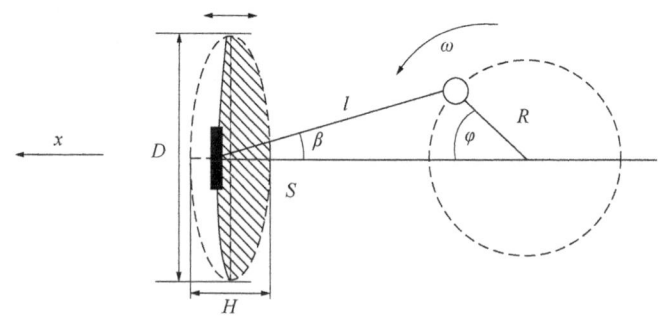

图2.8　单侧腔室的曲柄连杆结构及隔膜运动示意图

ω—曲柄旋转角速度，设逆时针方向为正，rad/s；φ—曲柄转角，(°)；R—曲柄半径，m；l—连杆长度，m；
β—连杆与活塞杆直线之间的锐角，(°)；D—隔膜最大长度，m；H—隔膜最大宽度，$H=2R$，m；
S—隔膜运动面积(阴影部分面积)，m²

假设活塞与隔膜粘连，且隔膜形状始终为圆弧，活塞的位移 x，速度 u，加速度 a 表示为：

$$x = R(1-\cos\varphi) \quad (2.1)$$

$$u = -R\omega\sin\varphi \quad (2.2)$$

$$a = -R\omega^2\cos\varphi \quad (2.3)$$

由于在偏心轮旋转一周的时间 T 内，如图2.8所示单侧腔室只有前半段时间在排出流体，所以在 $T/2$ 内隔膜运动面积 S 可以表示为：

$$S = D\left(\frac{H}{4}-\frac{D^2}{4H}\right)+2a\sin\left(\frac{D}{2\sigma_1}\right)\sigma_1^2-2a\sin\left(\frac{D}{2\sigma_2}\right)\sigma_2^2-D\left(\frac{H}{4}-\sigma_3+\sigma_4\right) \quad (2.4)$$

$$\sigma_1 = \frac{H}{4}+\frac{D^2}{4H} \quad (2.5)$$

$$\sigma_2 = \frac{H}{4} + \sigma_3 + \sigma_4 \tag{2.6}$$

$$\sigma_3 = \frac{D^2}{4H\cos\left(\dfrac{2\pi t}{T}\right)} \tag{2.7}$$

$$\sigma_4 = \frac{H\left[\cos\left(\dfrac{2\pi t}{T}\right) - 1\right]}{4} \tag{2.8}$$

隔膜运动面积的瞬时变化率可以表示为：

$$\frac{dS}{dt} = D\left[\frac{H\pi\sin\left(\dfrac{2\pi t}{T}\right)}{2T} + \sigma_3\right] + 4a\sin\left(\frac{D}{2\sigma_1}\right)\sigma_1\sigma_2 - \frac{D\sigma_2}{\sqrt{1 - \dfrac{D^2}{4\sigma_1^2}}} \tag{2.9}$$

$$\sigma_1 = \frac{H}{4} + \frac{D^2}{\sigma_4} + \frac{H\left[\cos\left(\dfrac{2\pi t}{T}\right) - 1\right]}{4} \tag{2.10}$$

$$\sigma_2 = \frac{H\pi\sin\left(\dfrac{2\pi t}{T}\right)}{2T} - \sigma_3 \tag{2.11}$$

$$\sigma_3 = \frac{8\pi D^2 H\sin\left(\dfrac{2\pi t}{T}\right)}{T\sigma_4^2} \tag{2.12}$$

$$\sigma_4 = 4H\cos\left(\dfrac{2\pi t}{T}\right) \tag{2.13}$$

由于隔膜泵空间上的对称性，将隔膜运动面积 S 绕 x 轴求旋转积分即可获得隔膜运动体积。在 $T/2$ 内隔膜运动体积 V 随时间变化的表达式可以写为：

$$V = \frac{\pi H^3\left[1 + \cos^3(2\pi t/T)\right]}{48} + \frac{\pi D^2 H\left[1 + \cos(2\pi t/T)\right]}{16} \tag{2.14}$$

在 $T/2$ 内隔膜运动体积 V 的瞬时变化率可以表示为：

$$\frac{dV}{dt} = \frac{D^2 H\pi^2\sin(2\pi t/T)}{8T} + \frac{H^3\pi^2\sin(2\pi t/T)\cos^2(2\pi t/T)}{8T} \tag{2.15}$$

如图 2.9 所示，隔膜泵单侧腔室的出口流量曲线形如经过半波整流的正弦波。

由于双缸单作用隔膜泵拥有两个工作腔室，且两个工作腔室的起始相位相隔 180°，所以其瞬时理论出口流量可以由单侧腔室出口流量叠加得到。双缸单作用隔膜泵的瞬时理论出口流量如图 2.10 所示。

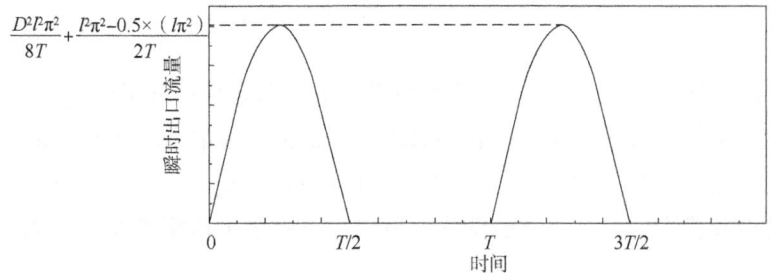

图 2.9　单侧腔室的瞬时出口流量

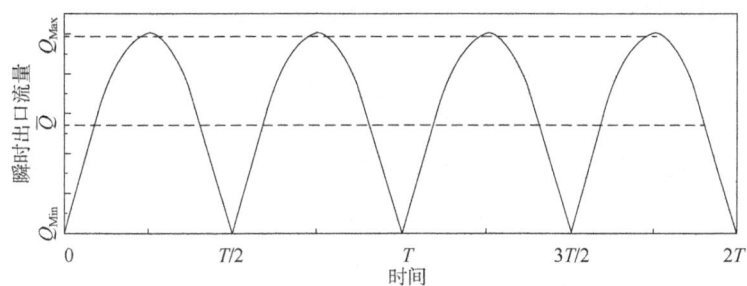

图 2.10　双缸单作用隔膜泵的瞬时理论出口流量

可见隔膜泵瞬时出口流量近似于正弦函数。值得注意的是：隔膜泵在实际工作过程中，由于泵阀开启或关闭时的滞后，或者进液口压力不足导致隔膜泵吸入了气体成分，将会导致隔膜泵内存在容积损失，因此隔膜泵的实际流量小于其理论流量。

为便于对流量脉动剧烈程度进行描述，在此引入流量脉动系数的概念，流量脉动系数 δ_q 表示为：

$$\delta_q = \frac{Q_{Max} - Q_{Min}}{\overline{Q}} \tag{2.16}$$

式中：Q_{Max} 为最大瞬时流量；Q_{Min} 为最小瞬时流量；$\overline{Q}$ 为双缸单作用隔膜泵的理论平均流量。

与流量脉动系数类似，本书在此引入压力脉动系数 δ_p，用于评价压力脉动的剧烈程度。

$$\delta_p = \frac{p_{Max} - p_{Min}}{\overline{p}} \tag{2.17}$$

式中：p_{Max} 为出口出现过的最大压力值，N/m^2；p_{Min} 为出口出现过的最小压力值，N/m^2；$\overline{p}$ 为测量时间内出口上的平均压力值，N/m^2。

根据伯努利方程（即流体的机械能守恒方程），在隔膜泵的排出管路上的任意一点 a 有[3]：

$$\frac{p_a}{r} + \frac{v_a^2}{g} + h_a + \sum S_a = \text{const} \qquad (2.18)$$

式中：p_a 为 a 点处的压强，Pa；v_a 为 a 点处的流速；h_a 为 a 点处的水柱高，m；$\sum S_a$ 为 a 点处的水力损失及惯性损失之和；r 为液体密度，kg/m³；g 为重力加速度，m/s²。

从式(2.18)分析得知，当 a 点位于隔膜泵排出口时，h_a、$\sum S_a$ 为定值，流体压力与流量任意一方的变化都会引起另一方的变化，所以当隔膜泵出口流量发生变化时，隔膜泵出口压力也会随之变化。

隔膜泵在正常工作时出口处的流体压力即为隔膜泵的出口压力，也称为工作压力。常用的出口压力 p_o 计算公式为：

$$\frac{p_o}{\rho g} = \frac{p_d}{\rho g} + (z_d + h) + \Delta h + \frac{v^2}{2g} \qquad (2.19)$$

式中：p_d 为排出液面上的压力，N/m²；z_d 为腔室中心线的基准面到排出液面的高度，m；h 为泵出口到基准面的高度，m；Δh 为排出管路中的水力损失和流体的惯性损失；v 为泵出口处管路中流体的流速，m/s；ρ 为流体的密度，kg/m³；g 为重力加速度，m/s²。

隔膜泵排出液面上的压力及水力损失等参数是与管路结构特性相关的固定值，从式(2.19)可以看出，隔膜泵出口压力只与流速 v 有关，而隔膜泵尺寸结构是固定值，可以据此推算出流量值。从图2.10得知，隔膜泵出口流量呈现正弦波动，所以隔膜泵出口压力值也呈现正弦波动，与式(2.18)分析结果一致。

此外，由于管式测量方法的测量管管径不需要很大，所以隔膜泵也不需要太大的输出功率，在无强烈外部因素影响（如高速阀门的开合或换向阀门工作导致水锤效应）的情况下，管道内的流体脉动频率根据所用隔膜泵工作时的驱动频率而定。

2.3 隔膜泵运动仿真

2.3.1 隔膜泵机械建模

电动双缸单作用隔膜泵由于其耐高温、噪声小、耐酸碱、抗腐蚀等优点得以广泛应用。以 DBY3S 型号电动隔膜泵为例，该型号的电动隔膜泵传动采用摆线针轮减速机，改变工作腔室的容积，隔膜做往返运动发生交替变化，最终实现介质不断地吸入和排出的功能。

如图2.11所示，电动机传动通过偏心轴和连接轴承等可以实现连杆的左右往复运动，当连杆轴向左边运行的时候，左边腔体处于压缩状态，液体从腔体中被挤压出去，同时右边腔体处于扩张状态，可以将外部的液体吸入到腔体内，如此往复运动实现了介质的不断传送。隔膜泵的各个零部件见表2.1。

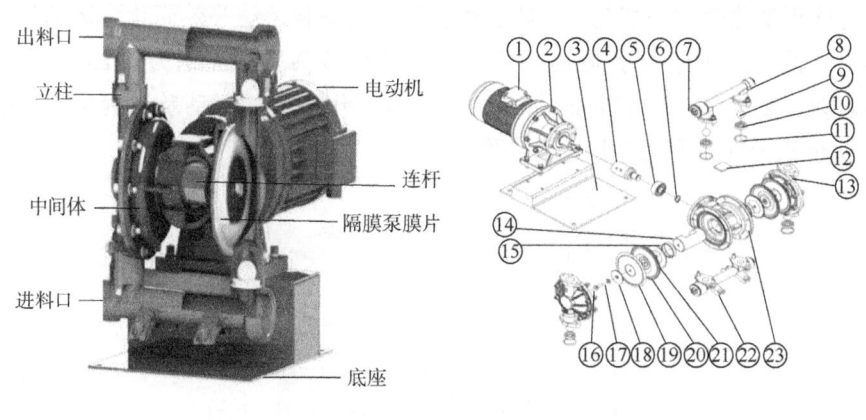

(a) 实物图　　　　　　　　　　(b) 结构图

图 2.11　隔膜泵示意图

表 2.1　隔膜泵零部件明细表

序号	名称	序号	名称	序号	名称	序号	名称
1	电动机	7	堵头	13	立柱	19	四氟隔膜
2	减速机	8	上盖	14	连杆轴	20	聚胶隔膜
3	底座	9	球阀	15	轴套	21	内夹板
4	偏心轴	10	球座	16	夹板螺钉	22	下盖
5	轴承	11	球座密封圈	17	夹板"O"形圈	23	中间体
6	卡簧	12	检查窗	18	外夹板		

本书以此型号的电动双缸单作用隔膜泵的机械参数为基础进行仿真与分析。图 2.12 为该型号的机械模型图。

2.3.2　隔膜泵建模仿真

流体运动只发生在隔膜泵的液力端，本书研究对象为黏性流体在隔膜泵出口处的流量与压力特性。所以借助计算流体力学（Computational Fluid Dynamic，CFD）软件对隔膜泵的工作腔室进行运动仿真，观察由隔膜泵的往复运动导致的流量和压力脉动。

使用 130.7716cm³ 作为仿真中工作腔室的容积值，对仿真中的各种尺寸与条件进行限定。设置运动周期 T 为 1s，可以给出隔膜泵单侧腔室的瞬时体积流量表达式：

图 2.12　双缸单作用隔膜泵的机械建模图

$$\frac{dV}{dt} = 4.913\pi^2 \sin(2\pi t)\cos(2\pi t)^2 + 39.98825\pi^2 \sin(2\pi t) \tag{2.20}$$

在瞬时体积变化率相同情况下，能够将腔室中的隔膜运动等效简化为运动长度更长的活塞运动[4]。设定活塞直径为50mm，那么可以算出该活塞的面积为 6.25π cm², 从而计算出活塞运动长度为 209.23456/π mm。于是单侧工作腔室的运动及结构尺寸可以简化为图 2.13, 灰色部分即活塞运动扫过的工作容积。

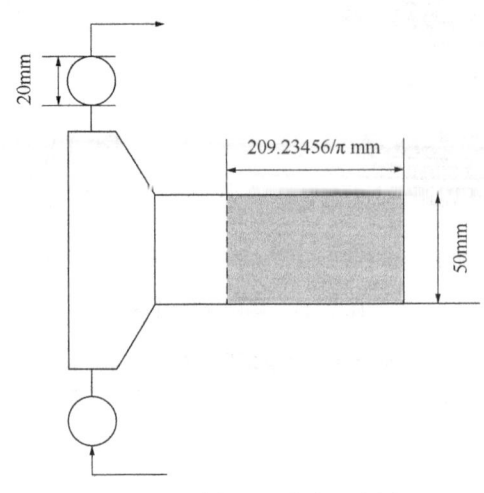

图 2.13　单侧腔室仿真示意图

为使得活塞运动的瞬时体积变化率与隔膜运动的瞬时体积变化率一致，需要对活塞的运动速度进行限定，活塞的运动速度(单位 cm/s)可以写为：

$$v = \frac{4.913\pi^2\sin(2\pi t)\cos(2\pi t)^2 + 39.98825\pi^2\sin(2\pi t)}{20.923456/\pi} \quad (2.21)$$

$$\approx 0.2348\pi^3\sin(2\pi t)\cos(2\pi t)^2 + 1.9117\pi^3\sin(2\pi t)$$

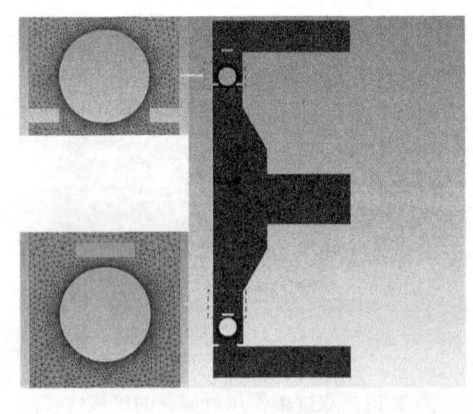

图 2.14　单侧腔室仿真建模图

Fluent 仿真软件模拟该运动的本质是采用有限体积法求解雷诺平均纳维—斯托克斯(RANS 模型)方程组。有限体积法基于三大守恒定律(即能量守恒，质量守恒，动量守恒)对复杂几何体的内部流体运动进行求解，将几何体划分为多个计算网格，如图 2.14 所示，在 Fluent 软件中建立单侧腔室的几何模型图并划分网格。每一个计算网格都是一个单独的控制体，每一个网格都是有限大小，每一个网格都具备完整的守恒方程表达式。

设置网格尺寸为 1mm，由于止回球阀处的流动状态复杂，所以将止回球阀边缘的网格加密化处理。由于 CFD 软件特性决定了模拟的止回球阀部分不可能做到完全闭合(为了避免网格出现负体积，所以球阀与阀座之间的网格不能完全消失)，因此必须保持最小的间隙以实现模型的可实现性,在本书的仿真模拟中,球阀与阀座之间的距离被固定在 0.1mm(球直径的 0.5%)。

使用 RANS 方法求解流体控制方程,其连续性方程与动量方程可以描述为:

连续性方程:

$$\frac{\partial \overline{u}_i}{\partial x_i} = 0 \tag{2.22}$$

动量方程:

$$\rho\frac{\partial \overline{u}_i}{\partial t} + \rho\frac{\partial \overline{u}_i \overline{u}_j}{\partial x_j} = -\frac{\partial \overline{p}}{\partial x_i} + \frac{\partial \tau_{ij}}{\partial x_j} + \mu\nabla^2 \overline{u}_i \tag{2.23}$$

式中:$\overline{u}_i$ 与 $\overline{u}_j$ 分别为雷诺平均速度在 x 轴和 y 轴上的速度分量,m/s;ρ 为密度,kg/m³;$\overline{p}$ 为平均压强,Pa;τ_{ij} 为雷诺应力张量分量;μ 为流体动力黏度;∇^2 为拉普拉斯算子;t 为时间,s。

在这种情况下,对流项采用二阶迎风空间格式,并使用基于格林高斯单元的方法计算动量方程的扩散项中的空间梯度,最后使用到 PISO 算法,用于可变形网格的动态模拟。

此外,由于泵内的流体处于湍流状态,文献[5]针对此类情况,在稳态模型下将 k-εRNG、Realizablek-ε 与 k-ωSST 三种湍流模型进行比对,得出结果:两种 k-ε 模型都呈现出非常相似的行为,在止回球阀间隙中的流型基本相同,但相比于 Realizablek-ε,k-εRNG 更容易受到内部再循环的影响,所以靠近出口的流出流域更加贴合实际。在 k-ωSST 模型中,工作腔室的存在会引起大的阻塞和更宽的射流,从而导致球体上较早出现分离流。同时,k-ωSST 模型严重减轻了阀门的瞬时响应,低估了惯性对流动的影响。因此,本书选择考虑了湍流中的涡流效应与低雷诺数效应,更加稳健与多功能性,具有标准壁函数的 k-εRNG 湍流模型进行仿真处理。

因此,动量方程中的雷诺应力张量分量应该使用涡流黏度模型进行计算,根据:

$$\tau_{ij} = -\rho\,\overline{u'_i u'_j} = \mu_t\left(\frac{\partial \overline{u}_i}{\partial x_j} + \frac{\partial \overline{u}_j}{\partial x_i}\right) - \frac{2}{3}\rho k\delta_{ij} = \mu_t S_{ij} - \frac{2}{3}\rho k\delta_{ij} \tag{2.24}$$

$$\mu_t = \rho C_\mu \frac{k^2}{\varepsilon}$$

式中:u'_i 和 u'_j 为平均脉动速度分量,m/s;k 为湍流动能,J;μ_t 为湍流黏度;S_{ij} 为平均应变率张量,s⁻¹;δ_{ij} 为涡度张量,m/s;C_μ 为常数,取 0.0845。计算湍流动能 k 与湍流耗散率 ε 需要额外的计算方程:$\varepsilon = 2v\overline{s'_{ij} s'_{ij}}$,其中,$s'_{ij} = \frac{1}{2}\left(\frac{\partial u'_i}{\partial x_j} + \frac{\partial u'_j}{\partial x_i}\right)$。

需要注意的是,在仿真中采用了以下假设:

(1) 忽略流体黏性流动中的热效应和浮力效应。

(2) 在使用动态网格时,使用基于压力的求解器,以及网格运动的隐式方案对流场进行隐式解析,使用自定义 profile 运动文件定义活塞的往复位移。

如图 2.15 所示，$T/4$ 时刻，活塞运动至中程，位于上方的止回球阀打开，位于下方的止回球阀关闭。$T/2$ 时刻，活塞运动至最左端，工作腔室中的流体被完全排出。$3T/4$ 时刻，活塞再次运动至中程，位于上方的止回球阀关闭，位于下方的止回球阀打开。T 时刻，活塞运动至最右端，完成一次吞吐动作。

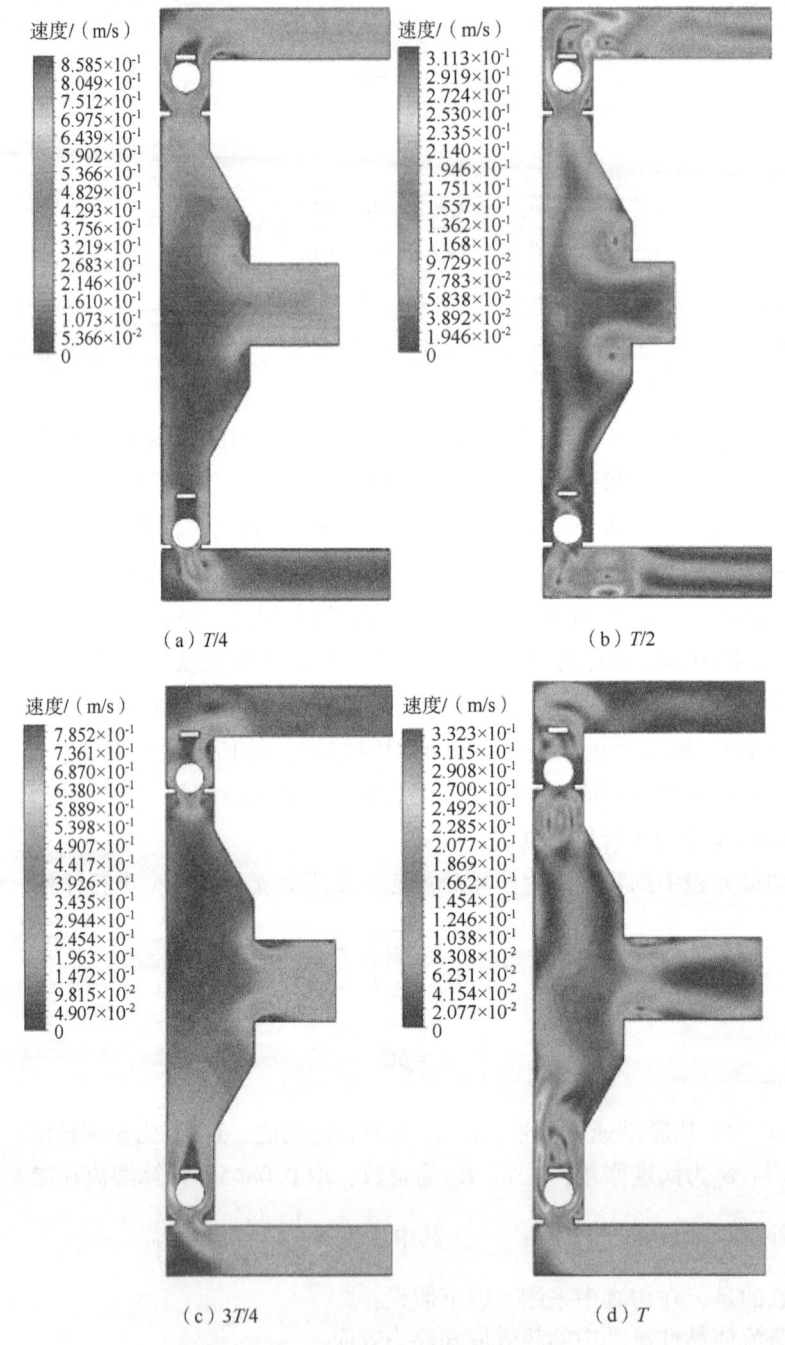

图 2.15　$T=1\text{s}$ 时一个运动周期的流速云图

从图 2.15 中可以看出速度最高值出现在止回球阀附近，这是在排出和吸入的过程中因为止回球阀处会出现射流现象，尤其是在球阀关闭状态的时候，由于仿真软件无法做到球阀与阀座之间完全闭合，一定会存在缝隙，在球阀与阀座之间的距离达到限定距离之后，这种射流和堵塞现象将会加剧。

图 2.16 所示为一个运动周期内隔膜泵工作腔室与出入口的流线图。

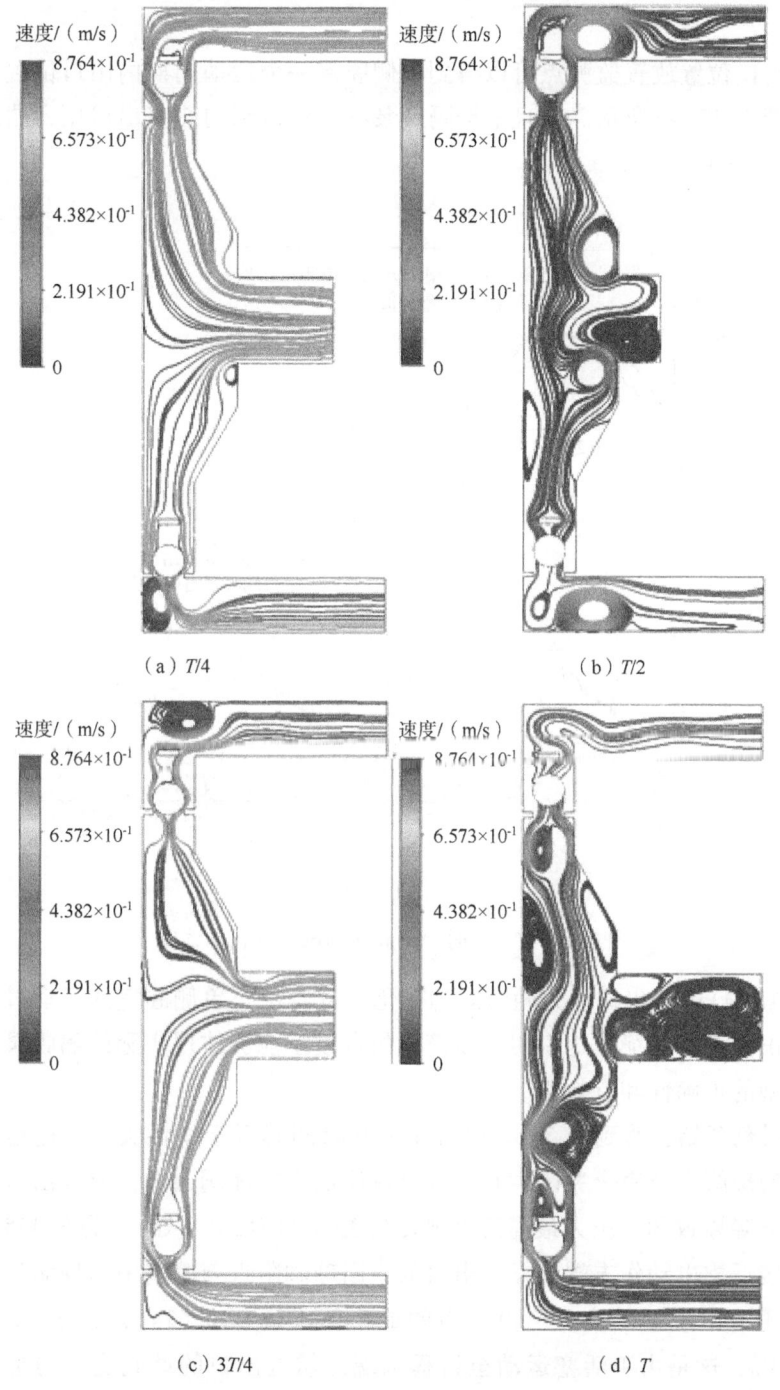

图 2.16 $T=1s$ 时一个运动周期的流线图

分析图 2.16 可知，工作腔室内的流场在活塞排出或者吸入动作中运动至中程时，分布较为平滑，整体并无太多湍流场，所存在的湍流场主要集中在处于关闭状态的止回球阀的周围，以及腔室中存在的转角或凸起的附近。当活塞运动至行程末端时，工作腔室内部流场湍流现象加剧，球阀附近的湍流场变得更加复杂，出入口的流线也受到影响。

通过在出口位置放置监测点可以得到单侧腔室一个运动周期内出口位置的压力变化曲线图，如图 2.17(a) 所示。并且根据隔膜泵特性将得到的腔室出口压力曲线图叠加可以得到图 2.17(b)。

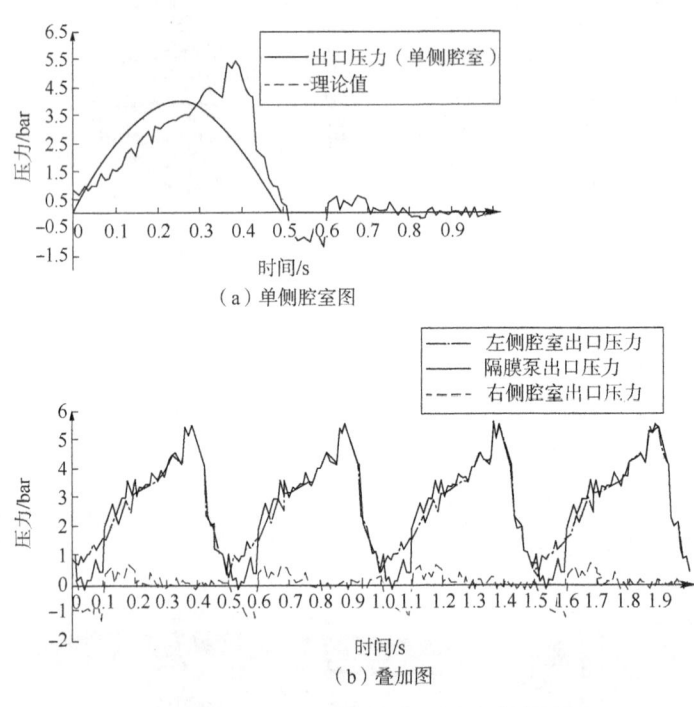

图 2.17　$T=1s$ 时一个周期的压力变化曲线图

从图 2.17(a) 中的出口压力随时间的变化可以看出，单侧腔室的运动过程中出口压力总体符合正弦波形特征。这说明，该简化仿真模型能够体现实际的隔膜泵特性，验证了该仿真模型的正确性和有效性。

从初始时刻开始，直到 0.35s，出口压力与时间趋近于线性关系，这是由于活塞运动，入口处的球阀尚未完全关闭，有一部分流体从下方球阀漏失，所以出口压力相较理想情况有所下降导致的。压力最高值出现在 0.39s（约为 $3T/8$ 处），为 $5.435×10^5$ Pa，此时活塞运动接近排出动作末端，靠近出口的止回球阀附近与腔室中出现湍流，导致流场混乱，出口压力出现了畸变。出口压力的最小值出现在 0.62s（$T/2$ 时刻之后），值为 $-1.205×10^5$ Pa，这是由于活塞运动至行程末端，靠近出口的球阀受到的推力减小，在重力的作用下开始下落，靠近阀座，但与阀座还有一定距离，阀座与球阀之间存在较大间隙，随后活塞开始返程，进入吸入动作，从而导致出口压力出现短暂的负压。可以算出单侧腔室的压力脉动系数 δ_p 为 4.456。

从图 2.17(b) 可以看出，经过两侧腔室的压力叠加后压力最大值为 $5.979 \times 10^5 \mathrm{Pa}$，最小值为 $-0.156 \times 10^5 \mathrm{Pa}$，压力脉动系数 δ_p 为 4.116。这说明隔膜泵的出口压力经过两侧腔室的出口压力叠加，压力脉动的程度得到了一定程度的缓解，并且负压的情况得到改善。

同时由于 Fluent 软件以 2D 形式进行仿真，只是对 Z 轴方向上的尺寸做了固化，所以能够通过放置监测面对出口流量进行监测，将所得数据根据二维与三维模型的比例因子进行转换即可获得单侧腔室的出口流量曲线图，如图 2.18(a) 所示。并且根据隔膜泵特性将得到的腔室出口流量曲线图叠加可以得到图 2.18(b)。

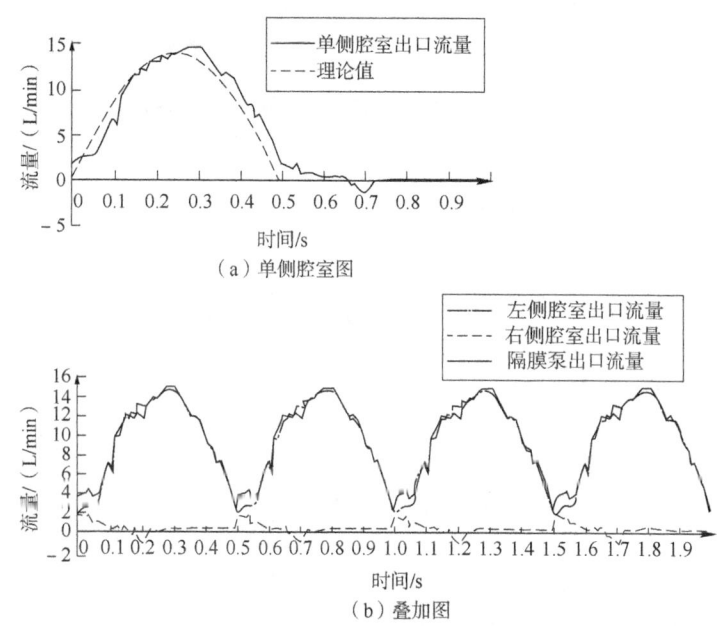

图 2.18　$T=1\mathrm{s}$ 时一个周期的流量变化曲线图

从图 2.18(a) 中可以看出，仿真所得的流量曲线与理想曲线基本一致，在初始时刻至 0.1s，出口流量较低的原因是位于下方的球阀尚未达到极限距离，存在流量漏失的现象。流量最低值为负值，出现在 0.7s 处，这是由于上方球阀并未抵达极限距离而产生了一定程度的流量倒灌现象。单侧腔室中流量最大值为 14.646L/min，最小值为 -1.196L/min，可以算出流量脉动系数 δ_q 为 3.246。从图 2.18(b) 可以看出，经过两侧腔室输出流量叠加后隔膜泵出口流量最大值为 15.043L/min，最小值为 2.397L/min，流量脉动系数 δ_q 为 1.295。

接下来改变表观黏度值，保持工作周期 $T=1\mathrm{s}$ 不变，观察两侧腔室压力与流量叠加后的相关参数变化，如图 2.19 与表 2.2 所示。

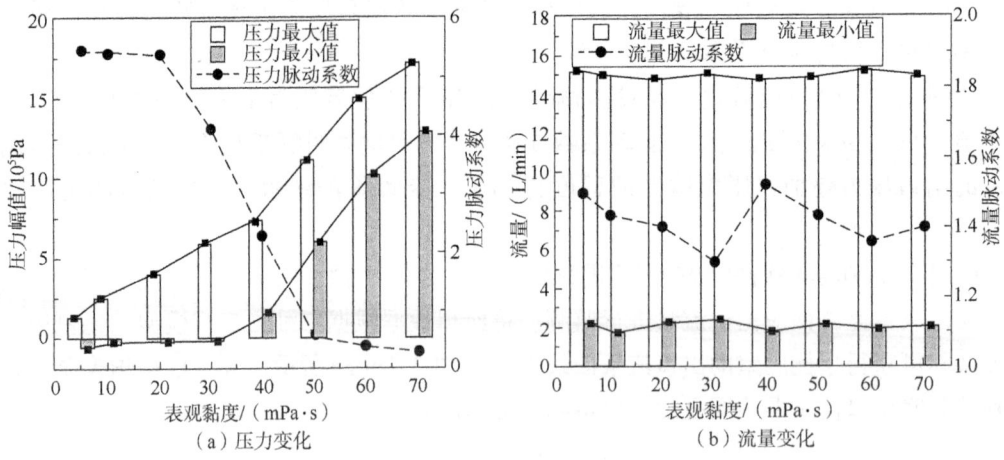

图 2.19 不同黏度下压力与流量脉动系数

表 2.2 不同黏度下压力与流量脉动相关参数

表观黏度 μ /(mPa·s)	压力最大值/10^5Pa	压力最小值/10^5Pa	压力脉动系数	流量最大值/(L/min)	流量最小值/(L/min)	流量脉动系数
5	1.330	-0.673	5.470	15.168	2.183	1.498
10	2.475	-0.324	5.438	14.926	1.758	1.430
20	4.027	-0.247	5.380	14.824	2.289	1.397
30	5.979	-0.156	4.116	15.043	2.397	1.296
40	7.316	1.527	2.303	14.825	1.790	1.522
50	11.138	6.035	0.618	14.927	2.148	1.430
60	14.926	10.246	0.392	15.254	1.923	1.357
70	17.255	12.956	0.295	14.948	2.049	1.396

从上述数据可以看出：随着黏度的增大，隔膜泵出口压力最大值增加，这是由于黏度的增大对应着流体密度、体积弹性模量及质量等物理量的变化，根据守恒定律，在同样的流量下，活塞需要产生更大的挤压力才能破坏流体的网架结构，所以出口压力的峰值上升，且叠加后的负压情况消失，压力平均值会上升。并且随着平均值的上升，隔膜泵的出口压力脉动系数 δ_p 减小。对于流量，随着黏度的增大，流量的最大值、最小值及流量脉动系数 δ_q 都有所波动，但是没有明显变化趋势，这主要是由于隔膜泵工作容积与工作周期没有变化，所以导致流量相关数据没有明显变化。

接下来改变工作周期 T，设置流体黏度为 30mPa·s，观察经过叠加后的出口压力与流量的相关参数变化，如图 2.20 与表 2.3 所示。

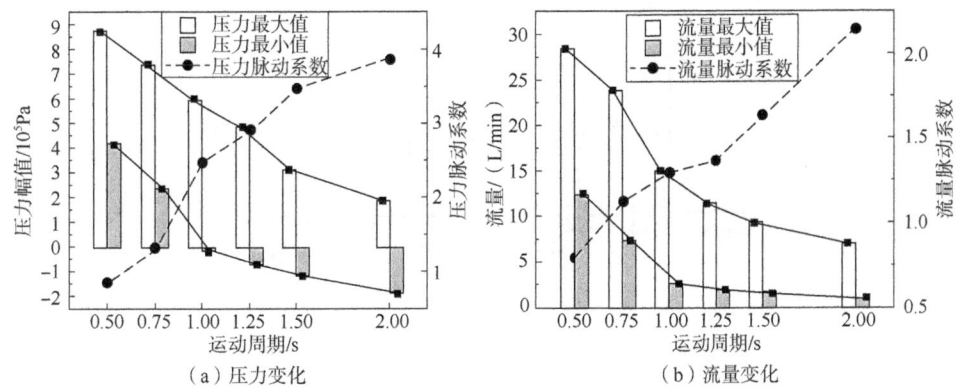

图 2.20 不同运动周期下压力与流量脉动系数

表 2.3 不同运动周期压力与流量脉动相关参数详细数据

工作周期/s	压力最大值/10^5Pa	压力最小值/10^5Pa	压力脉动系数	流量最大值/(L/min)	流量最小值/(L/min)	流量脉动系数
0.50	9.726	3.511	0.853	28.352	12.155	0.790
0.75	7.379	2.357	1.325	23.751	7.659	1.130
1.00	5.979	-0.156	2.464	15.043	2.397	1.296
1.25	4.851	-0.424	2.917	12.916	1.821	1.365
1.50	3.146	-1.178	3.471	11.572	1.473	1.638
2.00	2.126	-1.859	3.880	5.248	0.837	2.141

从上述数据可以说明，随着工作周期 T 的降低（即隔膜泵驱动频率的上升），隔膜泵出口压力会明显上升，同时压力脉动系数会随之降低，这是由于用更短的时间推出了同体积的流体，活塞产生的推力上升，所以出口压力随之增加；经过两侧腔室叠加之后，负压消失，压力最小值上升，并且压力平均值也随之上升，所以压力脉动系数降低。同时，随着 T 的降低，流量倒灌和漏失现象减轻，流量脉动系数也降低。

2.4 双泵定转角脉动消减技术

综合上述小节分析，泵出的流量可近似表示为正弦函数。因此可以根据其泵出流量是脉动的且具有周期性的特点，采用双泵并联错位法减少输出流量的脉动问题。考虑两个性能参数一样的泵，然后使得两个泵的转角错开，具有一定的相位差，即一个泵的流量脉动的波峰与另一个泵的流量脉冲波谷叠加。通过确定两个泵叠加的输出流量脉动在最小时，根据双泵的曲轴转角差值能够实时计算相角差值。根据两个泵不同的相位差可将两个泵的转速进行不同范围的划分，然后改变泵转速的趋势，从而实现两台隔膜泵在最优相角差下的同步运转控制，以此来减少由于流量脉动造成的管道系统振动，降低了测量管道上压力传感器仪器的测量误差。双泵并联运行示意图如图 2.21 所示。

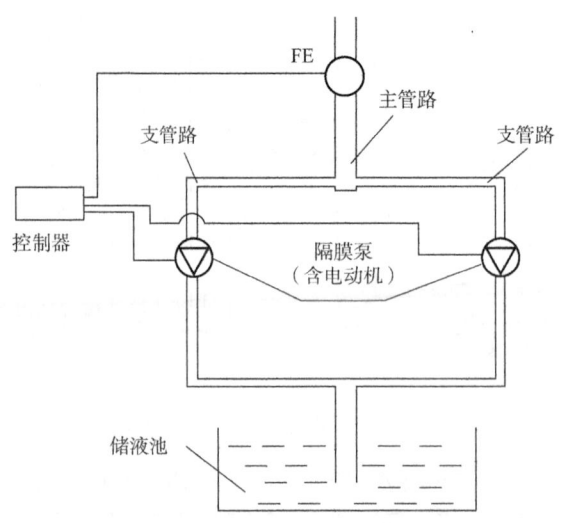

图 2.21 双泵并联输送工况示意图

由于两台泵性能一样,只是转角不同,因此假设第一台泵与第二台泵的输出流量分别为: $Q_1 = A\sin\omega_1 t + b$; $Q_2 = A\sin\omega_2 t + b$。当两个泵的转速相位差为 π 时,可从理论上消除流量脉动,其总流量为: $Q = Q_1 + Q_2 = 2b$。但是在实际应用中受外界因素影响,如加工、装配、长时间应用磨损等,只能做到尽量减少流量脉动。其主要设计步骤与方法如下所示。

(1) 根据单台隔膜泵输出瞬时流量与曲轴转角的对应关系,在双隔膜泵并联输送系统中确定叠加输出流量脉动最小时两台泵的曲轴转角差值;两台泵的转角差结果见表2.4。

表 2.4 两台泵角度转动范围

转角差范围/(°)	泵1	泵2
0~89	增加转速	降低转速
91~180	降低转速	增加转速
180~269	增加转速	降低转速
271~359	降低转速	增加转速
-89~0	降低转速	增加转速
-180~-91	增加转速	降低转速
-269~-180	降低转速	增加转速
-359~-271	增加转速	降低转速
90;-90	转速不变	转速不变
270;-270		

(2) 在曲柄上安装角度传感器,然后利用角度传感器分别检测两台隔膜泵的实时曲轴转角进而能计算两台泵之间的相位角差值。安装如图 2.22 所示。

(3) 根据相位角差值划分为不同范围区段,指出不同范围区段内两台泵电动机的转速改变趋势。

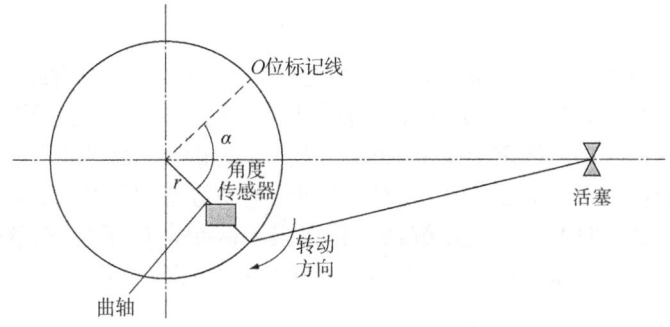

图 2.22 角度传感器安装示意图

2.5 隔膜泵调速控制模型

图 2.23 所示为钻井液性能在线测量系统中隔膜泵控制系统的框架结构。其中关键部件是隔膜泵,主要由异步电动机、减速器、往复运动机构等组成。

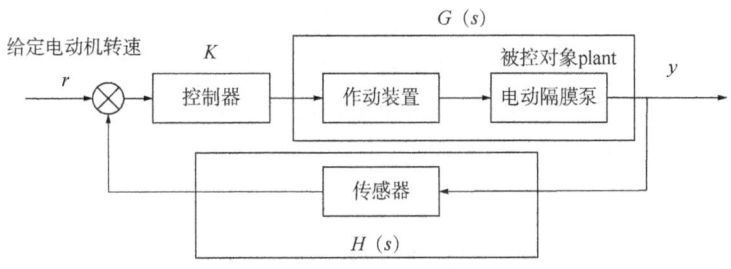

图 2.23 隔膜泵控制系统框架结构

在隔膜泵的调速系统中,耦合的励磁电流分量与转动矩电流分量消除了异步电动机矢量控制中的 M 轴、T 轴的耦合电动势的影响,因此在电动机的输入指令中对电压的设定值应当考虑对两个相互交叉的电动势进行补偿。E_{MT} 是 M 轴到 T 轴的耦合电动势,因此反过来 E_{TM} 是 T 轴到 M 轴的耦合电动势。因此有:

$$E_{TM} = -[\omega_1 H_s i_{Ms} + (H_m/H_r)\omega\psi_r] \quad (2.25)$$

$$E_{MT} = \omega_1 H_s i_{Ts} \quad (2.26)$$

式中:E_{TM} 为在隔膜泵的调速系统中,T 轴到 M 轴的耦合电动势;E_{MT} 为在隔膜泵的调速系统中,M 轴到 T 轴的耦合电动势;H_s 为异步电机定子电感;i_{Ms} 为 M 轴定子电流;H_m 为定转子互感;H_r 为异步电机转子电感;Ψ_r 为转子磁链;ω 为转子角速度;ω_1 为机械角速度;i_{Ts} 为定子 T 轴电流;下角标 s 表示定子;r 表示转子。

在上述式(2.25)和式(2.26)中,E_{TM} 和 E_{MT} 是电动机输入电压的两个分量之一,两个输入电压对 M 轴到 T 轴的耦合电动势进行补偿。另外两个电压分量 E'_{Ts} 和 E'_{Ms} 生成了励磁电流分量和转矩电流分量[6]。

$$E_{Ms} = E'_{Ms} - E_{TM} \quad (2.27)$$

$$E_{Ts} = E'_{Ts} - E_{MT} \tag{2.28}$$

式中：E'_{Ms} 为异步电动机的定子在 M 轴用来产生电动机的励磁电流分量或者转矩电流的输入电压分量；E'_{Ts} 为异步电动机的定子在 T 轴用来产生电动机的励磁电流分量或者转矩电流的输入电压分量；E_{Ms} 为耦合之后的定子在 M 轴电动势；E_{Ts} 为耦合之后的定子在 T 轴电动势。

在 E_{Ms} 和 E_{Ts} 的作用下，M 轴和 T 轴之间的耦合电动势得到了补偿，模拟转速的系统中异步电动机在两个轴方向上经过电压解耦，其相当于两个电压子系统（图 2.24）。M 轴方向上的电压子系统产生磁通激励作用，T 轴方向上的电压子系统产生转矩激励作用。

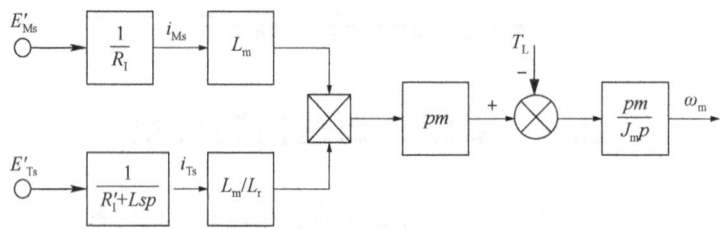

图 2.24 ψ_r 为常数的时候异步电机的简化解耦流程图

$$E'_{Ms} = R_s i'_{Ms} \tag{2.29}$$

$$E'_{Ts} = (R'_s + L_s d) i'_{Ts} \approx R'_s i'_{Ts} \tag{2.30}$$

式中：R_s 为定子电阻；i'_{Ms} 为 M 轴定子耦合电流；R'_s 为等效定子电阻；i'_{Ts} 为 T 轴定子耦合电流；L_s 为定子电感；d 为电流变化梯度符号。

因此给定的输入电压为：

$$E_{Ms} = E'_{Ms} - E_{TM} = R_s i'_{Ms} - H_s \omega_1 i'_{Ts} \tag{2.31}$$

$$E_{Ts} = E'_{Ts} - E_{MT} = R'_s i'_{Ts} + H_s \omega_1 i'_{Ms} + (H_m/H_r) \omega \Psi'_r \tag{2.32}$$

式中：Ψ'_r 为给定输入电压下转子磁链。

在转速模拟系统中，i'_{Ms} 是根据磁链设定值 Ψ'_r 确定的，因此：

$$i'_{Ms} = \Psi'_r / H_m \tag{2.33}$$

同时 i'_{Ms} 由所需要的转矩大小 M'_e 确定，可以直接由速度调节器的输出设定。根据以上各式，可以得到钻井液性能在线监测系统中隔膜泵异步电动机的矢量解耦控制。

为了使异步电动机的轴上总力矩 M_Σ 取得最小值，此时速度比 i_1、传动效率 η 等应该取得最佳值，此时最佳的速度比 i'_1 为：

$$i'_1 = \sqrt{\dfrac{M_N + J_{gl}\dfrac{d\omega_m}{dt}}{\eta J_m \dfrac{d\omega_m}{dt}}} \tag{2.34}$$

式中：i'_1 为最佳速比，该速比可使得电动机轴上的总力矩达到最小；M_N 为摩擦力矩；ω_m 为输出角速度；J_{gl} 为负载和齿轮转动惯量；J_m 为电动机的转动惯量；η 为传动效率系数。

$$M_e - \frac{M_N}{i\eta} = \left(J_m + \frac{J_{gl}}{i^2\eta}\right) i \frac{d\omega}{dt} \tag{2.35}$$

式中：M_e 为异步电动机输出的额定转动力矩。

角加速度的表达式：

$$\frac{d\omega}{dt} = \frac{i\eta M_e - M_N}{i^2 \eta J_m + J_{gl}} \tag{2.36}$$

同时对等式(2.36)左右两边进行求导，令其等于0：

$$\frac{d\dot\omega}{dt} = \frac{\eta M_e(i^2\eta J_m + J_{gl}) - 2i\eta J_m(i\eta M_e - M_N)}{(i^2\eta J_m + J_{gl})^2} \tag{2.37}$$

$$i_1' = \frac{M_N}{\eta M_e} + \sqrt{\frac{M_N^2}{\eta^2 M_m^2} + \frac{J_{gl}}{\eta J_m}} \tag{2.38}$$

确定转速比的方法很多，根据系统的要求而确定。对于本研究中的钻井液性能实时测量系统来说，通过设定满足一定的速度和加速度的要求，从而可以得到最佳的速度比。

对于系统来说，泵模型相对于转速作为惯性负载 $\frac{1}{J_L S + B_L}$，其中 J_L 为泵的转动惯量，B_L 是泵的阻尼系数。当泵工作的时候，随着泵隔膜的往复运动，泵的转动力矩发生变化，这对于系统的转速是干扰因素，会显著影响系统的动态性能。

根据上述所述：

$$J_m \frac{d\omega_m}{dt} + B_m \omega_m + M_g + M_f = M_m \tag{2.39}$$

$$M_m = K_m i_{Ts} \tag{2.40}$$

$$\frac{M_g}{i} = J_L \frac{d\omega_L}{dt} + B_L \omega_L + M_L \tag{2.41}$$

$$\omega_m = \frac{\omega_L}{i} \tag{2.42}$$

$$u_{Ts} = \left(R_s' + L_s \frac{d}{dt}\right) i_{Ts} + K_e \omega_m \tag{2.43}$$

$$K_m = P_m \frac{L_m}{L_r} \phi_r$$

$$K_e = P_m \frac{L_m}{L_r} \phi_r$$

式中：B_L 为泵的阻尼系数；B_m 为电动机的阻尼系数；ω_m 为电动机的转动角速度；ω_L 为泵的机械角速度；M_g 为齿轮力矩；M_m 为电动机的转动力矩；i 为增速装置的传动速度比；J_L 为泵转

动惯量；J_{mg}为电动机和齿轮转动惯量；M_f为流体阻尼力矩；K_m为一个常数，和电动机的结构和特性有关；K_e为一个常数，和电动机的结构和特性有关；u_{Ts}为T轴定子励磁电压。

对上述方程进行Laplace变换，得到频域方程如下：

$$J_{mg}S\omega_m(S)+B_m\omega_m(S)+M_g+M_f=M_m$$

$$M_m=K_m i_{Ts}(S)$$

$$\frac{M_g}{i}=J_L S\omega_L(S)+B_L\omega_L(S)+M_L$$

$$\omega_m(S)=\frac{\omega_L(S)}{i}$$

$$u_{Ts}(S)=(R'_s+L_s S)i_{Ts}(S)+K_e\omega_m(S) \tag{2.44}$$

式中：S为拉氏变换函数。

联立上述方程式，消除$i_{Ts}(S)$和$\omega_m(S)$项，得到式(2.45)：

$$\omega_L(S)=\frac{\dfrac{K_m u_{Ts}}{R'_s+L_s S}-iM_L-M_f}{\dfrac{K_m K_e}{i(R'_s+L_s S)}+\left(\dfrac{J_{mg}}{i}+iJ_L\right)S+\left(iB_L+\dfrac{B_m}{i}\right)} \tag{2.45}$$

$$J_Z=\frac{J_{mg}}{i}+iJ_L$$

$$B_Z=iB_L+\frac{B_m}{i}$$

式中：B_Z为黏性摩擦系数；J_Z为常数。

则有：

$$\omega_L(S)=\frac{K_m K_e}{i(R'_s+L_s S)(J_Z S+B_Z)}\left[\frac{iu_{Ts}(S)}{K_e}-\omega_L(S)\right]-\frac{1}{J_Z S+B_Z}(iM_L+M_f) \tag{2.46}$$

将黏性摩擦系数B_Z忽略，上式约等于

$$\omega_L(S)=\frac{K_m K_e/R'_s J_Z i}{S\left(\dfrac{L_s}{R'_s}S+1\right)}\left[\frac{iu_{Ts}(S)}{K_e}-\omega_L(S)\right]-\frac{1}{J_Z S}(iM_L+M_f) \tag{2.47}$$

因此控制系统的电磁常数为：$T_a=\dfrac{L_s}{R'_s}$

系统等效时间常数为：$T_z=\dfrac{R'_s J_Z i}{K_m K_e}$

传递函数为：

$$\frac{\omega_L(S)}{u_{Ts}(S)} = \frac{K_m}{(J_Z S + B_Z)(R'_s + L_s S) + K_m K_e / i} \tag{2.48}$$

式中：i 为增速装置的传动比。根据设计要求主电机的参数推导传递函数为：

$$G(S) = \frac{1}{\sigma L_s \frac{\tau_r}{L_m} S^2 + (\tau_s + \tau_r) \frac{R_s}{L_m} S + \frac{R_s}{L_m}} = \frac{\frac{L_m}{R_s}}{\sigma \tau_s \tau_r S^2 + (\tau_s + \tau_r) S + 1} \tag{2.49}$$

式中：τ_s、τ_r 分别为定子和转子的时间常数。将数据代入公式可得系统的传递函数为：

$$G(S) = \frac{723}{S^2 + 53S + 677} \tag{2.50}$$

2.6 控制参数标准设计

在闭环的隔膜泵控制器中，提出了结合粗糙集理论的 Fuzzy-PID 跟踪控制（RSDA-Fuzzy-PID），以确保隔膜泵稳定工作。该方法可以通过对实验数据的分析来估计 PID 参数。因此，与经典的 Fuzzy-PID 相比，它具有更好的稳态控制且无静态误差。控制框图如图 2.25 所示。

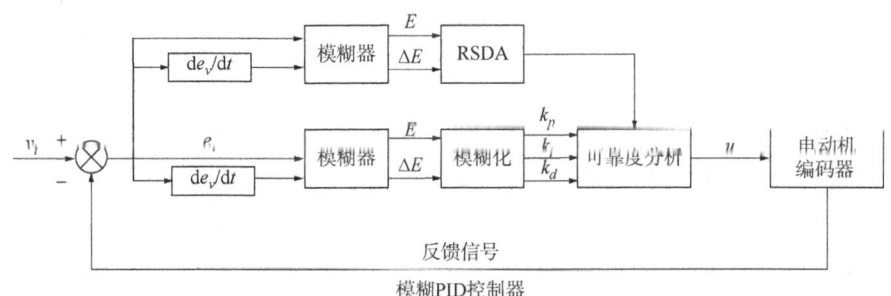

图 2.25 RSDA-Fuzzy-PID 控制器的一般方案

由于泵模型的一些参数是未知的，并且许多参数是随时间变化的，因此设计了模糊型 PID 控制器。每个线圈都设计有一个单独的控制器，并且三个控制器具有一个公共参考输入。控制应该将所需要的位置与实际的位置之间的误差降至最低，即：

$$\lim_{t \to \infty} [e(t)] = \lim_{t \to \infty} [x_r(t) - x(t)] \to 0 \tag{2.51}$$

定义一个 Lyapunov 函数，见式（2.52）。

$$V(e) = \frac{1}{2} \left[\left(\int_0^t e(\tau) d\tau \right)^2 + e^2 + \dot{e}^2 \right] \tag{2.52}$$

如果满足以下条件，则系统是渐近稳定的。

$$V(0) = 0$$

$$V(\infty) = \infty$$

$$\dot{V}(e) = e\int_0^t e(\tau)\mathrm{d}\tau + e\dot{e} + \dot{e}\ddot{e} < 0 \tag{2.53}$$

$\ddot{e}$ 与控制输入 V_i 成正比,式(2.53)可以写成:

$$\dot{V}(e) = e\int_0^t e(\tau)\mathrm{d}\tau + e\dot{e} + e\dot{V}_i < 0 \tag{2.54}$$

将式(2.54)中每一个变量都由一对正负模糊数(e_{j+} 和 e_{j-},$j=k$,p,i)来表征。将这些数代入式(2.54),为了满足式(2.54)的条件,得到表2.5的模糊规则。

模糊 PID 速度控制。IPC 通过 104 总线和 RS485 总线获取电动机和转向杆角的实时速度,然后计算预期速度和观测速度之间的速度偏差 e_v 及其变化率 Δe_v,e_v 和 Δe_v 是模糊控制器的输入。在自动控制器中,输入和输出的模糊子集均为{NB, NM, NS, ZO, PS, PM, PB},分别代表负高、负中、负低、零、正低、正中、正高。与此同时,选择三角形隶属函数作为输入和输出。在本书中,Mamdani 的推理方法(最小—最大)和加权平均值方法都用于解决模糊化和解模糊的过程[7-8]。表2.5 至表2.7 是模糊控制器的模糊控制规则。

表 2.5　模糊控制规则一

k_p		Δe_v						
		NB	NM	NS	ZO	PS	PM	PB
e_v	NB	PB	PB	PM	PM	PS	ZO	ZO
	NM	PB	PB	PM	PS	PS	ZO	NS
	NS	PM	PM	PM	PS	ZO	NS	NS
	ZO	PM	PM	PS	ZO	NS	NM	NM
	PS	PS	PS	ZO	NS	NS	NM	NM
	PM	PS	ZO	NS	NM	NM	NM	NB
	PB	ZO	ZO	NM	NM	NM	NB	NB

表 2.6　模糊控制规则二

k_i		Δe_v						
		NB	NM	NS	ZO	PS	PM	PB
e_v	NB	NB	NB	NM	NM	NS	ZO	ZO
	NM	NB	NM	NM	NS	NS	ZO	ZO
	NS	NB	NM	NS	NS	ZO	PS	PS
	ZO	NM	NM	NS	ZO	PS	PM	PM
	PS	NM	NS	ZO	PS	PS	PM	PB
	PM	ZO	ZO	PS	PS	PM	PB	PB
	PB	ZO	ZO	PS	PM	PM	PB	PB

表 2.7 模糊控制规则三

k_d		Δe_v						
		NB	NM	NS	ZO	PS	PM	PB
e_v	NB	PS	ZO	NB	NB	NB	NM	PS
	NM	PS	ZO	NB	NM	NM	NS	ZO
	NS	ZO	ZO	NM	NM	NS	NS	ZO
	ZO	ZO	NS	NS	NS	NS	NS	ZO
	PS	ZO	ZO	ZO	ZO	ZO	ZO	ZO
	PM	PB	NS	PS	PS	PS	PS	PB
	PB	PB	PM	PM	PM	PS	PS	PB

2.7 PID 恒流控制技术

2.7.1 PID 控制算法分类

在传统的模拟 PID 控制系统中，参数一旦设定，在整个控制过程中都是恒定的。在实际的应用环境中存在许多不确定性，很难达到理想的或者最佳的系统控制结果。然而传统的模糊 PID 控制器的控制效果无法达到最佳效果。随着计算机技术飞升和智能控制技术与理论的突破，数字 PID 技术被广泛应用在各个行业，该方法具有控制算法灵活、可靠性高、速度快等优点。

PID 控制由 PID 控制器和被控对象组成。在模拟系统中，PID 控制器的计算涉及三个独立的常量参数，因此有时被称为三项控制：比例、积分和微分，表示为 P、I 和 D。通常，这些值可以用时间相关值来表示：P 跟当前误差有关，I 跟过去时间段的误差累计有关，D 是根据当前变化率对未来误差实行预测。这三个参数的加权总和可以通过控制元件（如控制阀的位置或向加热元件供电）来调整。目前 PID 控制算法主要有以下几种类型。

2.7.1.1 模拟 PID 控制算法

模拟 PID 控制主要由被控对象和 PID 控制器两部分组成。PID 控制器的计算主要包含三个参数：比例、积分和微分[9]。其结构往往如图 2.26 所示。

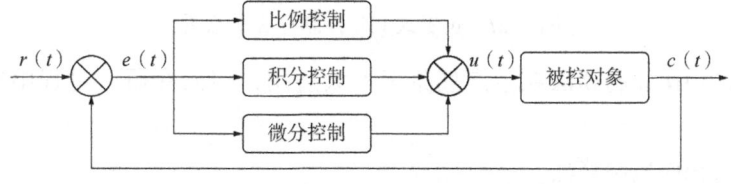

图 2.26 模拟 PID 控制系统结构图

采用数学描述模拟的 PID 控制算法为：

$$u(t) = K_P\left[e(t) + \frac{1}{T_I}\int_0^t e(t)\mathrm{d}t + \frac{T_D \mathrm{d}e(t)}{\mathrm{d}t}\right] = K_P e(t) + K_I\int_0^t e(t)\mathrm{d}t + K_D\frac{\mathrm{d}e(t)}{\mathrm{d}t} \quad (2.55)$$

式(2.55)的传递函数形式为：

$$G(s) = \frac{U(s)}{E(s)} = K_P\left(1 + \frac{1}{T_I s} + T_D s\right) = K_P + \frac{K_I}{s} + K_D s \quad (2.56)$$

式中：K_P 为比例系数；T_I 为积分时间常数；T_D 为微分时间常数；K_I 为积分参数；K_D 为微分参数。

2.7.1.2 数字 PID 控制算法

在自动化控制系统中，一般由硬件来实现模拟 PID 控制算法，数字 PID 控制算法是目前普遍采用的，数字 PID 控制算法分为以下几种。

(1) 位置式 PID 控制算法。

作为一种非递推式算法的位置式 PID 算法，数学描述模拟的 PID 控制算法式中的微分及积分项不能直接使用，因此需要进行离散化处理。将式(2.55)作算式的转换为：

$$\begin{cases} t = kT, \ k = 0, 1, 2, 3, \cdots, n \\ \int_0^t e(t)\mathrm{d}t \approx \sum_{j=0}^{k} e(jT) = T\sum_{j=0}^{k} e(j) \\ \frac{\mathrm{d}e(t)}{\mathrm{d}t} \approx \frac{e(kT) - e[(k-1)T]}{T} = \frac{e(k) - e(k-1)}{T} \end{cases} \quad (2.57)$$

公式离散化过程中，采样周期 T 必须足够小以保证采样的精度达到要求。式(2.57)中 $e(kT)$ 可简化为 $e(k)$，再将式(2.57)代入式(2.55)，就得到离散的 PID 表达式：

$$u(k) = K_P\left\{e(t) + \frac{T}{T_I}\sum_{j=0}^{k} e(j) + \frac{T_D[e(k) - e(k-1)]}{T}\right\} \quad (2.58)$$

式中：k 为采样序列编号；$u(t)$ 为第 k 次采样时刻的控制器输出值；$e(k)$ 为第 k 次采样时刻信号输入的误差值；$e(k-1)$ 为第 $k-1$ 次采样时刻信号输入的误差值。

位置式 PID 控制算法示意图如图 2.27 所示。

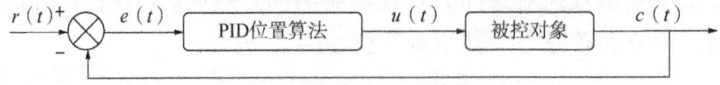

图 2.27　位置式 PID 控制算法示意图

由于位置式 PID 控制算法在生产场景下不太适用，因而在研究过程中提出了增量式 PID 控制算法。

(2) 增量式 PID 控制算法。

在自动化控制系统中，对于只控制输出量的增量 $\Delta(k)$ 的算法定义为增量式 PID 控制算法。图 2.28 所示为增量式 PID 控制算法流程。

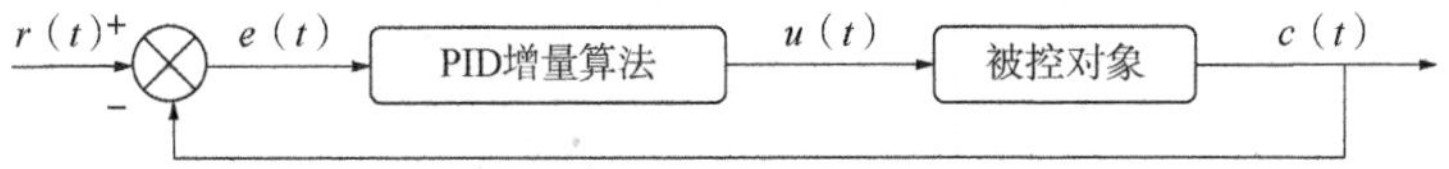

图 2.28 增量式 PID 控制算法示意图

$$V_n = K_P\left(e_n + \frac{1}{T_I}d\sum_{j=0}^{n}e_j T + T_D\frac{e_n - e_{n-1}}{T}\right) \quad (2.59)$$
$$= K_P e_n + K_I\sum_{j=0}^{n}e_j + K_D(e_n - e_{n-1})$$

提供增量的 PID 控制算式如下所示：

$$u(k-1) = K_P e(k-1) + K_I\sum_{j=0}^{k-1}e(j) + K_D[e(k-1) - e(k-2)] \quad (2.60)$$

用式(2.58)减去式(2.60)可以得到：

$$u(k) = u(k-1) + K_P[e(k) - e(k-1)] + K_I e(k) K_D[e(k) - 2e(k-1) + (k-2)] \quad (2.61)$$

$$K_I = \frac{K_P}{T_I}T$$

$$K_D = \frac{K_P}{T}T_D。$$

式中：K_I 为积分系数；K_D 为积分系数。

式(2.61)称之为增量式 PID 控制算法的表达式。

增量式 PID 控制算法具有控制精度高、抗干扰能力强等优点，但是其存在稳态误差比较大的缺点，所以具体选择哪种 PID 控制算法应该根据实际解决的问题而相应确定。

2.7.2 基于 CASSA 优化的 PID 控制器

本节提出了一种改进的麻雀搜索算法(CASSA)，通过引入混沌策略来增强算法种群的多样性，并采用动态自适应权重来平衡算法的收敛速度和搜索能力。最后，采用柯西变异和反向学习策略来增强算法摆脱停滞的能力。仿真结果表明，在相同的环境下，CASSA 算法优化的 PID 控制器优于麻雀搜索算法(SSA)的 PID 控制器的性能，这意味着 CASSA 算法优化 PID 控制的精度和效率更高。

2.7.2.1 麻雀搜索算法(SSA)概述

SSA 算法[10]是一种启发式算法，其主要受麻雀群体觅食和反捕食行为而来。在麻雀觅食的过程中，群体被分为发现者和加入者。发现者有更好的适应度值，并为整个麻雀群体提供觅食区域和方向，而加入者则利用发现者的位置来获取食物。当麻雀群体检测到危险，警报值超过安全值时，麻雀就会采取行动抵抗捕食。原始 SSA 的框架由以下三个主要部分组成。

(1) 更新发现者的位置。

在搜索过程中，具有较好适应度值的发现者将优先获得食物。由于发现者有责任寻找食物并指挥整个种群的行动，与其他麻雀相比，它们可以在更广泛的范围内找到食物。在每次迭代期间，发现者的位置更新如下：

$$X_i^{t+1} = \begin{cases} X_i^t \times \exp\left(\dfrac{-i}{\alpha \cdot T_{\max}}\right), & R_2 < ST \\ X_i^t + Q \cdot L, & R_2 \geqslant ST \end{cases} \quad (2.62)$$

$$X = [X_1, X_2, X_3, \cdots, X_n]^T, \quad X_i = [X_{i,1}, X_{i,2}, X_{i,3}, \cdots, X_{i,d}] \quad (2.63)$$

式中：t 为当前迭代数；n 为麻雀的数量；d 为变量的维数；$T_{\max}$ 为一个常数，表示最大的迭代次数；X_i^t 为迭代 t 次时第 i 个体的位置；α 为随机数，$\alpha \in (0,1]$；R_2 为警报值，$R_2 \in (0,1]$；ST 为安全阈值，$ST \in (0.5,1]$；L 为 $1 \times d$ 的矩阵，其中每个因子都是 1；Q 为服从均值为 0 和方差为 1 的正态分布的随机数。如果 $R_2 < ST$，它表示觅食环境是安全的，如果 $R_2 \geqslant ST$ 则意味着一些个体已经遇到了捕食者，因此所有的麻雀都需要迅速地飞到其他安全的地方。

从式(2.62)可以看出，当 $R_2 < ST$ 时，下一代的发现者将在当前位置移动。式(2.64)揭示了发现者位置值范围的变化。

$$y = \exp\left(\dfrac{-x}{\alpha \cdot T_{\max}}\right) \quad (2.64)$$

式中：x 为迭代的次数；y 为发现者位置值的变化范围。

图 2.29 显示了 0 和 y 之间的随机值的分布，它表示在觅食环境安全时发现者位置的更新范围的变化。随着 x 变大，y 逐渐从 (0,1) 变窄到大约 (0,0.3)。当 x 较小的时候，y 取值接近于 1 的概率较高，并且随着 x 的增加，y 的值的分布变得更加均匀。因此，当 $R_2 < ST$ 时，麻雀各维度的数值变化范围变小。这种搜索策略使 SSA 具有很强的局部搜索能力，但在后期迭代时容易陷入局部最优解。

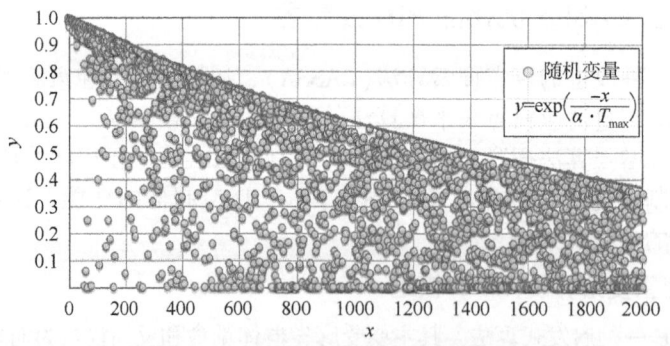

图 2.29 随机变量在 0 和 y 之间的分布

(2) 更新加入者的位置。

麻雀群落的其余部分都是加入者，它们经常监视发现者。一旦它们注意到发现者找到了更好的食物，它们就会离开目前的位置，飞到更好的觅食地区。加入者的位置更新如下：

$$X_i^{t+1} = \begin{cases} Q \cdot \exp\left(\dfrac{X_{\text{worst}}-X_i^t}{\alpha \cdot T_{\max}}\right), & i > \dfrac{n}{2} \\ X_{\text{best}}^{t+1} + \left|X_i^t - X_{\text{best}}^{t+1}\right| \cdot A \cdot L, & i \leq \dfrac{n}{2} \end{cases} \quad (2.65)$$

式中：X_{best} 为精英个体位置，即当前最佳位置；X_{worst} 为当前全局最差位置；A 为 $d \times d$ 矩阵，对于该 $d \times d$ 矩阵，内部的每个因子被随机分配 1 或者 -1 值。当 $i \leq \dfrac{n}{2}$ 时，意味着第 i 个加入者在最佳位置附近觅食，如果 $i > \dfrac{n}{2}$ 时，意味着适应度值较差的第 i 个加入者需要飞到另一个地方觅食。

（3）侦察和预警行为。

在这个群体中，所有的麻雀都有一个侦察和预警机制。一般来说，意识到捕食者的麻雀占群体的 15%～30%。数学模型可以描述如下：

$$X_i^{t+1} = \begin{cases} X_{\text{best}}^t + \beta\left|X_i^t - X_{\text{best}}^t\right|, & f_i > f_b \\ X_{\text{best}}^{t+1} + K\dfrac{\left|X_i^t - X_{\text{best}}^{t+1}\right|}{(f_i - f_w) + \varepsilon}, & f_i = f_b \end{cases} \quad (2.66)$$

式中：β 为随机步长控制系数，服从方差为 1 平均值为 0 的正态分布；$K \in [-1, 1]$ 为随机数；f_i 为第 i 个个体的适应度值；f_b 为当前全局最优适应度；f_w 为当前全局最差适应度；ε 为避免分母为 0 的最小参数。当 $f_i > f_b$ 时，意味着个体处于群体边缘，极易受到捕食者的攻击。如果 $f_i = f_b$，这表明群体中的麻雀意识到了危险，此时需要靠近其他的麻雀以减少被捕的风险。

2.7.2.2 改进的麻雀搜索算法（CASSA）

根据前人的研究结果，原 SSA 算法具有较好的鲁棒性和较快的收敛速度。但 SSA 仍存在易陷入局部最优解、求解精度较低等缺点。SSA 的初始化策略是一种简单的随机方法，这使得算法的性能在很大程度上取决于初始化种群的多样性。此外，在算法的后期迭代中，麻雀群体逐渐围绕找到的最优位置进行聚类，使其容易陷入局部最优解。因此，为了进一步提高 SSA 的能力，采取了一些专门的策略。CASSA 的详细定义如下所示。

（1）Cubic 混沌映射初始化种群。

最近非线性动力学的理论进展和应用，特别是在混沌理论方面，引起了许多领域的关注。混沌理论的一个应用是在优化算法中[11]，本节利用混沌序列来提高 SSA 的种群多样性。混沌序列可以通过不同的混沌模型进行映射，如 Tent 映射、Logistic 映射、Kent 映射和 Cubic 映射。有关学者证明了 Cubic 映射比其他映射具有更好的均匀性[12]。因此，采用 Cubic 映射混沌序列产生 CASSA 种群。混沌映射的遍历性和初始敏感度提高了 CASSA 种群的多样性。数学公式描述如下：

$$X_i = X_{\text{lb}} + \frac{(X_{\text{ub}} - X_{\text{lb}}) \times (y_i + 1)}{2} \qquad (2.67)$$

$$y_{i+1} = 4y_i^3 - 3y_i, \quad -1 < y_i < 1, \quad y_i \neq 0, \quad i = 0, 1, 2, 3, \cdots, N \qquad (2.68)$$

式中：X_i 为麻雀的个体变量值；X_{lb} 和 X_{ub} 分别为解空间中的上界和下界；N 为种群大小。首先，设 D 表示维度，随机生成每个维度的值为 $[-1,1]$ 的 D 维向量作为第一个算子。然后，使用公式(2.67)迭代第一个运算符的每个维度，以获得剩余的 $(N-1)$ 个运算符。最后，使用公式(2.68)将 Cubic 映射生成的运算符的值映射到麻雀个体上。

(2) 柯西变异和反向学习策略。

Tizhoosh 在 2005 年提出了反向学习的概念，其目的是以当前解为基础，通过反向学习机制寻到对应的反向解，然后经过评估比较保存更好的解。在麻雀最优位置的搜索过程中，将反向学习策略耦合在麻雀优化算法中，其数学表征如下：

$$X'_{\text{best}}(t) = ub + r \oplus [lb - X_{\text{best}}(t)] \qquad (2.69)$$

$$X_{i,j}^{t+1} = X'_{\text{best}}(t) + b_1 \oplus [X_{\text{best}}(t) - X'_{\text{best}}(t)] \qquad (2.70)$$

式中：$X'_{\text{best}}(t)$ 为第 t 代最优解的反向解；ub 和 lb 分别为上下界；r 为服从 $(0,1)$ 标准均匀分布的 $1 \times d$（d 为空间维数）的随机数矩阵；b_1 为信息交换控制参数。b_1 计算公式如下：

$$b_1 = (iter_{\max} - t / iter_{\max})^t \qquad (2.71)$$

柯西变异来源于柯西分布（Cauchy Distribution），将柯西变异引入目标函数位置更新方式中，发挥柯西算子的扰动能力，使得算法的全局寻优能力得到提升。

$$X_{i,j}^{t+1} = X_{\text{best}}(t) + \text{cauchy}(0, 1) \oplus X_{\text{best}}(t) \qquad (2.72)$$

式中：cauchy(0,1) 是标准的柯西分布。

为进一步提升算法寻优性能，采取一种动态选择策略更新目标位置，将反向学习策略和柯西变异算子扰动策略在一定概率下交替执行，动态更新目标位置。反向学习策略中，通过反向学习机制得到反向解，扩大算法的搜索领域，柯西变异策略中，运用柯西变异算子在最优解位置进行扰动变异操作得出新解，改善了算法跌入局部区域的缺陷。至于采取何种策略对目标位置进行更新，由选择概率 P_s 决定，其计算公式如下：

$$P_s = -\exp\left(1 - \frac{t}{iter_{\max}}\right)^{20} + \theta \qquad (2.73)$$

式中：θ 为调整参数，取值为 0.05。

如果随机数小于 P_s，则选择式(2.69)至式(2.72)反向学习策略进行位置更新，否则选取式(2.73)柯西变异扰动策略进行目标位置更新。

通过上述两种扰动策略，虽然能增强算法跃出局部空间的能力，但是无法确定扰动变异之后得到的新位置要优于原位置的适应度值，所以在进行扰动变异更新后，引入贪婪规则，通过比较新旧两个位置的适应度值，确定是否要更新位置。贪婪规则见式(2.74)，

$f(x)$ 表示 x 的位置适应度值。

$$\begin{cases} X_{\text{best}} = X_{i,j}^{t+1}, & f(X_{i,j}^{t+1}) < f(X_{\text{best}}) \\ X_{\text{best}} = X_{\text{best}}, & f(X_{i,j}^{t+1}) \geqslant f(X_{\text{best}}) \end{cases} \quad (2.74)$$

(3) 自适应惯性权重策略。

在早期的搜索阶段，惯性权重的值比较大，可以促进全局搜索(搜索新的区域)；在算法迭代搜索的后期，较小的惯性权重值可以增强局部搜索的能力(微调当前搜索区域)。惯性权重对最优解收敛到最优值和仿真执行时间都起着重要作用。惯性权重控制了群体算法的局部和全局搜索能力。SSA 能否找到最优解在很大程度上取决于发现者的搜索能力。搜索范围内个体的位置是随机分布的。当目前发现者附近没有相邻麻雀时，将执行随机搜索策略。需要注意的是，这种模式不仅减慢了收敛速度，而且在有限迭代次数下也降低了收敛精度。为了进一步提高寻呼机的性能，引入了自适应惯性权重到标准麻雀优化算法中的方程中。数学公式描述如下：

$$X_i^{t+1} = \begin{cases} X_i^t \times \exp\left(\dfrac{-i}{\omega \cdot \alpha \cdot T_{\max}}\right), & R_2 < ST \\ X_i^t + Q \cdot L, & R_2 \geqslant ST \end{cases} \quad (2.75)$$

通过使用单调递减函数方程式(2.76)来调整惯性权重来解决这个问题，在迭代开始时，ω 值越大，算法的优化范围就越大。在迭代结束时，较小的 ω 值有利于提高算法的收敛精度，从而提高了算法在大多数问题上的性能。本研究采用自适应惯性权重对 ω 参数进行整定。因此，缩短了距离以将 ω 保持在合理范围内。

$$\omega = \omega_0 \rho^t \quad (2.76)$$

式中：ω_0 为初始权重值；ω 为第 t 次迭代时的权重值；ρ 为控制参数，一般取 0.9；t 为迭代次数或时间步长，$t \in [0, T_{\max}]$，$T_{\max}$ 为最大迭代次数。

改进的麻雀搜索算法(CASSA)算法的流程图如图 2.30 所示，CASSA 的详细实现过程见表 2.8。

表 2.8 CASSA 实现流程

序号	流程
/*初始化*/	
1	设置最大迭代步数为 $T_{\max}$
2	设置麻雀群体中的发现者数量为 F_d
3	设置受威胁的麻雀的数量为 S_d
4	设置报警值为 G
5	设置麻雀种群数量为 n
6	初始化麻雀种群的所有个体的位置

续表

序号	流程
/	迭代搜索　　／
7	while $(t<T_{max})$
8	计算麻雀适应度值并进行排序，找出当前最优适应度值和最差适应度值和相应的位置
9	$G=rand(1)$
10	for $i=1$：F_d
11	更新发现者的位置
12	end for
13	for $i=(F_d+1)$：n
14	更新加入者的位置
15	end for
16	for $i=1$：S_d
17	更新受威胁麻雀的位置
18	end for
19	根据概率P_s选择柯西变异扰动策略和反向学习策略对当前解进行扰动
20	通过贪婪公式确定是否进行位置更新
21	$t=t+1$
22	end while
23	输出最佳解决方案

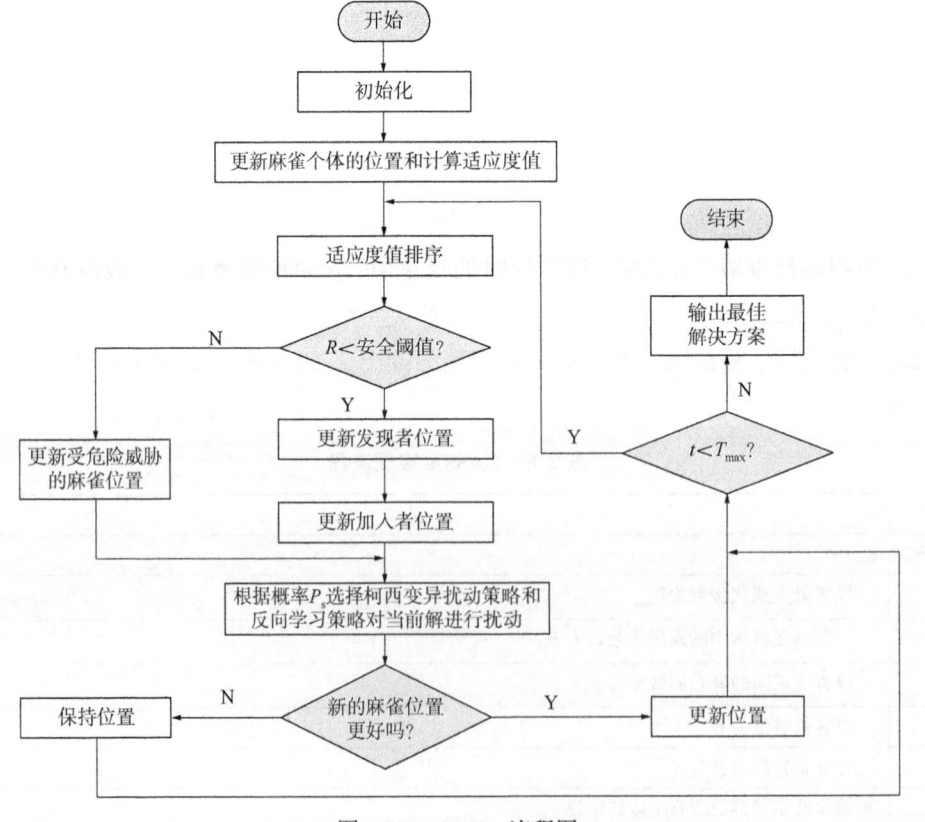

图 2.30　CASSA 流程图

2.7.3 结果分析

为了验证本书提出的改进的麻雀优化算法（CASSA）的优越性，本书将基准测试函数直接替换成 PID 控制器的优化问题。这是因为改进的算法即使在基准测试函数上表现优异也不一定说明其在解决实际 PID 控制器参数的优化过程中同样也会表现优异；而且本书提出的改进的麻雀优化算法（CASSA）用于优化 PID 控制器的参数，在文献中未见报道，因此本书创新性地将 CASSA-PID 与传统的 SSA-PID 进行对比分析，通过对钻井液在线测量系统中的隔膜泵的流量控制仿真研究，分析了算法的优越性。

对钻井液在线测量系统中的 PID 控制器的参数 K_P、K_I、K_D，设它们每个值都是取 5 位有效数字。为了确保系统具有一个良好的性能，选择一个合理的目标函数是至关重要的。设计的控制系统所需要考虑的因素有控制输出量 $u(t)$、误差量 $e(t)$，以及上升时间 t_u，因此本节中设计选择了式(2.77)的函数 J 作为改进的麻雀优化算法优化 PID 控制器的目标函数：

$$J = \sum_{i=0}^{\infty} [w_1 |e(t)| + w_2 u^2(t)] + w_3 t_u \tag{2.77}$$

由于系统会出现超调的情况，在设计中选择了一个惩罚功能指标 $ey(t)$，用来避免系统出现超调的情况，同时对 PID 控制的输出起到调节抑制的作用，这样更新后的性能指标函数如下：

$$J = \sum_{i=0}^{\infty} [w_1 |e(t)| + w_2 u^2(t) + w_4 |ey(t)|] + w_3 t_u, \quad ey(t) < 0 \tag{2.78}$$

式中：w_1，w_2，w_3，w_4 为权值，其中 $w_4 \gg w_1$；对于 $ey(t)$，设定 $ey(t) = y(t) - y(t-1)$，$y(t)$ 为被控制对象的输出。

基于改进的麻雀优化算法（CASSA）的 PID 参数寻优流程步骤如下：

(1) 设定 PID 控制器的参数 K_P、K_I、K_D 的初始解，以及 CASSA 算法的 T_{max}、PD、SD 等初始化参数；

(2) 根据目标函数式构建的适应度函数，找出当前最优适应度值和最差的适应度值，以及相对应的位置；

(3) 从适应度最优的麻雀中，选取部分麻雀作为发现者，根据公式更新发现者的位置；

(4) 余下的麻雀作为加入者，使用公式更新加入者的位置；

(5) 从麻雀中随机选取部分麻雀作为警戒者，并使用公式更新受威胁麻雀的位置；

(6) 根据概率 P_s 选择柯西变异扰动策略和反向学习策略对当前解进行扰动，进行变异操作；

(7) 通过贪婪公式，确定是否进行位置更新；

(8) $t = t+1$，如果 $t \leq T_{max}$，则跳转至步骤(2)，反之跳转到步骤(9)；

(9) 输出最佳解决方案对应的 PID 控制器的参数 K_P、K_I、K_D。

钻井液性能在线测量系统中隔膜泵 PID 控制系统中的被控对象为二阶传递函数：

$$G(S) = \frac{728}{S^2 + 53S + 677} \tag{2.79}$$

采样时间为1ms，权值取值分别为$w_1=0.999$、$w_2=0.001$、$w_3=2.0$、$w_4=100$。PID控制器的参数K_P的取值范围为$[0,20]$、K_I和K_D的取值范围为$[0,1]$。

利用CASSA算法寻找PID控制器的最优增益的过程从初始化阶段开始，将建立的直流电动机速度控制的MATLAB/SIMULINK模型与CASSA算法相结合。需要优化的PID控制器增益被分配给改进的麻雀优化算法中的种群实数向量，例如$P(K_P;K_I;K_D)$。种群由随机生成的n个麻雀发现者及加入者组成。然后，对采用所提出的PID控制器和单位反馈的直流电动机调速系统进行了时域仿真，得到了系统的速度响应曲线和目标函数值。求解优化问题的CASSA算法参数见表2.9。所提出的设计程序的详细流程图如图2.31所示。

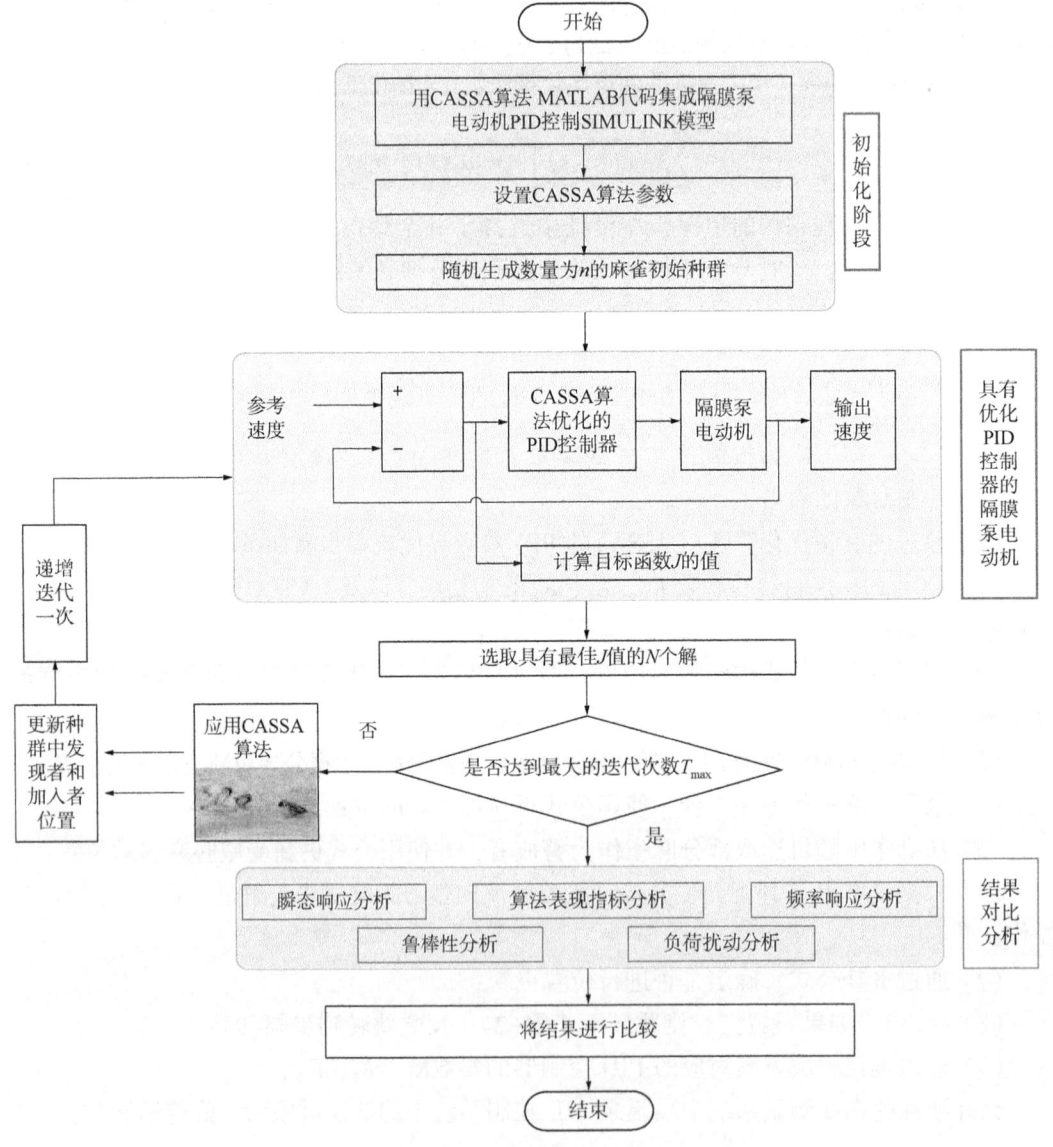

图2.31　电动机速度控制设计程序流程图

表 2.9　求解优化问题的 CASSA 算法参数

参数	取值
麻雀种群数量 n	100
最大迭代步数 T_{max}	1000
独立运行参数	$PD=20\%$，$R_2=0.8$，$SD=10\%$
$[K_P；K_I；K_D]$ 的下界	$[0.001；0.001；0.001]$
$[K_P；K_I；K_D]$ 的上界	$[20；20；20]$
选择概率 P_s 的调整参数 θ	0.05
自适应惯性权重更新控制参数 ρ	0.9
最优化问题的维数	3
采样周期	1s

对于不同的麻雀发现者和加入者，通常会得到不同的转速输出曲线和目标函数值。因此，在返回到 CASSA 算法之前，选择具有最佳函数值的 N 个解，然后进入下一次迭代更新。在后一个过程中，当每个麻雀位置都在更新时，就会产生相反的结果。该过程是控制系统与 CASSA 算法之间的双向流动。这个过程一直保持到达到最大迭代次数。最后，在优化过程结束时，将目标函数值最小的最佳麻雀显示为最优 PID 控制器增益设置。

SSA 和所提出的 CASSA 算法分别独立运行了 20 次。所有运行的 J 目标函数的获得值如图 2.32 所示。目标函数的统计值，如最差值、最好值、平均值、中位数值和标准差值见表 2.10，箱形图如图 2.33 所示。从图和表中可以看出，CASSA 算法具有较好的统计性能，即使是 CASSA 算法得到的最差值也远低于基本 SSA 算法所得到的最佳值。

表 2.10　J 目标函数的统计值

统计指标	SSA 算法	CASSA 算法
最差值 J_{max}	39.8742	37.6963
最好值 J_{min}	39.1013	37.5585
平均值	39.4000	37.6333
中位数值	39.3368	37.6340
标准差	0.2185	0.0402

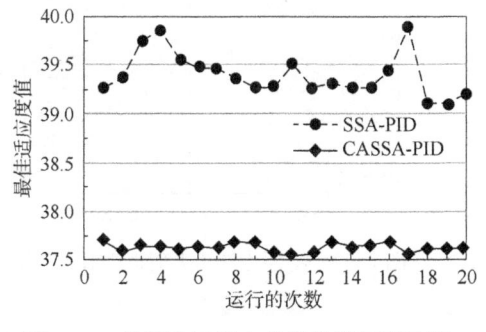

图 2.32　从所有运行中获得的目标函数值 J

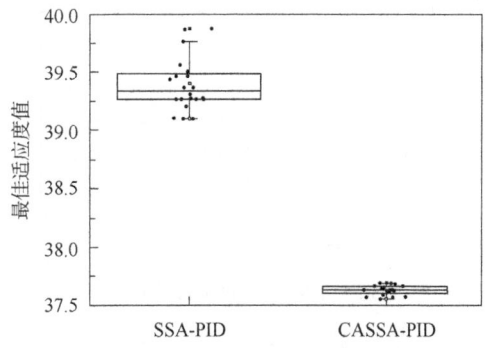

图 2.33　SSA 和 CASSA 的箱形图

（1）收敛性能。

图 2.34 显示了 SSA 算法和 CASSA 算法的收敛曲线图。从图 2.34 中可以看出，CASSA 算法可以收敛到最低的目标函数值 J，而且收敛速度很快，它只需要 13 次迭代就能找到最佳运行的最佳值。优化后得到的 SSA-PID 和 CASSA-PID 控制器的参数见表 2.11。

表 2.11　SSA-PID 和 CASSA-PID 控制器参数

控制器类型	K_P	K_I	K_D
CASSA-PID（推荐值）	5.0000	4.25×10^{-8}	0.056119
SSA-PID（推荐值）	5.0000	6.34×10^{-4}	0.047028

（2）超调量、上升时间和调节时间的比较。

表 2.9 列出了其他控制器的增益参数。其中图 2.35 表示阶跃响应比较，图 2.36 至图 2.39 表示最大超调百分比、上升时间（10% 上升至 90%）和调节时间的条形图比较。

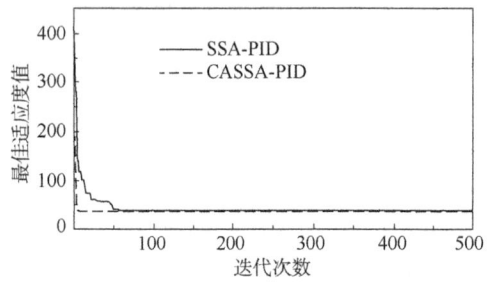

图 2.34　比较收敛曲线

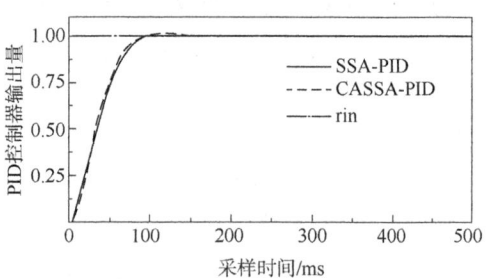

图 2.35　单位阶跃响应曲线对比分析图

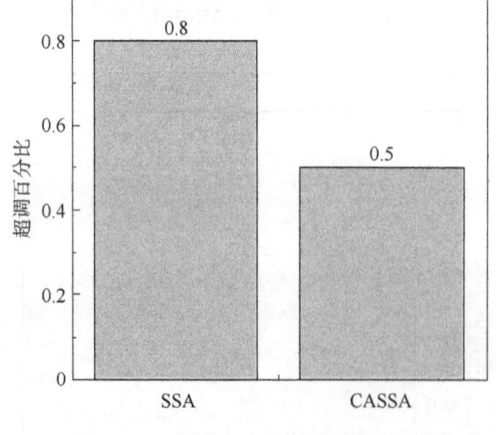

图 2.36　不同方法超调百分比对比

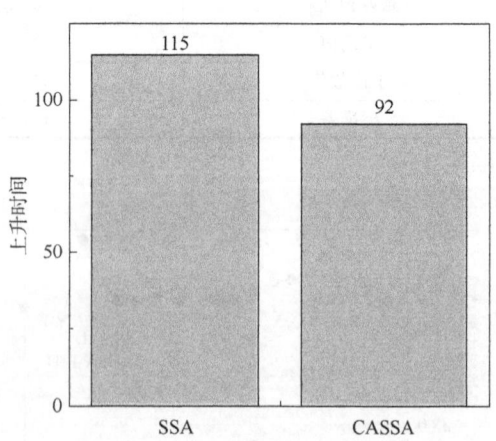

图 2.37　不同方法上升时间对比

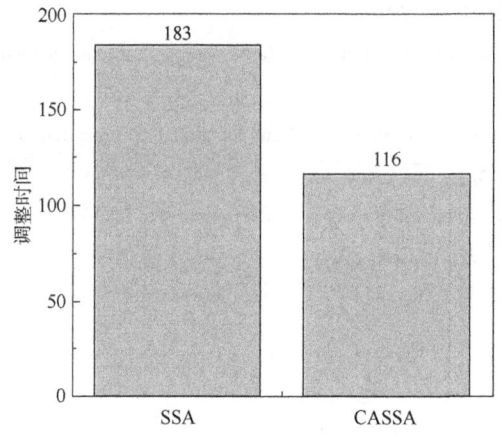

图 2.38　不同方法调整时间对比

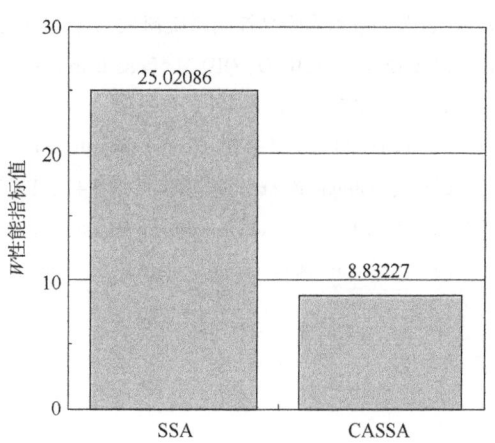

图 2.39　不同方法的 W 性能指标值

(3) 算法的性能参数指标比较。

由于 W 目标函数应用广泛，因此也采用 W 目标函数值进行算法的性能参数指标比较分析。W 的公式在式(2.80)中给出[11]，式中 E_{ss}、M_p、T_r 和 T_s 分别代表稳态误差、最大超调、上升时间和调节时间。加权参数 ρ 通常取值为 1.0。在瞬态响应方面，W 值越小，控制器系统的性能越好。

$$W(K_P, K_I, K_D) = (1-e^{-\rho})(M_p+E_{ss}) + e^{-\rho}(T_s-T_r) \tag{2.80}$$

图 2.39 给出了两种方法获得的 W 性能指标值的对比条形图，从图 2.39 中可以看出本书提出的 CASSA-PID 控制器具有最低的 W 值。这一结果表明了 CASSA 比包括原始 SSA 的优化方法在整定隔膜泵 PID 控制器参数的优越性。

从这些数据可以看出，CASSA-PID 控制器明显比包括 SSA-PID 控制器在内的其他控制器具有更好的时间响应，且具有更好的暂态稳定性、快速阻尼特性和最小超调量。

参 考 文 献

[1] 姚政，田建，谢文科，等. 气动隔膜泵在天然气场站的应用探讨[J]. 石油化工应用，2018，37(8)：53-54，99.

[2] 刘东海，黄晓云. 活塞隔膜泵与液动隔膜泵的流量脉动分析[J]. 液压与气动，2012(11)：71-73.

[3] 冯琪. 1400HP 隔膜泵动力端性能分析及优化设计[D]. 西安：西安石油大学，2020.

[4] 李鹏飞，徐敏义，王飞飞. 精通 CFD 工程仿真与案例实战[M]. 北京：人民邮电出版社，2011.

[5] ALBERTO M B, MANUEL F, ANDRÉS M F. Numerical methodology for the CFD simulation of diaphragm volumetric pumps - ScienceDirect[J]. International Journal of Mechanical Sciences, 2019, 150：322-336.

[6] 颜召彬. 隔膜泵控制的关键技术研究[D]. 东北：东北大学，2011.

[7] 陈雪，王贵君. 基于三角模糊化的 Mamdani 模糊系统输出算法[J]. 吉林大学学报(理学版)，2020，58(5)：1181-1188.

[8] 黄卫华. 基于解析结构的模糊控制系统设计及稳定性分析[D]. 武汉：武汉科技大学, 2010.

[9] 卢继祥. 液动隔膜泵控制系统研发[D]. 沈阳：沈阳大学, 2014.

[10] OUYANG C, ZHU D, QIU Y. Lens learning sparrow search algorithm[J]. Mathematical Problems in Engineering, 2021(2): 1-17.

[11] YANG D, LI G, CHENG G. On the efficiency of chaos optimization algorithms for global optimization[J]. Chaos, Solitons & Fractals, 2007, 34(4): 1366-1375.

[12] GAING Z L. A particle swarm optimization approach for optimum design of PID controller in AVR system[J]. IEEE transactions on energy conversion, 2004, 19(2): 384-391.

第3章　水基钻井液流变参数动态感知

井场上对钻井液流变性的测量主要使用的是旋转黏度计，人为取样操作并记录不同转速下的剪切应力与剪切速率。该方法耗费时间，为了节省测量时间、减少测量误差，需要设计一种能够实现对钻井液流变性能参数动态感知的装置，故本章提出了一种双管变径的管流测量方法。利用管流法对不同流速下形成的曲线进行拟合，主要使用传统的非线性拟合方法。考虑到设备一些隐含因素的影响，可能造成流变参数的获取准确性不高。因此本章直接从管道压耗着手，找到一种合适的流变参数反演模型，从而更准确地获得钻井液流变性能参数。

3.1　流体流变本构模型

流体主要包括牛顿流体与非牛顿流体，而目前在钻井现场使用的大多数钻井液属于非牛顿流体。利用钻井液的测量计算获得剪切应力与剪切速率之间的变化关系，能够准确地描述钻井液的流变特性，可用如图 3.1 所示的流变曲线来表示。

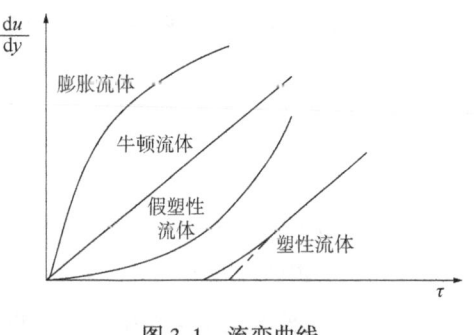

图 3.1　流变曲线

钻井液的流变性与钻井安全密切相关，良好的流变性能够准确地计算井底压力，携带井筒岩屑等，有利于优快钻井。目前现场比较常用的流变模式[1-3]主要分为：两参数的流变模式：宾汉模式、幂律模式、卡森模式；三参数的流变模式：Herschel-Bulkley（H-B）模式。

（1）宾汉流变模式（Bingham model）。

该流变模式在 1922 年被提出，它主要是用于描述塑性流体的流动状态。剪切速率为 0 时，存在一个阻止流体流动的静切力。若要使流体流动，则施加的剪切应力（也称为屈服应力）大于静切力的极限值。由于该流变模式的 2 个流变参数屈服应力 τ_0 与塑性黏度 η 在 $511\sim1022\text{s}^{-1}$ 的剪切速率范围内计算，因此，是对高剪切速率下的流体流变性进行描述。宾汉模式的本构方程见式（3.1）：

$$\tau = \tau_0 + \eta\gamma \tag{3.1}$$

由于宾汉流体的表观黏度随剪切速率增加而减小，因此属于剪切稀释流体。

（2）卡森流变模式（Casson model）。

随着水力学计算理论的发展，为了精确计算井底压力，20 世纪 50 年代卡森提出了一种新的流变模式——卡森流变模式，其能更好地描述流体动切力和剪切稀释行为。相对于宾汉流变模式应用于高剪切速率下，该流变模式在低剪切速率和中剪切速率中得到良好的应用。卡森模式的本构方程见式(3.2)：

$$\tau^{1/2} = \tau_c^{1/2} + \eta_\infty^{1/2} \gamma^{1/2} \tag{3.2}$$

（3）幂律流变模式（Power Low model）。

该模型可以对在低剪切速率下流体的流变性进行描述。该模式的 2 个参数在任意剪切速率下都可以计算得到。一般假塑性流体和膨胀性流体都适用于幂律流变模式。其流性指数小于 1 时定义为假塑性流体，流性指数大于 1 时定义为膨胀性流体。由于幂律流变模式没有屈服应力，只要稍微一点外力，不管这种力多小，流体便会开始流动。该模型的剪切速率和剪切应力之间呈非线性的关系。本构方程见式(3.3)：

$$\tau = K\gamma^n \tag{3.3}$$

（4）H-B 流变模式（Herschel-Bulkely model）。

该模式描述的是需要施加一定动切力的流体流动的假塑性流体。当忽视屈服应力时，流性指数 $n=1$，与牛顿模型相同；流性指数 $n<1$ 或者 $n>1$，与幂律模式相同。对于钻井来说，三参数的 H-B 模式比两参数的宾汉模式和幂律模式能更好地描述钻井液的流变性能，不仅能反映屈服应力，还能反映剪切稀释的特点，对于聚合物钻井液和水基钻井液都适用。尤其在低剪切速率时，准确性高于以上 3 种流变模式。其本构方程式(3.4)：

$$\tau = \tau_0 + K\gamma^n \tag{3.4}$$

式中：τ 为剪切应力，Pa；τ_0 为屈服值，Pa；γ 为剪切速率，s^{-1}；η 为宾汉塑性黏度，Pa·s；η_∞ 为卡森塑性黏度，Pa·s；K 为稠度系数，Pa·s；n 为流性指数。

根据上述几种流变本构模型可知，测量获得剪切应力与剪切速率后，可将数据进行拟合得到对应的流变模型，同时能够得到具体的流变参数。因此，在本研究中可利用管流法测量来获得壁面剪切应力与剪切速率，具体计算在下面小节所述。在后续的反演章节中，本书主要以配比的钻井液符合 H-B 流变模型为例，对 H-B 流变模型的三个流变参数：屈服应力 τ_0、稠度系数 K、流性指数 n 进行智能动态反演分析。

3.2　管流压差法测量原理

3.2.1　管流压差分析

钻井液在管路中流动时管路两端分别存在一个压力，两者之间存在一个压差力推动流

体向前运动,这个力用$F_{推}$来表示,其大小表示为:

$$F_{推}=(p_1-p_2)\pi r^2=(p_1-p_2)\frac{\pi d^2}{4} \tag{3.5}$$

式中:p_1,p_2为管路两端压力;r为管道半径;d为管道直径。

同时存在一个摩擦力,用$F_{摩}$来表示,即:

$$F_{摩}=\pi\tau_w dL \tag{3.6}$$

式中:τ_w为管壁切应力。

根据牛顿第二定律,可知$F_{推}=F_{摩}$,即:

$$(p_1-p_2)\frac{\pi d^2}{4}=\pi\tau_w dL \tag{3.7}$$

则有:

$$p_1-p_2=\frac{4\tau_w L}{d} \tag{3.8}$$

式(3.8)中,压力损失可用流体流速的函数来表示:

$$p_1-p_2=\frac{8\tau_w}{\rho \bar{u}^2}\cdot\frac{L}{d}\cdot\frac{\rho \bar{u}^2}{2} \tag{3.9}$$

令$\lambda=\frac{8\tau_w}{\rho \bar{u}^2}$,则式(3.9)写成:

$$p_1-p_2=\lambda\frac{L}{d}\frac{\rho \bar{u}^2}{2} \tag{3.10}$$

范宁—达西公式为:

$$H_f=\frac{p_1-p_2}{\rho g}=\xi\frac{\bar{u}^2}{2g} \tag{3.11}$$

其中,$\xi=f\frac{L}{R}$,代入式(3.11)可得:

$$p_1-p_2=f\cdot\frac{L\gamma \bar{u}^2}{2gR} \tag{3.12}$$

式中:L为管路长度,m;f为摩擦系数;R为管路水力半径,m;$\bar{u}$为钻井液平均流速;γ为钻井液重度;e为钻井液密度,kg/m³;g为重力加速度,m/s²。

3.2.2 流变性测量原理

3.2.2.1 泊肃叶流动

一段长度为L的测量细管,其压差为$\Delta p=(p_1-p_2)$,那么距中心r处的流速为[4-5]:

$$v(r) = \frac{\Delta p}{4\mu L} \cdot (R^2 - r^2) \tag{3.13}$$

式中：μ 为动力黏度。由图 3.2 可见，在 $r=R$ 处，其流速最小 $v=0$；在 $r=0$ 处，其流速最大。

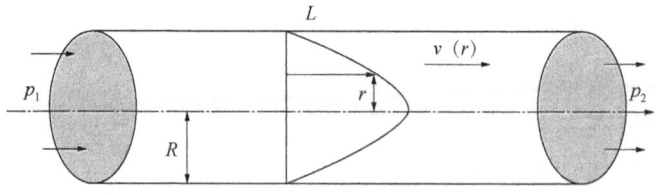

图 3.2 泊肃叶流动示意图

在一定时间内流经细管的体积，称为流量。假设管壁处无滑移条件有效，则流量公式可以写成：

$$Q = \int_0^R v \cdot 2\pi r \mathrm{d}r \tag{3.14}$$

将式(3.13)代入式(3.14)，可得：

$$Q = 2\pi \int_0^R \frac{\Delta p}{4\mu L} \cdot (R^2 - r^2) \cdot r \mathrm{d}r \tag{3.15}$$

$$Q = \frac{\Delta p \cdot \pi}{2\mu L} \left(\frac{R^2 \cdot r^2}{2} - \frac{r^4}{4} \right) \Big|_0^R \tag{3.16}$$

则最后得到[6]：

$$Q = \frac{\Delta p \cdot \pi \cdot R^4}{8\mu L} \tag{3.17}$$

3.2.2.2 毛细管测量非牛顿流体的流变性

（1）稳态运动。

根据毛细管受力平衡的原理，一个是毛细管两端压差 Δp 作用于管壁上的力 F_1，另一个是当流体在壁面上流动时的黏滞阻力 F_2。因此在层流中，可以得到壁上剪切应力公式。

$$F_1 - F_2 = 0 \tag{3.18a}$$

$$\pi r^2 \cdot \Delta p - 2\pi r L \tau = 0 \tag{3.18b}$$

由此可得：

$$\tau = \frac{\Delta p \cdot r}{2L} \tag{3.19}$$

式中：τ 为毛细管壁上剪切应力，Pa。在 $r=R$ 处，τ 最大，流体阻力最大，流速为 0；在管心处，$r=0$，τ 最小，阻力最小，流速最大。最后可得：

$$\tau_B = \frac{D}{4} \cdot \frac{\Delta p}{L} \tag{3.20}$$

$$\frac{\tau}{\tau_B} = \frac{r}{R} \tag{3.21}$$

式中：τ_B 为在管流流动中时的剪切应力；D 为管壁处的表观剪切速率。

式(3.20)和式(3.21)适用于稳态流动的流体。

(2) 牛顿流体管流流动特性。

整理哈根方程可得：

$$Q = \frac{\Delta p \cdot \pi \cdot R^4}{8\mu L} \tag{3.22}$$

而 $Q = \frac{\pi D^2}{4} \cdot v$，则可得：

$$\Delta p = \frac{32\mu v L}{D^2} \tag{3.23}$$

将式(3.23)代入到式(3.20)得：

$$\tau_B = \mu \frac{8v}{D} \tag{3.24}$$

根据牛顿方程，由于 $\tau_R = \mu\left(-\frac{dv}{dr}\right)$，因此，$\left(-\frac{dv}{dr}\right) = \frac{8v}{D}$。

(3) 非牛顿流体管流流动特性。

为得出非牛顿流体的流变曲线，确定其流变特性，需要知道在管流流动时的剪切应力 τ_B 与剪切速率 $\left(-\frac{dv}{dr}\right)$。首先对式(3.14)入手。假设 $y=v$，则 $dy=dv$；$z=\pi r^2$，则 $dz=2\pi r dr$；积分整理得：

$$\int_a^b y dz = yz \Big|_a^b - \int_a^b z dy \tag{3.25}$$

当 $r=R$，流速 $v=0$，整理式(3.25)可得：

$$Q = \int_0^R \pi r^2 \left(-\frac{dv}{dr}\right) dr \tag{3.26}$$

将 $Q = v\pi R^2 = \frac{v\pi D^2}{4}$，$R = \frac{1}{2}D$，代入式(3.25)整理可得：

$$\frac{\pi D^2}{4} = \int_0^R \pi r^2 \left(-\frac{dv}{dr}\right) dr \tag{3.27}$$

将两边同时乘以 $\frac{32}{\pi D^3}$，整理得：

$$\frac{8v}{D} = \frac{32}{D^3}\int_0^{\frac{D}{2}} r^2\left(-\frac{dv}{dr}\right)dr \tag{3.28}$$

剪切速率与剪切应力可用$\left(-\dfrac{dv}{dr}\right)=f(\tau)$来表示。根据公式可得$dr=\dfrac{D}{2\tau_B}d\tau$，将此式代入式(3.28)整理可得：

$$\frac{8v}{D} = \frac{4}{(\tau_B)^3}\int_0^{\tau_B} \tau^2 f(\tau)d\tau \tag{3.29}$$

则

$$Q = \frac{\pi R^3}{(\tau_B)^3}\int_0^{\tau_B} \tau^2 f(\tau)d\tau \tag{3.30}$$

非牛顿流体$\dfrac{8v}{D}$与管壁剪切应力有一定的函数关系，那么假设$\dfrac{8v}{D}=\varphi(\tau_B)$，代入公式(3.29)，然后等式两边对$\tau_B$求导整理可得：

$$3\varphi(\tau_B) + \tau_B \varphi'(\tau_B) = 4f(\tau_B) \tag{3.31}$$

做进一步变换得：

$$4f(\tau_B) = 3\varphi(\tau_B) + \frac{\tau_B}{d\tau_B} \cdot d\tau_B \cdot \frac{\varphi'(\tau_B)}{\varphi(\tau_B)} \cdot \varphi(\tau_B) \tag{3.32}$$

由于$\dfrac{d\tau_B}{\tau_B}=dln\tau_B$，$\dfrac{\varphi'(\tau_B)}{\varphi(\tau_B)}=d\tau_B$，代入公式(3.20)可得：

$$4f(\tau_B) = 3\varphi(\tau_B) + \frac{dln\varphi(\tau_B)}{dln\tau_B}\varphi(\tau_B) \tag{3.33}$$

引入广义流性指数$\dfrac{dln\tau_B}{dln\dfrac{8v}{D}}=N$，继续整理式(3.33)可得：

$$4\left(-\frac{dv}{dr}\right) = 3\left(\frac{8v}{D}\right) + \frac{dln\dfrac{8V}{D}}{dln\tau_B} \cdot \frac{8v}{D} \tag{3.34}$$

因此，将$\dfrac{dln\dfrac{8v}{D}}{dln\tau_B}=\dfrac{1}{N}$代入式(3.34)，并整理可得管壁处剪切速率：

$$\left(-\frac{dv}{dr}\right) = \gamma = \frac{8v}{D}\left(\frac{3N+1}{4N}\right) \tag{3.35}$$

上述表示为与时间无关的非牛顿流体(包括牛顿流体)的剪切速率计算模型。

3.3 测量方案设计

3.3.1 设备总体测量方案

标准管道流体性能测量系统主要采用流量和压差的方式来进行测量。本书设计的双毛细管式流体测量实验系统，主要由钻井液罐、水罐、离心泵、防爆电动三通法兰球阀、电动隔膜泵、空气压缩机、脉冲阻尼器、质量流量计、两根不同长度不同管径的圆管、两个压差传感器、pH 值检测仪、工控机、变频器等装置组成。钻井液灌上分别有两个阀，一个为钻井液出口阀，另一个为测量钻井液返回阀。首先在钻井液罐出口阀前面装上滤网，其目的主要是防止大颗粒固相进入管道，损伤管道内壁；在滤网后分别连接 3 个电动球阀，其中一个电动球阀 A 连接离心泵与水源，其目的主要是为了抽取水源，清洗钻井液罐到电动球阀 A 之间的管道；另外两个电动球阀 B、C 分别连接空气压缩机，主要是为了冲洗钻井液流经的管道（即从电动球阀 B 到钻井液罐返回口这节管道）。在电动球阀后安装电动隔膜泵，主要从钻井液罐中抽取钻井液，保证抽取的钻井液以稳定的流量在管道中流动。在隔膜泵出口后安装脉冲阻尼器，其目的在于平滑脉动流。然后安装质量流量计，其可测量流经的钻井液的温度、密度、质量流量等参数。在质量流量计后串联两根不同管径的不锈钢。之后安装 pH 值检测仪来监测钻井液的 pH 值。最后钻井液流回钻井液罐。具体流程示意图如图 3.3 所示。

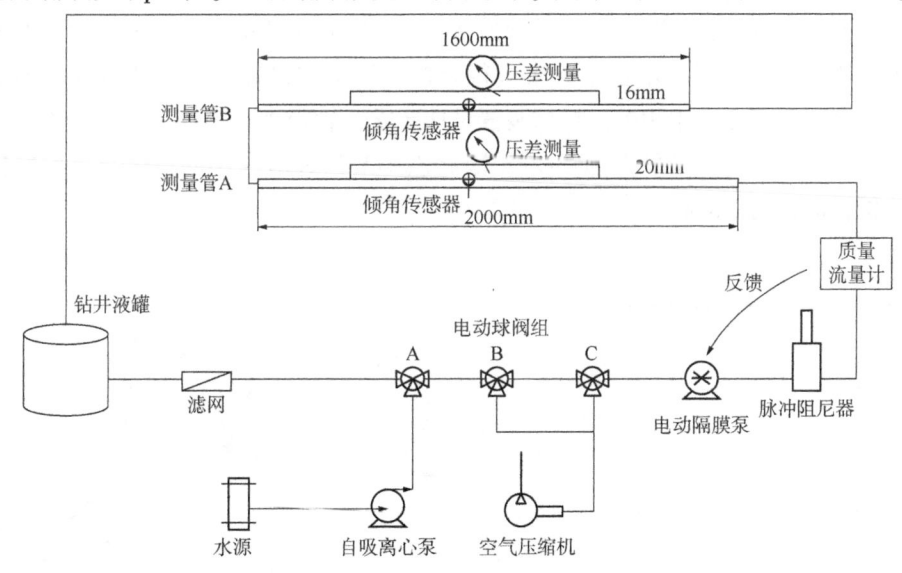

图 3.3　整体测量方案设计示意图

3.3.2 管道压差传感器安装优化

水力学原理及大量的实验研究表明：当雷诺数 Re 小于 2400 时，通常认为钻井液的流型为层流；当雷诺数 Re 大于 4000 时，通常认为钻井液的流型为紊流。实际中也有过渡流（属于层流和紊流的过渡段），其雷诺数处于 [2000, 4000] 的范围[7]。该状态下的雷诺数称为临界雷诺数 Re_c。由于钻井液一般都具有一定黏度，根据井场经验一般从一定黏度开始测量，黏度越高分子与分子之间的层间运动越明显，因此对于钻井液来说在属于过渡流时依旧可以利用以下模型进行分析。根据管道压差测量原理可知，计算壁面剪切力应力与剪切速率时，流体在管道中的流态属于层流才能用此计算模型。所以需要根据钻井液在管道中流动时的雷诺数来判断为层流还是紊流。管道内雷诺数的计算如下：

$$Re = \frac{\rho D_{pi} \bar{u}}{\mu} \tag{3.36}$$

式中：ρ 为流体的密度，kg/m^3；D_{pi} 为测量管长度，m；μ 为流体的黏性系数，$mPa \cdot s^{-1}$；$\bar{u}$ 为流体平均速度，m/s。

本研究采用齐平膜压差传感器对流体在管道中流动时产生的压差进行测量。安装时靠近管道内壁处。利用 Fluent 仿真时需要对管道流速进行分析，进而可以对管道流态进行分析，以此来优选压差传感器安装在测量管最合适的位置。根据现场经验，钻井液的黏度大于 $20mPa \cdot s$，密度区间为 $1000 \sim 2500 kg/m^3$。因此在仿真分析管道内流体流速变化时，设置流体的黏度为经验最小值 $20mPa \cdot s$，密度为经验最大值 $2500 kg/m^3$。管道模型如图 3.4 所示。

在实际测量时，根据测量要求只需满足管内最大流速为 2.04m/s 即可。因此在仿真时设置流速为 2.04m/s，进而分析管内流速的变化情况。根据压差传感器安装在靠近管壁处，可以分析靠近管壁处的与压差传感器接触时的流速变化情况。根据图 3.5，当流体从入口处一路流经至测量管处时，在测量管处 2.8m 之后流速基本稳定下来。为了判断管道内测量处流体的流态需要利用雷诺数来进行分析。根据雷诺数计算公式可知雷诺数与密度、黏度、流速、管径大小相关。根据装置设计要求，管径大小为固定值，最大流速也被限制，本研究所需要的流量最大为 2m/s。因此该小节只针对在不同黏度与不同密度条件下进行分析，流速为 2m/s。

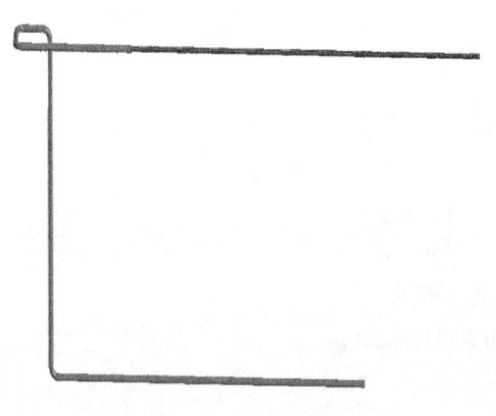

图 3.4 管道模型图

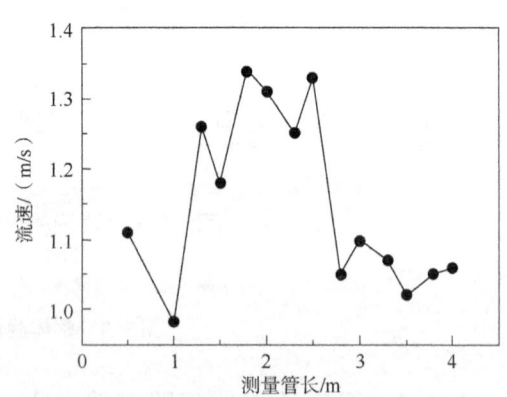

图 3.5 测量管道流速变化图

根据图 3.6 与图 3.7 及雷诺数计算公式可知，流体在测量管 2.8m 处的流速能够稳定下来且波动较小。根据设置的条件除了图 3.6(e) 及图 3.7(a) 有部分的流态不属于层流外，其他都能保持层流。当黏度为最小时，密度为最大时，在测量管长 2.8m 处，以及之后的雷诺数都小于2400。而设置其他不同条件时仍然满足雷诺数小于2400，因此符合管壁剪切速率计算模型时的流态。综上所述，测量管长度至少大于2.8m，因此测量管上的第一个传感器安装在测量管2.8m处，随后第二个传感器可安装在测量管3.8m处，从而可以测量流体流动在管道长1m时产生的压耗。因此整根测量管最少设计为3.8m。

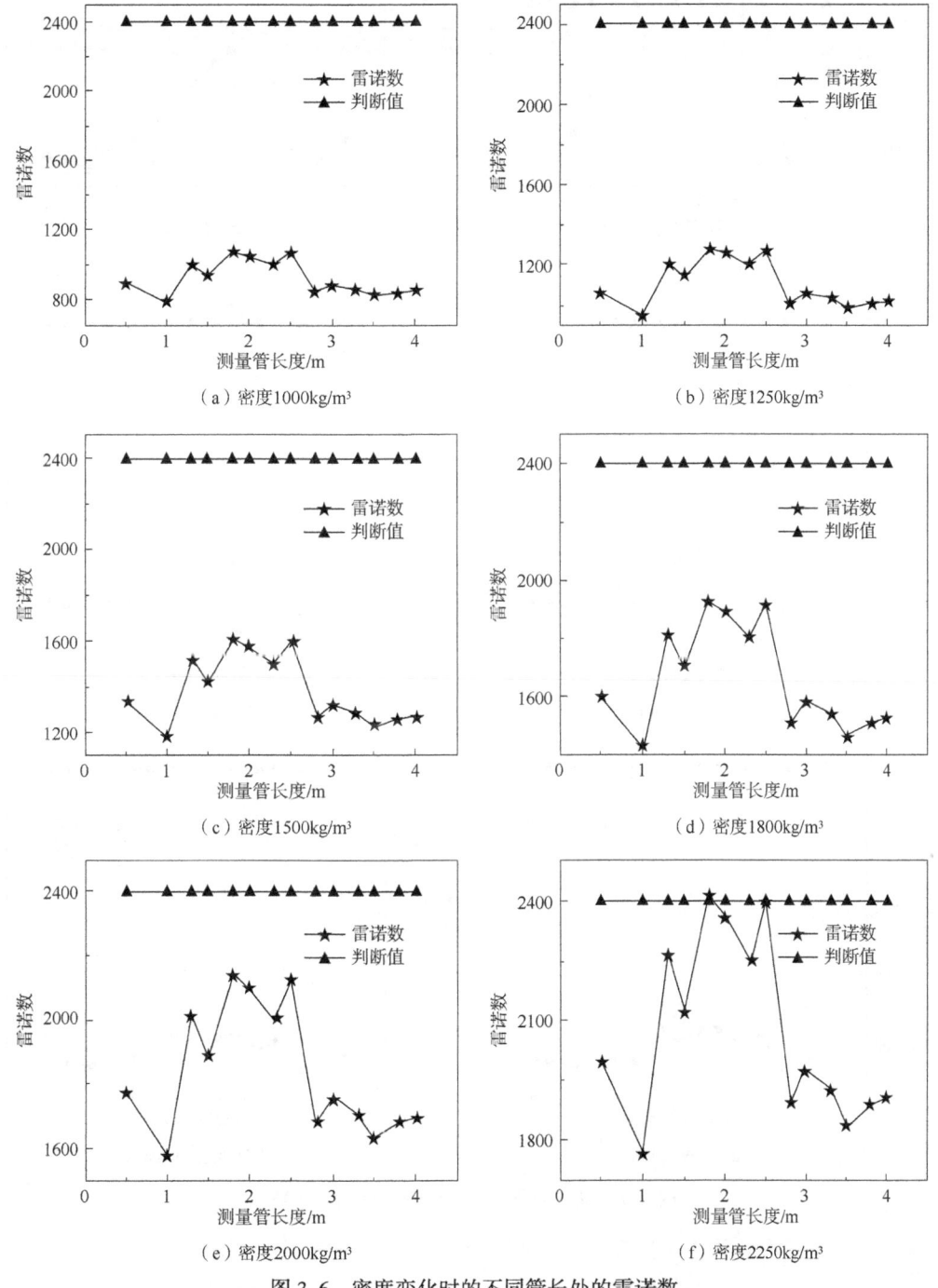

图3.6 密度变化时的不同管长处的雷诺数

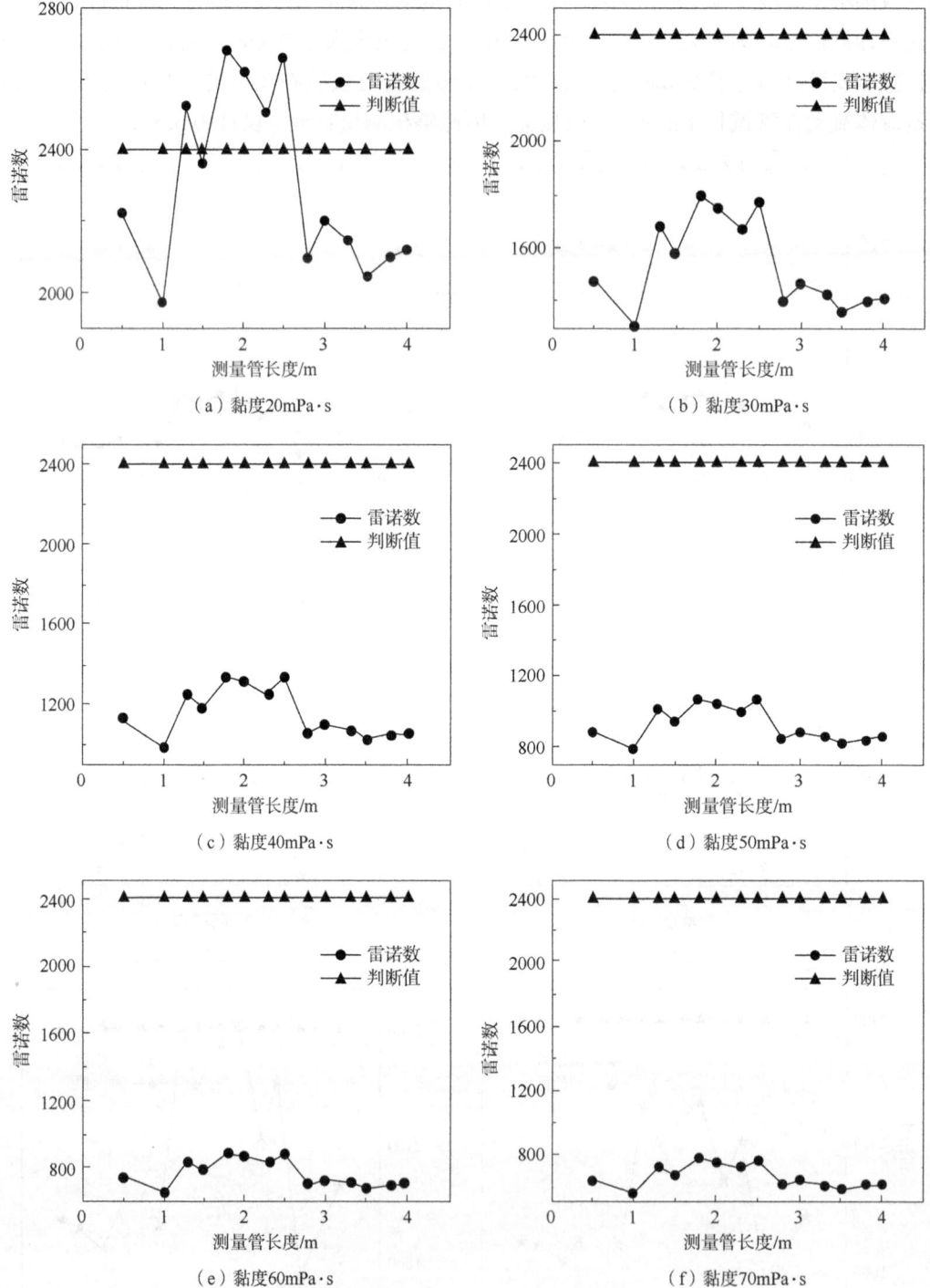

图3.7 黏度变化时的不同管长处的雷诺数

3.3.3 管道清洗设计

由于现场钻井液都具有一定的黏度，且钻井液里包括一些细小杂质，若对钻井液进行测量后不进行清洗容易导致管道堵塞，因此每当测量完钻井液后需要对管道进行清洗。本书设计机械冲洗装置主要包括清水正向冲洗与空气反向冲洗两个回路。具体清洗路线如图3.8和图3.9所示。

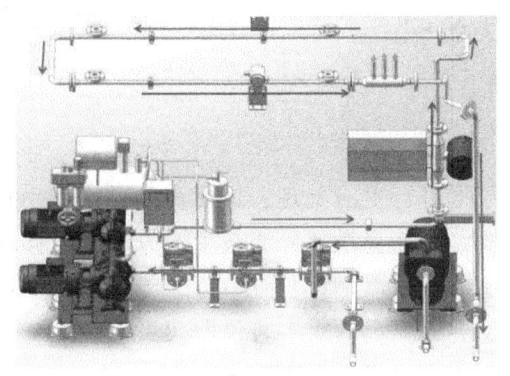 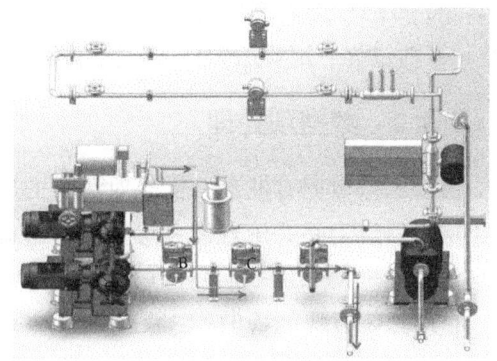

图3.8 清水正向冲洗路径　　　　图3.9 空气反向冲洗路径

（1）清水正向冲洗路径：首先启动离心泵抽取清水罐的水，清水流经三个电动球阀，然后分别流经质量流量计、两根测量管，最后返回至钻井液罐。具体路线如图3.8所示。

（2）空气反向冲洗路径：首先将球阀B与C打开，再将连接的空气压缩机上管线的阀门打开，利用空气先经过球阀B再经过球阀C，将未用清水冲洗到的一小段管径里的钻井液反向吹进钻井液罐中。具体路线如图3.9所示。

3.4 流变性参数测量实验分析

3.4.1 实验设计

本书中的实验所用的钻井液主要为水基钻井液，其配方构成见表3.1。

表3.1 实验钻井液配方

材料与处理剂	功能
清水	
膨润土	形成结构，增稠
PAC-LV	降滤失，调节黏度
XC	调节黏度
KPAM	调节黏度
碱混合物	控制pH值，促进膨润土水化

其中：纯碱和烧碱混合物用于调节 pH 值；PAC-LV(小分子)、XC(较大分子)、KPAM(大分子)三种物质的作用为调节钻井液表观黏度和塑性黏度。

钻井液配制流程：

(1) 钻井液罐中注入适量的清水；

(2) 首先放置纯碱和烧碱混合物，利用钻井液灌内的叶片将其搅拌均匀；

(3) 然后将膨润土倒入钻井液灌中，搅拌至少半个小时以上直至完全搅拌均匀；

(4) 最后根据需要分次加入 PAC-LV、XC 或 KPAM 配制成所需黏度(可以三种一起混合)，添加过程一定要量少且缓慢搅拌均匀。

3.4.2 数据预处理

由于压差数据有波动，需要对测量的压差数据进行平滑处理，进而再取平均值，有利于保障后续对钻井液性能各参数进行准确计算。对于离散信号滤波主要方法有：移动平均滤波器、局部加权回归法(LOWESS)、本地散点平滑估计(LOESS)、广义移动平均法、LOWESS 方法的稳健形式、LOESS 方法的稳健形式。本次实验仪器共采集 200 个数据样本点对不同滤波方法进行分析对比，设置数据跨度参数分别为 5、50、100、150 四种来进行平滑处理并进行对比分析，找到一种最优的对压差数据进行平滑处理的方法。

(1) 移动平均滤波法(Moving)。

移动平均滤波法其原理是利用仪器采集的连续数据当作一个长度为 N 固定的序列，然后将该序列的首个数据剔除，剩余的队列为 $N-1$，将其向前依次移动。仪器采集的新数据插入，作为新的队列之尾，最后对新的队列进行计算。移动平均滤波法运算方式见式(3.37)。结果如图 3.10 和表 3.2 所示。

假设输入为 x，输出为 y，列队为 N：

$$y(n) = \frac{x(n) + x(n-1) + x(n-2) + \cdots + x(n-N+1)}{N} \tag{3.37}$$

表 3.2 移动平均滤波结果分析

数据类型	最小值	最大值	平均值	标准差	平均绝对误差
原始数据 y	17.775	17.925	17.8638	0.03416	
$y5$	17.795	17.920	17.8639	0.03416	0.01148
$y50$	17.828	17.900	17.8643	0.02036	0.01510
$y100$	17.850	17.900	17.8649	0.00951	0.02215
$y150$	17.850	17.900	17.8645	0.00850	0.02516

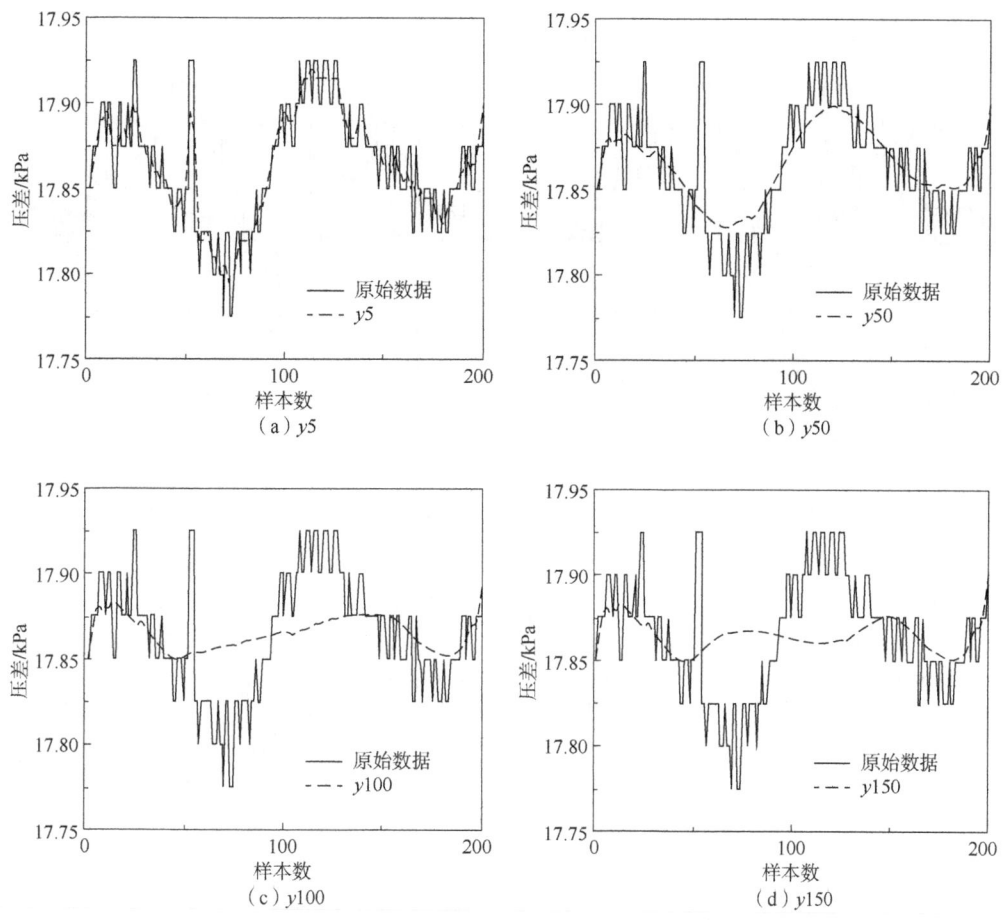

图 3.10　不同跨度参数的移动平均滤波法

（2）局部加权回归散点平滑法(LOWESS)。

LOWESS 的主要思想是从采集的数据中以一个点 x_i 为中心，取一定比例的部分数据 frac，然后利用一个权重函数 ω 做一个加权最小二乘线性回归，令 (x_i, y_i) 为此条回归线的中心值。对于所有的 N 个数据点可以做出 N 条回归线，将每条回归线的中心值 (x_i, y_i) 相连接则组成了 LOWESS 曲线。使用加权回归得到的模型见式(3.38)，结果如图 3.11 和表 3.3 所示。

$$Y = X(X^T \omega X)^{-1} X^T \omega Y \tag{3.38}$$

表 3.3　LOWESS 滤波结果分析

数据类型	最小值	最大值	平均值	标准差	平均绝对误差
原始数据 y	17.775	17.925	17.8638	0.03416	
$y5$	17.782	17.925	17.8638	0.03180	0.0069
$y50$	17.816	17.907	17.8641	0.02430	0.0137
$y100$	17.836	17.893	17.8643	0.01710	0.0187
$y150$	17.850	17.875	17.8637	0.00650	0.0244

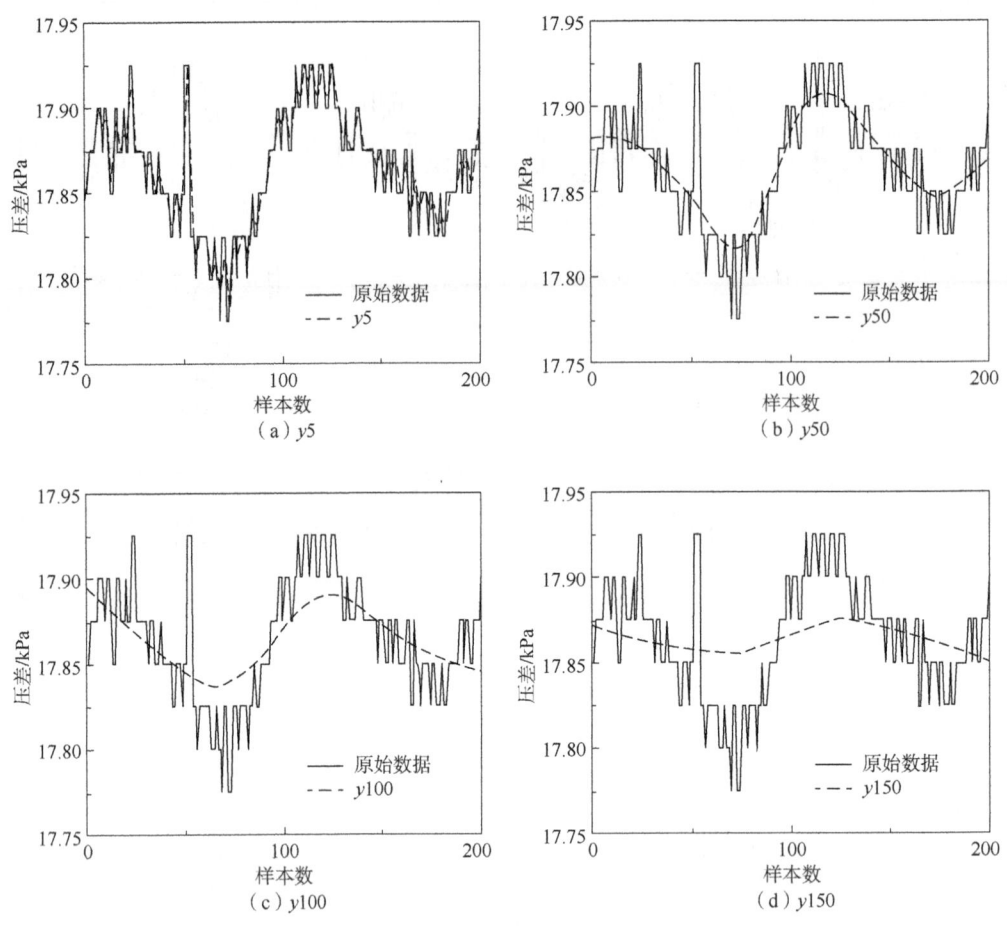

图 3.11 不同跨度参数的 LOWESS 滤波法

(3) 本地散点平滑估计(LOESS)。

LOESS 主要思想是将传感器采集的数据样本划分为 N 个区间,通过加权回归的方式对每个区间的样本进行多项式拟合,最后将这些 N 个区间的曲线中点连在一起,组成新的回归曲线,即 LOESS 曲线。结果如图 3.12 和表 3.4 所示。

表 3.4　LOESS 滤波结果分析

数据类型	最小值	最大值	平均值	标准差	平均绝对误差
原始数据 y	17.775	17.925	17.8638	0.03416	
$y5$	17.775	17.925	17.8639	0.03420	0.0001
$y50$	17.802	17.917	17.8638	0.02900	0.0128
$y100$	17.816	17.910	17.8637	0.02590	0.0134
$y150$	17.832	17.907	17.8649	0.02260	0.0189

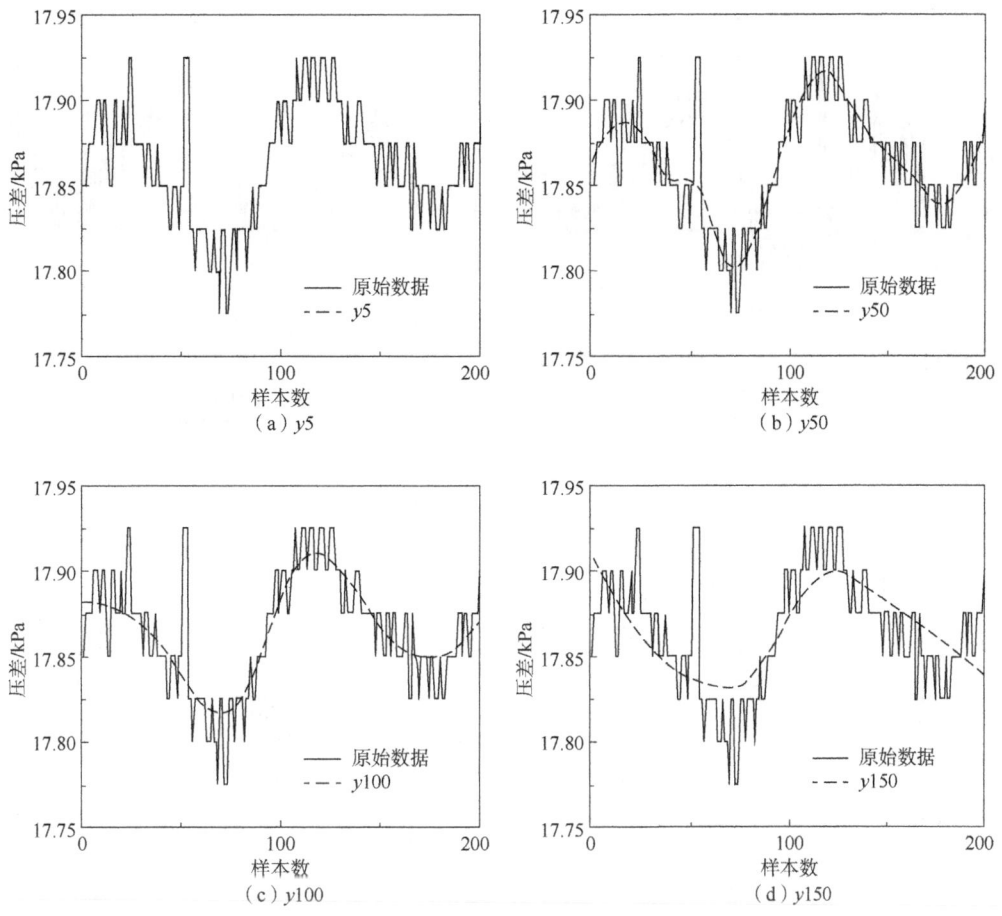

图 3.12 不同跨度参数的 LOESS 滤波法

（4）广义移动平均法（SGOLAY）。

SGOLAY 是用最小二乘法进行平滑滤波，是移动平滑算法的改进，其平滑公式见式（3.39）。结果如图 3.13 和表 3.5 所示。

$$Y = \frac{1}{H}\sum_{i=-\omega}^{\omega} Y_{k+i} h_i \tag{3.39}$$

表 3.5 SGOLAY 滤波结果分析

数据类型	最小值	最大值	平均值	标准差	平均绝对误差
原始数据 y	17.775	17.925	17.8638	0.03416	
$y5$	17.775	17.940	17.8639	0.03270	0.0068
$y50$	17.802	17.915	17.8638	0.02830	0.0131
$y100$	17.822	17.905	17.8636	0.02390	0.0162
$y150$	17.834	17.889	17.8648	0.01410	0.0024

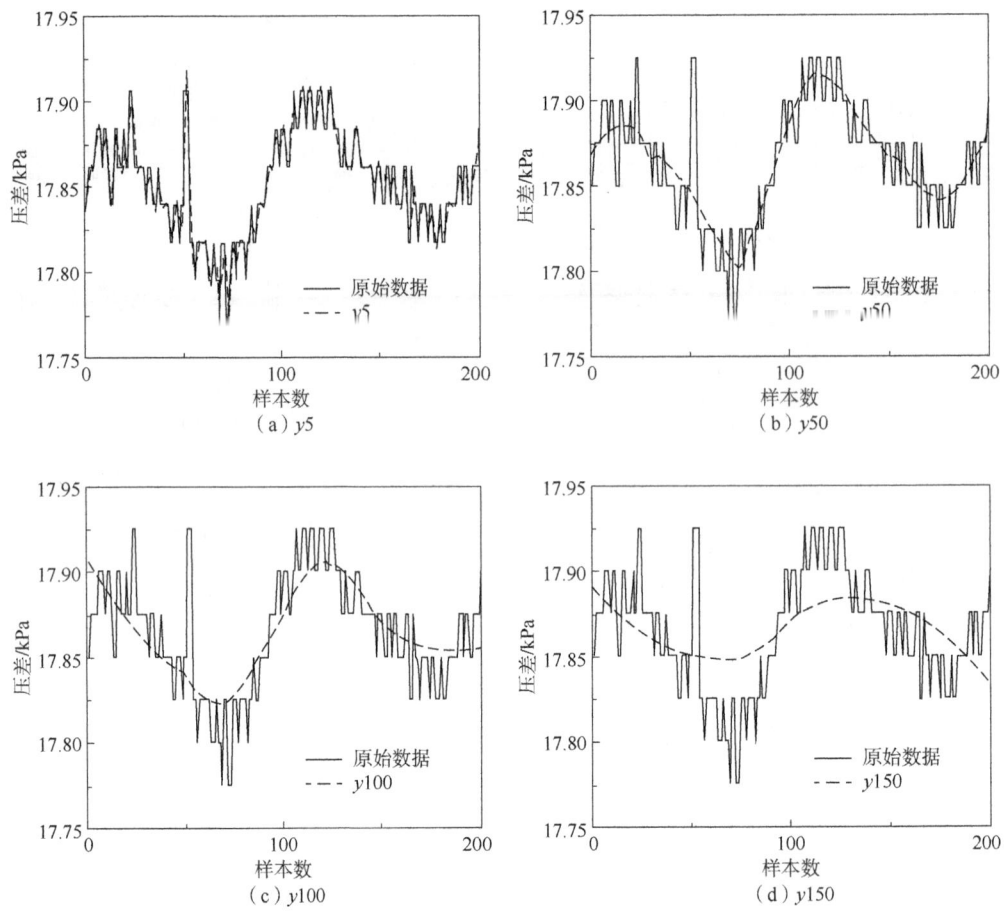

图 3.13 不同跨度参数的 SGOLAY 滤波法

（5）LOWESS 方法的稳健形式（RLOWESS）。

RLOWESS 也属于局部加权回归平滑散点法，主要在权重方面，异常值被赋予较小的权重，6 倍的平均绝对误差以外的数据的权重为 0。结果如图 3.14 和表 3.6 所示。

表 3.6 RLOWESS 滤波结果分析

数据类型	最小值	最大值	平均值	标准差	平均绝对误差
原始数据 y	17.775	17.925	17.8638	0.034160	
$y5$	17.781	17.925	17.8637	0.03140	0.0072
$y50$	17.819	17.906	17.8632	0.02430	0.0138
$y100$	17.838	17.893	17.8634	0.01650	0.0193
$y150$	17.850	17.875	17.8638	0.00600	0.0248

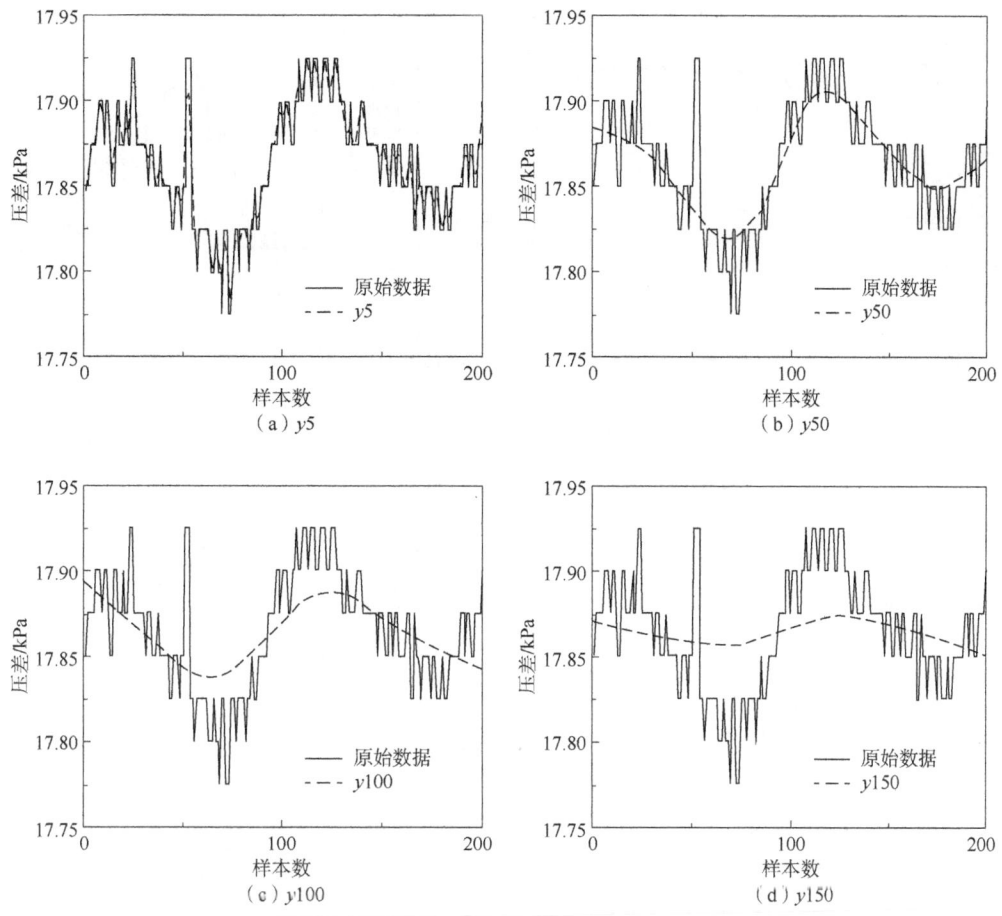

图 3.14 不同跨度参数的 ROLWESS 滤波法

(6) LOESS 方法的稳健形式(RLOESS)。

RLOESS 也属于本地散点平滑估计。异常值被赋予较小的权重,6 倍的平均绝对误差以外的数据的权重为 0。结果如图 3.15 和表 3.7 所示。

表 3.7 RLOESS 滤波结果分析

数据类型	最小值	最大值	平均值	标准差	平均绝对误差
原始数据 y	17.775	17.925	17.8638	0.03416	
$y5$	16.750	17.9250	17.8437	0.12510	0.0206
$y50$	17.806	17.917	17.8625	0.02970	0.0128
$y100$	17.806	17.917	17.8624	0.02700	0.0141
$y150$	17.829	17.913	17.8643	0.02370	0.0198

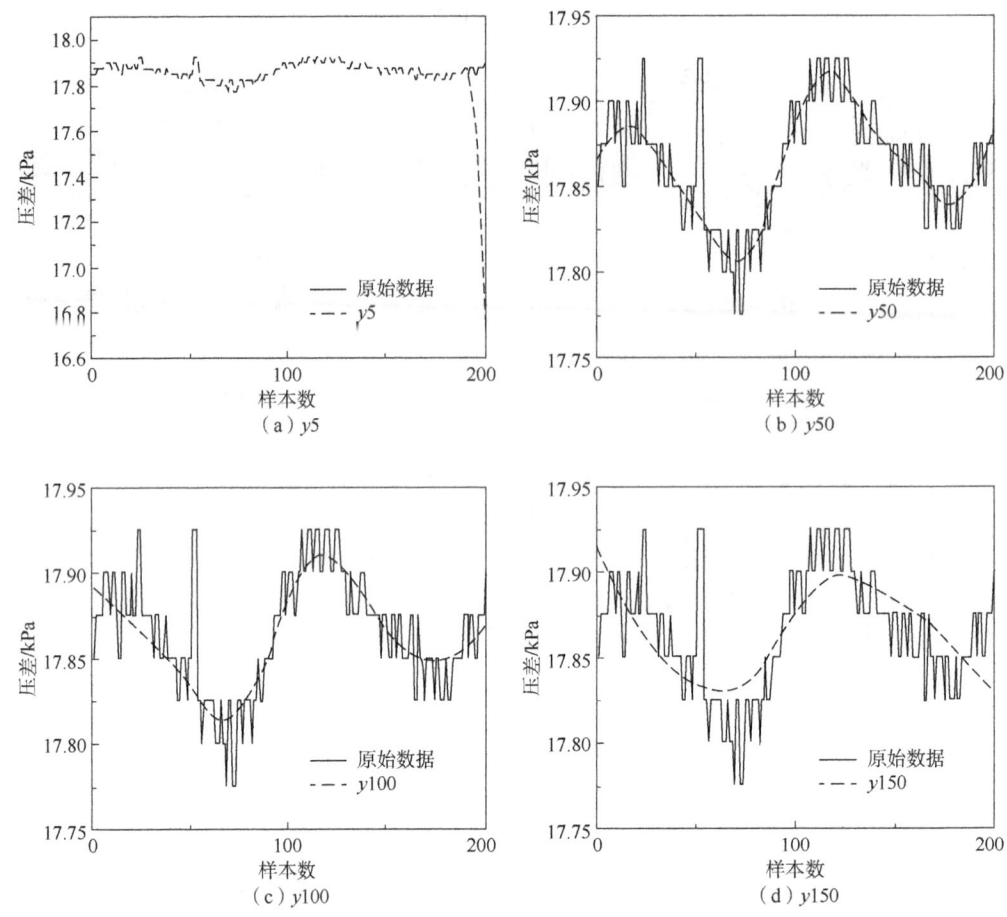

图 3.15 不同跨度参数的 RLOESS 滤波法

综上所述的 6 种数据平滑处理方法研究对比中发现其设置的跨度参数数值越大，滤波后的压差曲线就越平稳光滑。由于利用采集到的压差对壁面剪切应力进行计算时只用到其中一个值，而传感器每秒采集的压差值为多个，因此需要将某小段时间内采集到的压差值进行平滑处理然后取其平均值再进行计算。根据结果可以看出，设置跨度参数为 150 效果最好，且利用 RLOWESS 时效果最好，在 6 种平滑去噪的方法中 RLOWESS 曲线最平滑。

3.4.3 实验结果对比分析

3.4.3.1 范式旋转黏度计

范式旋转黏度计测量仪器的系数 $C=0.511$，因此管壁上剪切应力可表示为：

$$\tau = 0.511\Phi \tag{3.40}$$

式中：Φ 为黏度计转盘上的刻度数。

剪切速率可以用式（3.41）来表示：

$$\gamma = 1.703r \tag{3.41}$$

式中：r 为黏度计的转速，r/min。

根据上述式子，可以计算出不同转速下的剪切速率，见表3.8。

表3.8 不同转速下的剪切速率

r/min	3	6	100	200	300	600
γ/s^{-1}	5.11	10.22	170.30	340.70	511.00	1022.00

本研究主要以钻井液的黏度作为实验室可行性的对比分析评价指标，井场上大多数的钻井液为非牛顿流体，利用旋转黏度计测量后形成的流变曲线中剪切应力与剪切速率是一种非线性的关系，因此黏度随着剪切速率变化而变化，不是常数。本研究主要采用压差测量值与旋转黏度计在600r/min对应下的黏度作为对比评价指标。本次实验利用管径为16mm的细管测量压差，用作后续数据分析，测量细管需要的入口流量达到1.48m³/h时，对应的牛顿剪切速率为1022s⁻¹，即与旋转黏度计在600r/min下对应的剪切应力相同。本次实验配了3种钻井液分别用来验证压差黏度计的可行性，配比的几种钻井液均符合宾汉流变模式。利用范式旋转黏度计对塑性流体进行表观黏度计算的方法如下：

$$\eta_{表} = \frac{\tau}{\gamma} \tag{3.42}$$

式中：τ 为剪切应力，Pa；γ 为剪切速率，s⁻¹。

3.4.3.2 压差黏度计实验分析

根据配方，进行了3种钻井液的配制，并进行管道压差的测量。表3.9给出第一种钻井液的数据，利用3.1小节测量原理的公式对壁面剪切速率与剪切应力进行计算分析，结果如图3.16所示。

表3.9 第一种钻井液压差测量结果数据

序号	流速/(m/s)	压差/(kPa/m)	广义流性指数/N	剪切速率 γ/s^{-1}	剪切应力 τ/Pa
1	0.270	8.712	0.721	151.557	34.848
2	0.414	12.083	0.727	226.687	48.330
3	0.553	15.000	0.728	302.086	60.000
4	0.691	17.106	0.723	378.481	68.424
5	0.829	19.431	0.722	454.320	77.727
6	0.967	21.060	0.717	531.205	84.242
7	1.105	22.424	0.712	608.506	89.697
8	1.243	24.848	0.715	683.678	99.394
9	1.382	26.515	0.713	760.182	106.061
10	1.520	28.409	0.714	836.143	113.636
11	1.658	29.242	0.709	914.180	116.970
12	2.045	32.424	0.702	1130.849	129.697

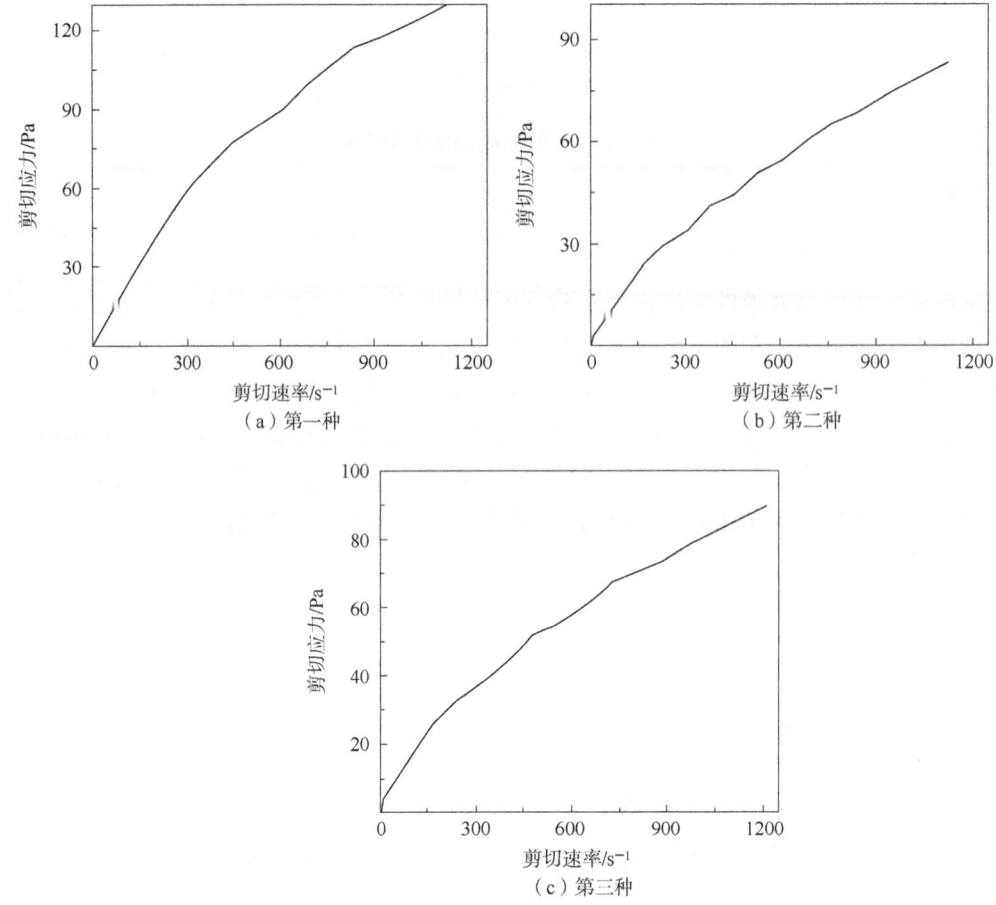

图3.16 三种钻井液测量流变曲线

图3.17与表3.10对比了旋转黏度计与压差黏度计利用非线性回归法拟合后的曲线，符合H-B流变模式。利用与六速旋转黏度计剪切速率相同的6个管道点进行拟合计算，结果表明利用两种不同的测量方法获得的钻井液性能流变参数的结果相似，具体流变参数对比数据结果见表3.10。

表3.10 流变参数获得结果

钻井液	旋转黏度计			压差黏度计		
	屈服应力 τ_0/Pa	稠度系数 K/(Pa·s)	流性指数 n	屈服应力 τ_0/Pa	稠度系数 K/(Pa·s)	流性指数 n
钻井液1	0.6290	1.6550	0.6025	0.1897	1.7332	0.6136
钻井液2	0.1427	1.1267	0.6130	0.6599	0.7995	0.6558
钻井液3	0.3436	1.0929	0.6296	0.1335	1.1370	0.6188

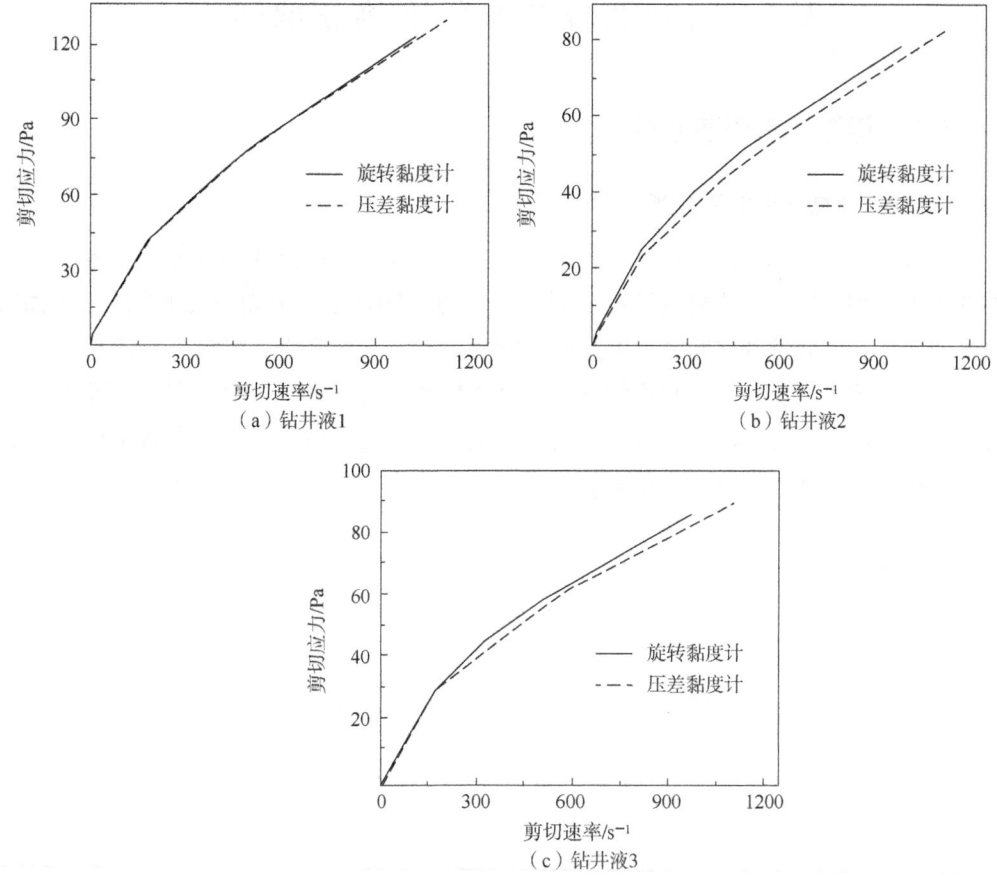

图 3.17 不同钻井液压差黏度计与旋转黏度计对比分析图

两种黏度计在剪切速率为 1022 s^{-1} 时的黏度结果也十分接近。第一种钻井液利用旋转黏度计测得的黏度为 0.12Pa·s，利用压差黏度计测得的结果为 0.115Pa·s，其相对误差为 4.1%；第二种钻井液利用旋转黏度计测得的黏度为 0.077Pa·s，利用压差黏度计测得的结果为 0.081Pa·s，其相对误差为 5.1%；第三种钻井液利用旋转黏度计测得的黏度为 0.084Pa·s，利用压差黏度计测得的结果为 0.087Pa·s，其相对误差为 3.5%。结果如图 3.18 所示。

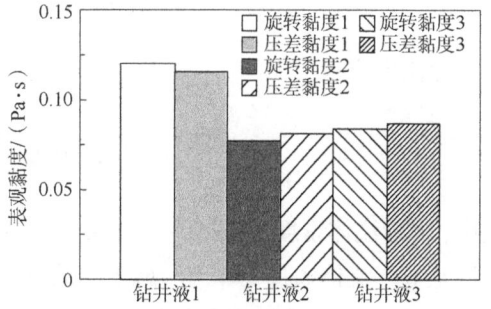

图 3.18 三种钻井液的黏度对比分析结果

3.5 钻井液流变参数准确获取研究

3.5.1 管流压差正演分析

3.5.1.1 计算流体力学分析

计算流体力学(CFD)通过计算机数值模拟方法去求解一些复杂问题的流体流动、热传导等的相关物理问题,如流场内速度、温度、压力等物理量的分布及随时间的变化情况。将原来的变量在时间域及空间域上的某些连续性方程、动量方程、能量方程等用一系列有限离散代数形式来表示。然后利用计算机对这些代数方程组进行数值求解,从而得到对应的连续场变量的近似值求解。随着计算机建模能力的快速发展,钻井液在管道中压力的分布可以通过计算流体力学(CFD)仿真分析得到。

(1) 流体流动基本控制方程。

钻井液在管道中的流动问题需满足质量守恒、动量守恒、能量守恒三大定律。流体的运动一般用欧拉法和拉格朗日法两种方法来描述。

① 质量守恒方程。

由质量守恒定理可知,流体在 dt 时间内,在直角坐标系中 x 方向的流入流出质量如下:

流入质量:

$$dm_x = \rho u_x dy dz dt \tag{3.43}$$

流出质量:

$$dm_x' = \left[\rho u_x + \frac{\partial(\rho u_x)}{\partial x}dx\right]dy dz dt \tag{3.44}$$

净流出质量:

$$dm_x' - dm_x = \frac{\partial(\rho u_x)}{\partial x}dx dy dz dt \tag{3.45}$$

式中: ρ 为流体密度, kg/m^3; u_x, u_y, u_z 为在 x, y, z 三个方向的速度分量。其中,净流出质量等于流体通过物体内所减少的质量。

同理,在 dt 时间内,流体在直角坐标系 y 和 z 方向上的净流出质量分别为:

$$dm_y' - dm_y = \frac{\partial(\rho u_y)}{\partial y}dx dy dz dt \tag{3.46a}$$

$$dm_z' - dm_z = \frac{\partial(\rho u_z)}{\partial z}dx dy dz dt \tag{3.46b}$$

整理可得总的净流出质量为：$\left[\frac{\partial(\rho u_x)}{\partial x}+\frac{\partial(\rho u_y)}{\partial y}+\frac{\partial(\rho u_z)}{\partial z}\right]\mathrm{d}x\mathrm{d}y\mathrm{d}z\mathrm{d}t$，也可表示为：$(\nabla\cdot\rho\boldsymbol{u})\mathrm{d}x\mathrm{d}y\mathrm{d}z\mathrm{d}t$。根据质量守恒，净流出质量等于由于密度的变化引起的质量减少。

$$(\nabla\cdot\rho\boldsymbol{u})\mathrm{d}x\mathrm{d}y\mathrm{d}z\mathrm{d}t=-\frac{\partial\rho}{\partial t}\mathrm{d}x\mathrm{d}y\mathrm{d}z\mathrm{d}t \tag{3.47}$$

② 动量守恒方程。

根据牛顿第二定律可得坐标系中三个方向的微分形式：

$$\begin{cases}\dfrac{\partial(\rho\boldsymbol{u}_x)}{\partial t}+\nabla\cdot(\rho\boldsymbol{u}_x\boldsymbol{u})=-\nabla p_x+\nabla\cdot(\tau_x)+F_x\\[6pt] \dfrac{\partial(\rho\boldsymbol{u}_y)}{\partial t}+\nabla\cdot(\rho\boldsymbol{u}_y\boldsymbol{u})=-\nabla p_y+\nabla\cdot(\tau_y)+F_y\\[6pt] \dfrac{\partial(\rho\boldsymbol{u}_z)}{\partial t}+\nabla\cdot(\rho\boldsymbol{u}_z\boldsymbol{u})=-\nabla p_z+\nabla\cdot(\tau_z)+F_z\end{cases} \tag{3.48}$$

式中：F_x，F_y，F_z为在x，y，z三个方向的体力；p为压力，$\mathrm{N/m^2}$；τ为流体的黏性力。

③ 能量守恒方程。

流体流动主要包含了三部分：流体内能、流体流动具备的动能，以及流体的势能。基于热力学第一定律的能量守恒方程，其微分形式如下：

$$\rho\frac{\mathrm{d}}{\mathrm{d}t}\left(U+\frac{V^2}{2}\right)=\rho F\cdot v+\mathrm{div}(p\cdot v)+\mathrm{div}(k\mathrm{grad}T)+S_\mathrm{h} \tag{3.49}$$

$$S_\mathrm{h}=\rho q$$

式中：S_h为热传递量；k为流体的导热系数，$\mathrm{W/(m\cdot ℃)}$；T为流体温度，$℃$；U为单位质量流体的内能；$\dfrac{V^2}{2}$为单位质量流体的动能。

(2) 网格与边界条件。

网格划分是计算流体力学（CFD）中重要的组成部分，网格的质量关系到模型求解的精度。理论而言，网格划分数量越多则求解的模型精度越高。然而在求解实际工程时，网格划分太多容易造成计算量大、计算时间长；网格划分太少，容易导致计算结果误差大，甚至出现不收敛的情况。因此，对管道内的流体进行网格划分时，应合理确定网格数量。

在进行管道钻井液流场分析时需要给出边界条件，主要有入口边界条件和出口边界条件。

① 入口边界条件。

由于模拟计算的是不同流量下的压差值，因此钻井液入口边界条件主要包括入口流速、密度、入口直径。其中入口流速通过流量与管道直径计算获得。钻井液的流动形态采用层流。

② 出口边界条件。

出口边界条件主要包括出口直径，设置出口压力为0MPa。

3.5.1.2 计算结果分析

本小节模拟仿真所建立的管道与实验中的管道按照1∶1的比例进行建模。但在实际实验中由于安装在管道中的压差传感器测量距离为1.32m，因此需要按照一定比例来计算流体在管道中流动的压耗。在模拟仿真中分别选取0.27m/s、0.691m/s、1.105m/s、1.382m/s、1.658m/s、2.045m/s6种入口流速，出口压力为0MPa。其中模拟时，流体温度设置为27℃，与实验时测量的温度保持一致。由于后续小节利用第二种配方的钻井液进行反演分析，因此在仿真时的压差结果与上节的第二种配方实验室测量获得的压差结果进行对比。最后将仿真结果与实验结果进行一一对比，结果如图3.19、图3.20和表3.11所示。

图3.19 不同流速下的管道压耗云图

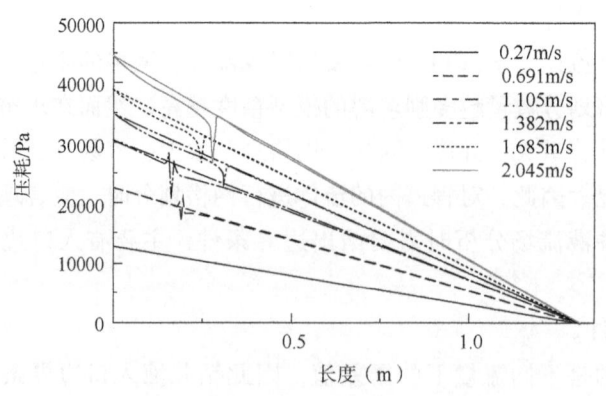

图3.20 不同流速下的管道压耗变化图

表 3.11 实验压差与模拟仿真压差对比分析

序号	流速/(m/s)	实际压差/(kPa/m)	数值模拟压差/(kPa/m)	相对误差绝对值/%
1	0.270	8712.12	9343.18	7.20
2	0.691	17106.06	17093.18	0.07
3	1.105	22424.24	22975.00	2.40
4	1.382	26515.15	26473.48	0.10
5	1.658	29242.42	29572.72	1.10
6	2.040	32424.24	33937.12	4.60

利用Fluent对钻井液在6种不同流速下进行管道压差模拟仿真分析，根据图3.19、图3.20与表3.11可知，模拟结果与实验结果相近且精度满足要求。由于实验需花费大量的时间、人力与材料成本等。可以选择利用数值模拟的方法代替实验。因此选择正交试验与抽样试验的方法对钻井液三参数进行样本建立，然后利用Fluent对每一种试验样本的结果进行数值模拟计算。根据结果可知，本研究可以利用Fluent模拟仿真的压差代替实验测量压差。

3.5.2 流变性参数多目标反演模型研究

3.5.2.1 压差代理模型建立与优选

（1）学习样本建立。

基于耦合压差代理模型的智能反演与传统反演方法的最大不同在于需要构建学习样本，其样本是建立代理模型的数据基础，是支持钻井液流变参数智能反演的重要数据支撑。将H-B流变模式的三个参数按照一定的试验方法建立一定的样本数，由于具体试验中钻井液温度为27℃，因此在构建样本时制作三个流变参数的试验样本即可。

① 正交试验设计。

试验设计方法[8]是指通过合理地安排试验，通过有目的地改变系统的输入变量来观察系统对应的输出变化情况，从而对系统的特性进行综合、科学分析的研究方法。由传统的物理试验设计演化而来的经典试验设计具有广泛的应用，以减少随机误差的影响为目的。对于一些非线性的复杂结构，利用极限学习机（ELM）建立压差与钻井液性能参数之间的代理模型，需要大量的样本进行机器学习、训练，选择合适的样本进行训练能够大大地节省代理模型的运算时间、加快模型收敛速度等。正交试验表所用符号见式（3.50）。

$$L_a(b^c) \tag{3.50}$$

式中：L为正交表；a为试验次数，即正交表里的行数；b为水平数；c为因子数，为影响试验结果的主要因素。如$L_9(3^4)$，在进行全面试验时需要试验3^4次（81次），经过正交试验后，只需要试验9次。

正交试验适合于安排因素较多、周期较长和多指标的试验，且能够用局部的有代表性的试验样本代替整体全部样本的特点。本研究主要是利用等水平正交表进行试验，其最主要的 2 个特点如下，第一：每一列中设置的水平数出现的次数是相等的，也称列间具有平衡性。如 $L_9(3^4)$ 正交表中，进行 9 次试验，影响因子有 4 个，水平数设置为 3 个，即"1""2""3"。因此，在每一列因子中出现"1""2""3"的次数是一样的。第二：任意的两列组合在一起，组成的数字对出现的次数相等，也称列间具有正交性。如 $L_9(3^4)$ 正交表中第一列和第二列组成的数字为(1，1)(1，2)(1，3)(2，1)(2，2)(2，3)(3，1)(3，2)(3，3)。

本书选择 $L_{25}(5^6)$ 正交表来对钻井液的流变性进行正交试验。可以获得 25 个试验设计结果。根据钻井液符合 H-B 流变模式的特点，因此选择引入的因素有三个：屈服应力 τ_0、稠度系数 K、流性指数 n。由 3 个因素和 5 个水平进行正交试验设计组合，其结果见表 3.12。

表 3.12　基于 H-B 流变模式的三参数正交试验表

样本	屈服应力 τ_0/Pa	稠度系数 K/(Pa·s)	流性指数 n
1	0	0.1	0.50
2	0	0.5	0.55
3	0	1.0	0.60
4	0	1.5	0.65
5	0	2.0	0.70
6	0.5	0.1	0.55
7	0.5	0.5	0.60
8	0.5	1.0	0.65
9	0.5	1.5	0.70
10	0.5	2.0	0.50
11	1.0	0.1	0.60
12	1.0	0.5	0.65
13	1.0	1.0	0.70
14	1.0	1.5	0.50
15	1.0	2.0	0.55
16	1.5	0.1	0.65
17	1.5	0.5	0.70
18	1.5	1.0	0.50
19	1.5	1.5	0.55
20	1.5	2.0	0.60
21	2.0	0.1	0.70
22	2.0	0.5	0.50
23	2.0	1.0	0.55
24	2.0	1.5	0.60
25	2.0	2.0	0.65

② Bootstrap 抽样的样本扩容构建。

由于对不同配方钻井液的性能参数进行大量的试验需要花费大量的时间与精力，但建立压差代理模型需要构建学习样本，进行正交试验的 25 组钻井液配方试验样本数量数据集较少，难以有效划分训练集和测试集，对于代理模型的网络学习会造成结果误差大，因此，需要对试验样本进行扩容。Bootstrap 是一种重复抽样的统计方法，即有放回地抽样[9]。它是用于非参数统计中构造总体参数估计统计量方差进而进行区间估计的一种统计方法。Bootstrap 方法由近似观察值的函数分布和基础分布组成。通过在统计函数的定义中用数据的经验分布替换未知分布，然后重新采样数据以获得所得随机变量的蒙特卡洛分布，从而获得该 Bootstrap 分布。

假设一组独立分布的随机样本为 $X=\{x_1, x_2, x_3, \cdots, x_N\}$；原始观测数据集的样本为 $Y=\{y_1, y_2, y_3, \cdots, y_N\}$；$R(X, F)$ 为某一预先选取的随机变量，根据观测样本估计 $R(X, F)$ 的分布特征[10]。Bootstrap 抽样的原理如下：

a. 根据观测样本，构造表示样本概率分布 FN，原始数据集中每个观测单位每次被抽中的概率相等，即在每个随机样本点上放置 $1/N$ 的分布；

b. 基于 FN 生成 Bootstrap 随机样本，该样本是一个随机样本 X^* 与从 FN 提取的 X 具有相同的大小，并进行替换；

c. 利用 $R(X^*, F)$ 的 Bootstrap 分布来近似 $R(X, F)$ 的采样分布。

表 3.13 基于 Bootstrap 抽样数据

样本	屈服应力 τ_0/Pa	稠度系数 K/(Pa·s)	流性指数 n
1	1.500	1.000	0.6500
2	1.500	1.000	0.7000
3	1.000	1.000	0.6000
4	1.375	1.500	0.6500
5	1.500	1.000	0.6375
6	1.000	1.500	0.6500
7	1.000	1.375	0.6000
8	1.875	1.500	0.6375
9	1.500	1.500	0.6500
10	0.500	1.000	0.5500
11	1.500	0.100	0.6000
12	1.000	1.000	0.6500
13	1.500	1.500	0.5875
14	1.500	1.000	0.5875
15	1.000	1.500	0.6000
16	1.375	1.000	0.6500
17	1.500	1.000	0.6000

续表

样本	屈服应力 τ_0/Pa	稠度系数 K/(Pa·s)	流性指数 n
18	1.375	1.375	0.6375
19	1.375	1.375	0.6000
20	1.500	1.500	0.6375
21	1.375	1.500	0.6000
22	0.500	1.500	0.6500
23	1.000	1.000	0.6375

为了增加样本的多样性及避免数据的非均衡性，利用上述两小节的正交试验设计和Bootstrap抽样方法总共构建了关于参数屈服应力 τ_0、稠度系数 K、流性指数 n 的48组样本。基于Bootstrap抽样的数据见表3.13。然后利用CFD进行管道压耗数值模拟，在给定6种不同流量下进行模拟。

(2) 代理模型的建立。

钻井液在管道流动时产生的压差与钻井液的流变参数之间具有高度非线性且复杂的隐函数关系。极限学习机模型的基本原理是采用隐式的映射关系将输出响应量与输入变量之间的关系表示出来。从学习效率看，极限学习机具有训练参数少、泛化能力强，且适合于小样本计算等优点。由于上述小节建立的样本属于小样本，而极限学习机算法专门适用于小样本数据集分析，因此本研究对于压差代理模型是基于极限学习机理论而建立的。

① 极限学习机模型理论研究。

极限学习机(ELM)概念是由南洋理工大学教授黄广斌在2004年的时候提出来的，该算法主要是针对单隐藏层的前馈神经网络[11]，与传统神经网络基于梯度算法不同，其对隐含层(又称隐藏层)、输入层、输出层连接权值和阈值修正[12]。在ELM算法中，随机分配输入层与隐含层之间的连接权值和偏差，然后通过Moore-Penrose广义逆矩阵理论得到这些线性方程的最小二乘解，将其设置为输出层权重参数。

假设网络有 n 个神经元(输入变量)；中间隐含层的神经元有 L 个；输出层有 m 个变量。因此，该网络的输出可以写作以下形式[13]：

$$F_L(x) = \beta_i g(\omega_i x_i + b_i) \tag{3.51}$$

式中：ω 为输入层与隐含层之间神经元的连接输入权重；β 为输出层与隐含层之间神经元的连接输出权重；b 为隐含层中的阈值。

如果有 N 个样本，带有 L 个隐含层神经元的前馈神经网络以零误差近似逼近 N 个样本，则有：

$$F_L(x) = Y = H\beta \tag{3.52}$$

式中：H 为隐含层的输出矩阵。

$$\begin{cases} \boldsymbol{H} = \begin{bmatrix} g(\omega_1 x_1 + b_1) \cdots\cdots g(\omega_L x_1 + b_L) \\ \cdots \\ \cdots \\ g(\omega_1 x_N + b_1) \cdots\cdots g(\omega_L x_N + b_L) \end{bmatrix} \\ \min \parallel \boldsymbol{H}\boldsymbol{\beta} - \boldsymbol{Y} \parallel \\ \hat{\boldsymbol{\beta}} = \boldsymbol{H}^+ \boldsymbol{Y}^{\mathrm{T}} \end{cases} \quad (3.53)$$

式上：H^+ 是输出矩阵 H 的 Moore-Penrose 广义逆矩阵。通过计算连接输出权值，可以预测任意不同输入对应的输出。

ELM 算法流程[14]输入输出数据为：a. 输入：数据集 $\{X \mid X \in \mathrm{R}^D\}$ 其中 X 为 $i \times j$ 的矩阵，$i = 1, 2, 3, \cdots, n$；$j = 1, 2, 3, \cdots, m$；隐含层神经元个数 L；激活函数 $g(x)$；b. 输出：随机产生的隐含层权值 ω_i 和偏差 b_i；隐含层输出 $H(X) = g(\omega X + b)$；输出层权重 β（图 3.21）。

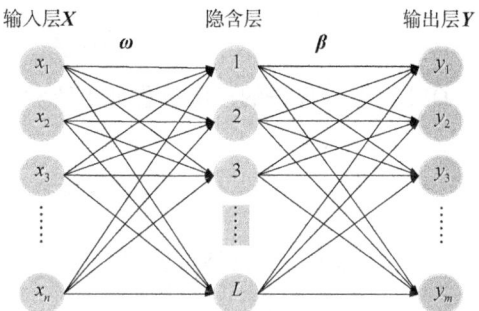

图 3.21 极限学习机网络结构示意图

本研究中，首先样本集通过基于 Fluent 的管道流体分析及正交试验设计与 Bootstrap 重抽样的方法来确定；其次，由于建立的 H-B 流变模式的三个流变参数在不同流量下的压差之间的非线性关系，因此 ELM 模型中输入神经元个数为 3 个，即 H-B 流变模式中的 3 个参数：稠度系数 K、流性指数 n、屈服应力 τ_0，输出目标为不同流量下的压差。

由于 ELM 模型在学习训练中随机设置输入层与隐藏层的连接权重、隐藏层神经元的阈值，可能会导致复杂的共线性问题。其主要表现为病态的隐藏输出矩阵 H，以及求解输出权重时的随机波动 β[15]。因此这在一定程度上影响了 ELM 模型结果的准确性，导致一定的误差。因此需要对 ELM 的参数进行优化调整。

② 基于粒子群(PSO)优化的 ELM(OELM)模型研究。

粒子群优化算法(PSO)是一种受自然启发的智能优化算法。PSO 具有参数少，仅对粒子的位置和速度进行更新，运算简单，易于进行数学分析和引出等优点。在该算法中，优化问题的一个可能的解决方案被称为粒子[16]。因此，为了解决 ELM 模型的训练的不足，将 PSO 和 ELM 结合在一起，利用 PSO 优化 ELM 输入层与隐藏层的连接权重和隐藏层阈值[17-18]，从而获得最佳的 ELM 网络。将 ELM 的输入权重和隐藏层偏差看作为 PSO 中的粒子，PSO 通过不断寻求输入权重和隐藏层阈值自身的最优解，以及当前种群的最优解来更新输入权重和隐藏层偏差的位置，迭代搜索直到找到全局最优解，如图 3.22 所示。通过 PSO 优化算法确定学习机输入层和隐藏层的连接权重能够优化隐藏层的阈值，以增强 ELM 模型用于流变参数与管道压差之间非线性预测的准确性[19]。

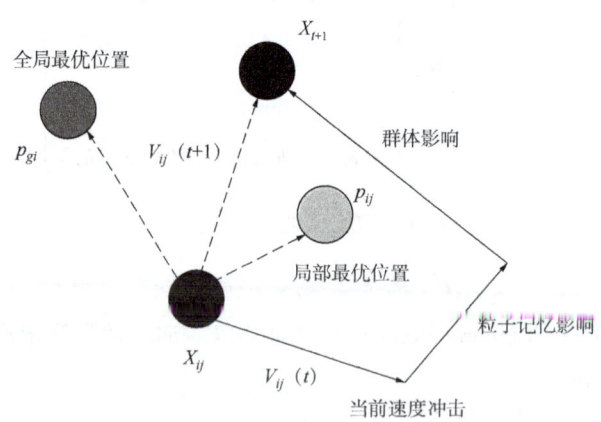

图 3.22　粒子更新寻优过程

OELM 混合算法的详细过程如下所示：

a. 初始化 OELM 混合算法参数，如种群大小 p、社会学习因子 c_1、c_2、惯性权重 ω、粒子（输入层与隐藏层的连接权重及隐藏层阈值）的初始位置 x_0 与初始速度 v_0。

b. 计算每个粒子的适应度值。将均方根误差（RSEM），即 $f=\sqrt{\dfrac{1}{N}\sum_{i=1}^{N}(\bar{y}_i-y_i)^2}$ 作为粒子的适应度函数。若 RSEM 的值越小，证明其效果越好。对于每个粒子，当前适应度值小于历史最佳值，则将历史值更新为当前适应度值。根据所有粒子的适应度值确定并更新全局最优值。

c. 更新粒子速度与位置。每个粒子 x_i 表示 n 维搜索空间中的一个点；设 $p_{\text{best}\,i}$ 表示第 i 个粒子的最优解；g_{best} 表示全局最优解。通过以下公式（3.54）和公式（3.55）来更新每个粒子的位置和速度：

$$x_{ij}(t+1)=x_{ij}(t)+v_{ij}(t+1) \tag{3.54}$$

$$v_{ij}(t+1)=\omega v_{ij}(t)+c_1 r_{1j}(t)[p_{ij}-x_{ij}(t)]+c_2 r_{2j}(t)[p_{gi}-x_{ij}(t)] \tag{3.55}$$

d. 如果优化结果达到优化级别（超过最大迭代步骤或满足给定的目标函数值），则优化过程结束，否则返回步骤 b。

e. 最后输出输入层与隐藏层的连接权重及隐藏层阈值，然后进入 ELM 以完成参数优化。

③ 基于鲸鱼算法优化（WOA）的 ELM 模型研究。

鲸鱼优化算法（WOA）在 2016 年被 Mirjalili 和 Lewis 提出[20]。它在解决不同领域的复杂问题方面很有用[21]。鲸鱼具有某些与人类大脑相似的细胞，这些区域称为主轴单元，负责社交行为、情感和判断力。因此鲸鱼可以像人类一样学习、思考、判断，以及与周围的环境互动并产生情感[22]。鲸鱼算法模拟了座头鲸利用气泡网法来捕猎的行为能力。座头鲸有一种独特的策略，将其描述为捕猎的气泡网模式。用这种方法，它们在地表附近捕获了一组小鱼。它们通过在逐渐减小的圆圈内绕猎物游动而沿螺旋形溃败处产生独特的气泡，其包括两个步骤：第一个是包围猎物，并使用气泡螺旋攻击技术；第二步，随机选择猎物，称为搜索（图 3.23）。

图 3.23　鲸鱼利用气泡网寻找食物

a. 鲸鱼包围猎物。

通常在先验搜索空间中最优设置是未知的，在鲸鱼优化算法中假定当前的最佳解决方案是其捕食的目标猎物，如果最佳搜寻模式被建立，则下一步可能是其他搜索尝试将其位置相对于最佳搜索转移。从数学角度描述座头鲸此行为如下所示[23]：

$$D = | C \cdot X^*_{(t)} - X_{(t)} | \tag{3.56}$$

$$X_{(t+1)} = X^*_{(t)} - A \cdot D \tag{3.57}$$

式中：A 和 C 为系数向量；t 为当前的迭代数；X^* 为当前最佳解决方案的位置向量；X 为现有位置的向量。其中，参数 A 和 C 可以被进一步表示，如下所示：

$$A = 2a \cdot r_1 - a \tag{3.58}$$

$$C = 2r_2 \tag{3.59}$$

式中：参数 r_1 和 r_2 为 [0,1] 区间的随机向量；a 表示在迭代中以线性的方式从 2 降到 0。其中，a 的变化表示为 $a = 2 - 2\dfrac{t}{t_{max}}$。

上述中，X^* 必须在每次迭代过程之后更新。其目的是检查在迭代过程中是否获得了更好的解决方案。如果在一个 n 维的空间，则搜索朝着在超立方体中围绕达到这一点的最佳解决方案移动。

b. 猎物搜寻。

座头鲸的猎物搜寻方式主要包括两种：收缩包围机制和螺旋运动位置更新。

（a）收缩包围机制：鲸鱼在整个空间的迭代寻优过程中，由于 a 从 2 到 0 减少，因此 A 的变化范围也随之减少，A 是属于 [-1,1] 之间的随机向量。使用 A 搜索代理的最近位置位于搜索代理的初始位置和现有最佳搜索代理位置中间的某个位置。

(b) 螺旋更新位置：向最优座头鲸的位置移动。

在(X, Y)位置的座头鲸猎捕食物时，最优位置(X^*, Y^*)移动会遵循螺旋形捕食轨迹。用数学方程表示此行为如下所示：

$$X_{(t+1)} = D' \cdot e^{bl} \cdot \cos(2\pi l) + X_t^* \tag{3.60}$$

式中：$D' = |X_t^* - X_{(t)}|$为第i头鲸与猎物之间的距离；b为常数项，定义了螺旋形状或扭曲过程的轮廓和曲线，一般情况默认为1；l为$[-1,1]$之间的随机数。

另外需指出的是当座头鲸攻击猎物时，它们会绕着猎物走螺旋形的路线。假设搜寻过程中的收缩包围机制和螺旋更新位置机制的等效概率值为$p = 50\%$，用数学表达式如下：

$$X_{(t+1)} = \begin{cases} X_t^* - A \cdot D, & p < 50\% \\ D' \cdot e^{bl} \cdot \cos(2\pi l) + X_t^*, & p \geqslant 50\% \end{cases} \tag{3.61}$$

式中：p为$[0,1]$之间的随机数。

利用 WOA 优化 ELM 的步骤如下[24]：

(a) 初始化 ELM 与 WOA 的可调参数，如：设置鲸鱼种群数、迭代次数、初始位置、一些随机数等。

(b) 评估每头鲸鱼的输出权重和适合度，计算出每头鲸鱼的最优适应度位置。将均方根误差(RMSE)设置为适应度函数。

(c) 使用螺旋方程$X_{(t+1)} = D' \cdot e^{bl} \cdot \cos(2\pi l) + X_t^*$来更新鲸鱼的位置，然后进入下一次的更新迭代。

(d) 保留步骤(c)更新的鲸鱼最优位置，根据设置的误差及迭代次数不断循环更新，直至满足要求，得到最优的参数再赋予到 ELM 模型中。

3.5.2.2 代理模型的结果对比与分析

(1) 构建代理模型计算数据。

根据流变三参数的取值范围一共构建了48组学习样本，然后将构建的每一组样本输入到建立的测量管模型中去，并且在6中不同流量的情况下模拟管道压耗。表3.14为给定部分模拟管道压耗数据。

表 3.14 管道压耗的数值模拟数据表

序号	Δp_1/kPa	Δp_2/kPa	Δp_3/kPa	Δp_4/kPa	Δp_5/kPa	Δp_6/kPa
1	0.081	0.116	0.467	0.863	1.19	2.265
2	0.440	0.644	2.763	4.792	6.154	10.101
3	0.943	1.429	6.936	12.125	15.631	25.331
4	1.156	2.379	13.136	24.000	31.125	50.124

续表

序号	Δp_1/kPa	Δp_2/kPa	Δp_3/kPa	Δp_4/kPa	Δp_5/kPa	Δp_6/kPa
⋮	⋮	⋮	⋮	⋮	⋮	⋮
45	1.870	2.341	13.501	22.443	29.494	46.906
46	1.663	2.356	10.977	18.320	23.481	35.392
47	1.539	2.397	13.413	24.138	31.279	49.642
48	1.174	1.569	9.146	15.016	19.988	32.052

注：给定的6种不同的流量及对应的压差分别为：$0.0074\text{m}^3/\text{h}$、$0.0148\text{m}^3/\text{h}$、$0.2\text{m}^3/\text{h}$、$0.5\text{m}^3/\text{h}$、$0.74\text{m}^3/\text{h}$、$1.48\text{m}^3/\text{h}$，$\Delta p_1$、$\Delta p_2$、$\Delta p_3$、$\Delta p_4$、$\Delta p_5$、$\Delta p_6$。

（2）性能评价指标。

参数拟合结果的准确性直接影响反演参数的精度。当建立管道压差代理模型后，需要对建立的模型进行参数拟合准确性分析来检验建立的代理模型是否满足精度要求。为了评价本书使用的网络模型的泛化能力，对于模型的拟合精度优劣问题，本研究选取两个参数作为评价模型好坏的指标：均方误差和平均相对误差绝对值。其中，两个指标同时达到越小，证明建立的压差代理模型的拟合精度越高，越能满足后续的实际应用。

① 均方误差（Mean Squared Error，MSE）。

$$\text{MSE} = \frac{1}{n}\sum_{i=1}^{n}(y'_i - y_i)^2 \qquad (3.62)$$

式中：y'_i为预测的压差值；y_i为测试数据值。

② 平均相对误差绝对值（Mean Absolute Relative Error，MARE）。

$$\text{MARE} = \frac{1}{n}\sum_{i=1}^{n}|y'_i - y_i|/y_i \qquad (3.63)$$

（3）隐含层激活函数确定。

隐含层不同的激活函数对网络性能影响不同，选取合适的激活函数能够使得样本的输入参数与输出参数之间存在的潜在未知关系达到良好的泛化效果。极限学习机常用的主要激活函数为：Sigmoid函数、Sine函数、Hardlim函数。本书利用表3.14的样本数据，选取8组作为测试样本进行三种模型的计算对比分析，确定最佳激活函数分析如图3.24至图3.26所示。

由表3.15至表3.17可知，利用极限学习机（ELM）对H-B流变模式的3参数与管道压差之间进行非线性拟合时，使用Sigmoid激活函数时平均MSE为12.49；平均MARE为0.1007。使用Sine激活函数时平均MSE为29.161；平均MARE为0.1605。使用Hardlim激活函数时平均MSE为11.622；平均MARE为0.1235。

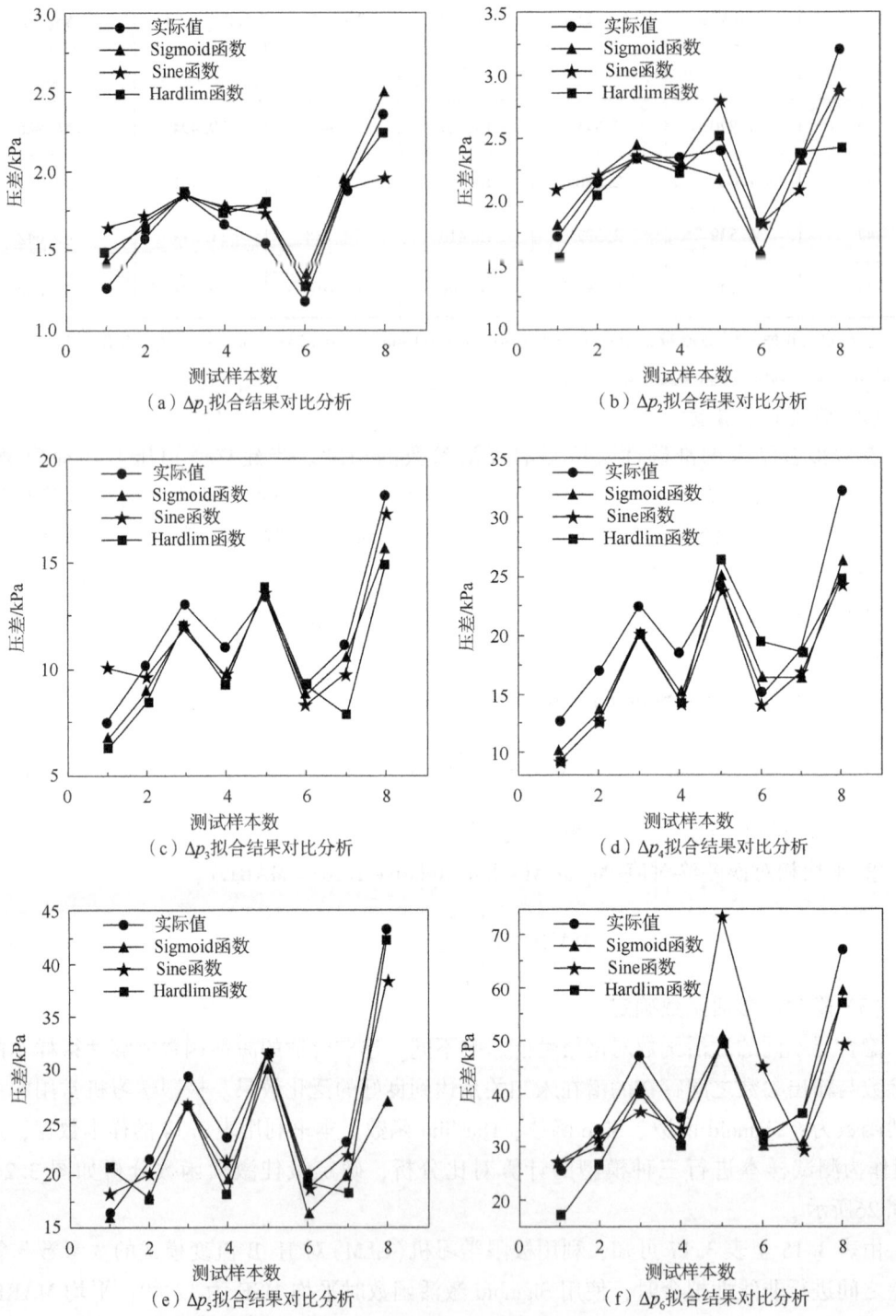

图 3.24 ELM 模型的 6 种压差不同激活函数对比分析

表 3.15 激活函数为 Sigmoid 函数时 ELM 结果

参数	Δp_1	Δp_2	Δp_3	Δp_4	Δp_5	Δp_6	平均值
MSE	0.0198	0.0195	1.5445	10.1234	41.5380	21.6949	12.4900
MARE	0.0820	0.0422	0.0895	0.1422	0.1508	0.0973	0.1007

表 3.16 激活函数为 Sine 函数时 ELM 结果

参数	Δp_1	Δp_2	Δp_3	Δp_4	Δp_5	Δp_6	平均值
MSE	0.0472	0.0699	1.7278	14.6874	6.1087	152.3250	29.1610
MARE	0.1067	0.1040	0.1131	0.1594	0.2639	0.2159	0.1605

表 3.17 激活函数为 Hardlim 函数时的 ELM 结果

参数	Δp_1	Δp_2	Δp_3	Δp_4	Δp_5	Δp_6	平均值
MSE	0.0182	0.0937	3.6636	16.8059	12.4654	36.6850	11.6220
MARE	0.0717	0.0827	0.1346	0.1871	0.1335	0.1311	0.1235

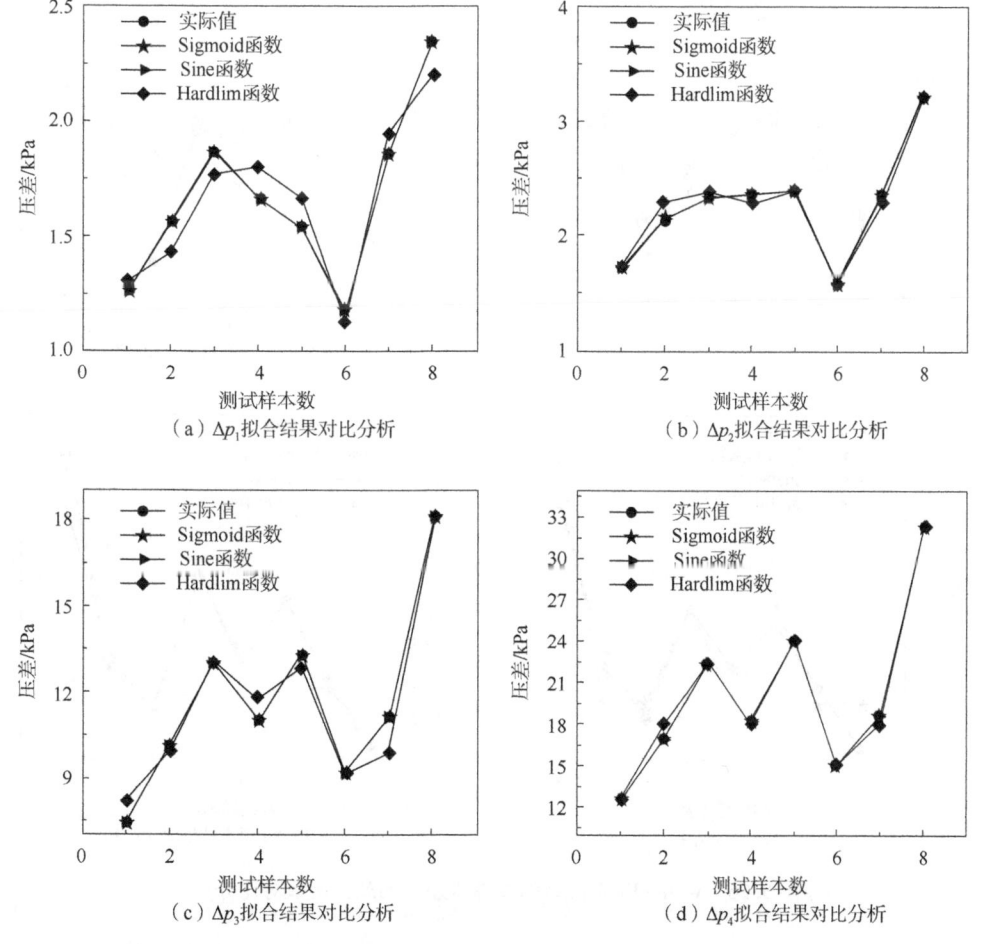

图 3.25 PSO-ELM 模型的 6 种压差不同激活函数对比分析

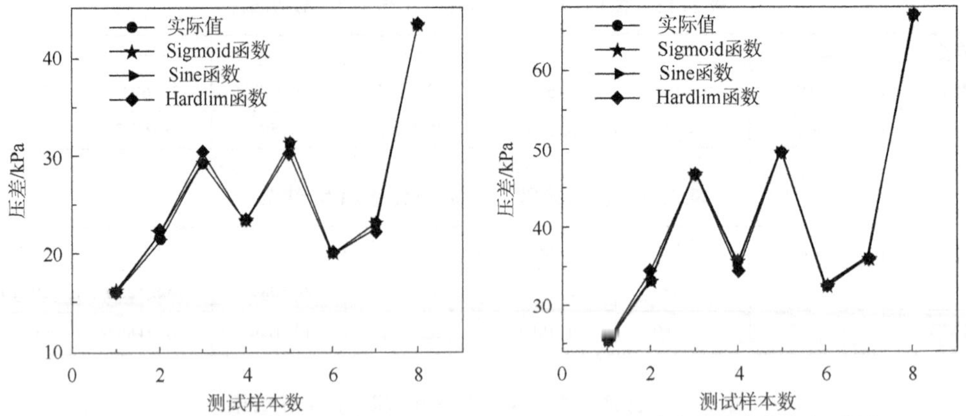

（e）Δp_5 拟合结果对比分析　　　　　　（f）Δp_6 拟合结果对比分析

图 3.25　PSO-ELM 模型的 6 种压差不同激活函数对比分析（续图）

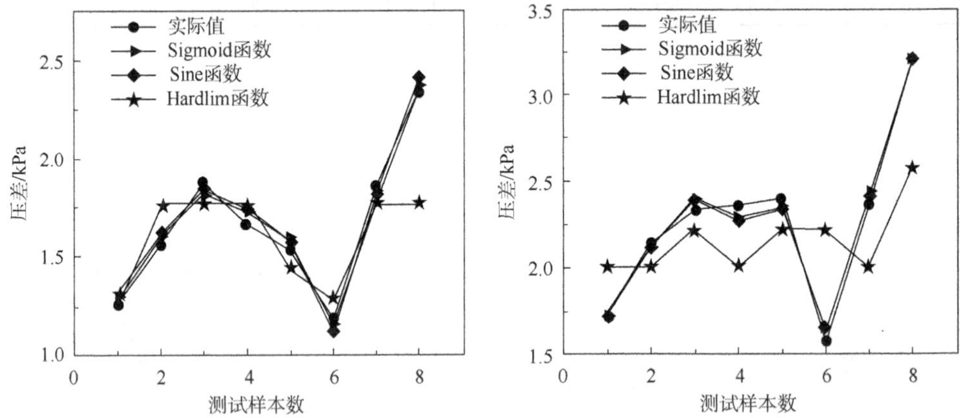

（a）Δp_1 拟合结果对比分析　　　　　　（b）Δp_2 拟合结果对比分析

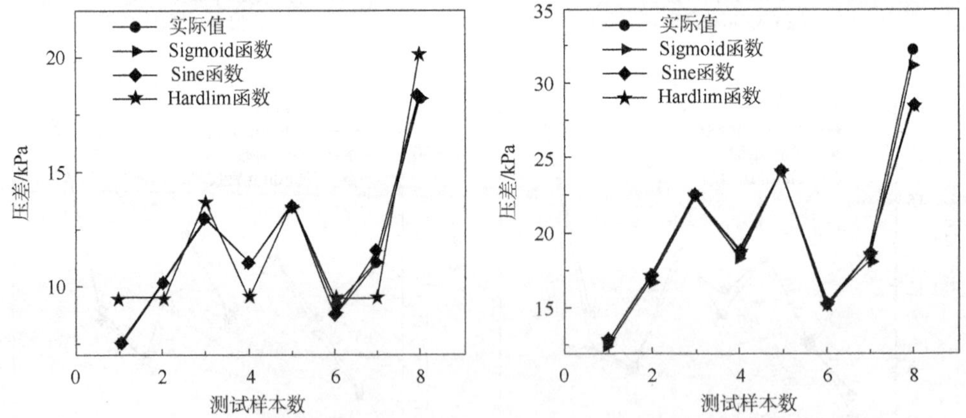

（c）Δp_3 拟合结果对比分析　　　　　　（d）Δp_4 拟合结果对比分析

图 3.26　WOA-ELM 模型的 6 种压差不同激活函数对比分析

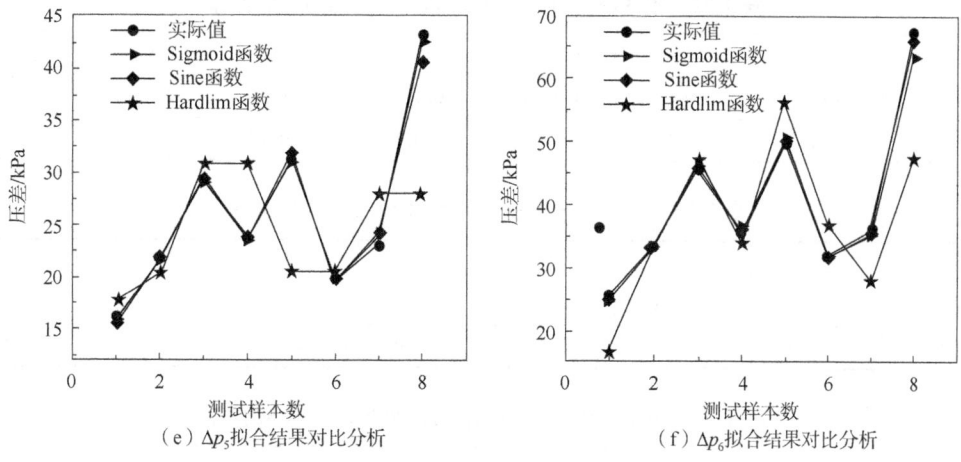

图 3.26　WOA-ELM 模型的 6 种压差不同激活函数对比分析(续图)

由表 3.18 至表 3.20 可知，利用粒子群(PSO)优化 ELM 算法对 H-B 流变模式的 3 参数与管道压差之间进行非线性拟合时，使用 Sigmoid 激活函数时平均 MSE 为 0.0277；平均 MARE 为 0.0041。使用 Sine 激活函数时平均 MSE 为 0.0062；平均 MARE 为 0.0035。使用 Hardlim 激活函数时平均 MSE 为 0.2092；平均 MARE 为 0.0265。

表 3.18　激活函数为 Sigmoid 函数时 PSO-ELM 结果

参数	Δp_1	Δp_2	Δp_3	Δp_4	Δp_5	Δp_6	平均值
MSE	0.0001	0.0001	0.0026	0.0034	0.1526	0.0075	0.0277
MARE	0.0027	0.0033	0.0034	0.0024	0.0107	0.0018	0.0041

表 3.19　激活函数为 Sine 函数时 PSO-ELM 结果

参数	Δp_1	Δp_2	Δp_3	Δp_4	Δp_5	Δp_6	平均值
MSE	0.0001	0.0003	0.0017	0.0019	0.0047	0.0286	0.0062
MARE	0.0059	0.0048	0.0025	0.0020	0.0019	0.0041	0.0035

表 3.20　激活函数为 Hardlim 函数时 PSO-ELM 结果

参数	Δp_1	Δp_2	Δp_3	Δp_4	Δp_5	Δp_6	平均值
MSE	0.0117	0.0041	0.3623	0.1888	0.3587	0.3298	0.2092
MARE	0.0603	0.0185	0.0415	0.0139	0.0163	0.0084	0.0265

由表 3.21 至表 3.23 可知，利用鲸鱼(WOA)优化 ELM 算法对 H-B 流变模式的 3 参数与管道压差之间进行非线性拟合时，使用 Sigmoid 激活函数时平均 MSE 为 0.4945；平均 MARE 为 0.02。使用 Sine 激活函数时平均 MSE 为 0.6185；平均 MARE 为 0.0211。使用 Hardlim 激活函数时平均 MSE 为 24.9539；平均 MARE 为 0.1382。

表 3.21 激活函数为 Sigmoid 函数时 WOA-ELM 结果

参数	Δp_1	Δp_2	Δp_3	Δp_4	Δp_5	Δp_6	平均值
MSE	0.0025	0.0027	0.0290	0.2155	0.1956	2.5219	0.4945
MARE	0.0287	0.0208	0.0113	0.0174	0.0127	0.0290	0.0200

表 3.22 激活函数为 Sine 函数时 WOA-ELM 结果

参数	Δp_1	Δp_2	Δp_3	Δp_4	Δp_5	Δp_6	平均值
MSE	0.0033	0.0028	0.0611	1.9361	1.1694	0.5382	0.6185
MARE	0.0339	0.0059	0.0168	0.0241	0.0288	0.0169	0.0211

表 3.23 激活函数为 Hardlim 函数时 WOA-ELM 结果

参数	Δp_1	Δp_2	Δp_3	Δp_4	Δp_5	Δp_6	平均值
MSE	0.0527	0.1518	1.7844	17.0865	54.5864	76.0614	24.9539
MARE	0.0891	0.1577	0.1061	0.1426	0.1796	0.1539	0.1382

综上所述，本研究比较了传统的 ELM、PSO-ELM、WOA-ELM 三种压差代理模型，其中 PSO-ELM 模型的效果最好，尤其是选择 Sine 激活函数时误差最小。

3.5.2.3 流变参数多目标反演模型

（1）多目标函数的建立。

在实际工程技术的优化问题中，常常都会涉及几个设计指标的问题。若只考虑某一设计指标的性能来优化而忽略其他指标性能，难以保障工程质量。在工程优化设计问题中要求所需的几个指标都要达到最优，该问题被称为多目标优化问题。

多目标优化问题（Multi-objective optimization problem，MOP）研究的是多个目标函数在给定区域上的最小化问题，其数学模型的一般形式写为：

$$\begin{cases} Minimize: \{f_1(\boldsymbol{x}), f_2(\boldsymbol{x}), \cdots, f_m(\boldsymbol{x})\} \\ s.t.: \boldsymbol{x}_1 \leqslant \boldsymbol{x} \leqslant \boldsymbol{x}_u, \boldsymbol{x} = [x_1, x_2, \cdots, x_n] \\ g_i(\boldsymbol{x}) \leqslant 0, i = 1, 2, \cdots, p \\ h_j(\boldsymbol{x}) = 0, j = 1, 2, \cdots, q \end{cases} \quad (3.64)$$

式中：$f_m(\boldsymbol{x})$ 为优化目标函数；m 为目标函数的个数，且满足 $m \geqslant 2$；$\boldsymbol{x}$，$\boldsymbol{x} = [x_1, x_2, \cdots, x_n]$；$n$ 为设计变量的个数；$\boldsymbol{x}_u$ 和 $\boldsymbol{x}_1$ 为上下限；$g_i(\boldsymbol{x})$ 和 $h_j(\boldsymbol{x})$ 分别为不等式约束函数和等式约束函数，p、q 分别为它们各自的个数。

实际工程中，对于上述的多目标优化问题需要在各个目标的最优解之间进行适当地协调来获得项目设计中的最优化方案，然而用于求解单目标函数优化问题的简单比较寻优的方法对于多目标优化问题是不可行的，多目标优化问题比单目标优化问题要复杂得多。

本研究采用的三参数模型中的屈服应力、稠度系数，以及流性指数无法直接测量，而为了实现钻井液性能参数的在线自动测量,可以依据直接测量的压差进行反演分析获取。然后基于建立的钻井液参数多目标反演数学模型的一般形式,建立某目标井钻井液性能参数多目标反演目标函数数学模型:

$$\begin{cases} Minimize: G_F = G_F(a, b, c, d) \\ P_F = P_F(a, b, c, d) \\ s.t.: a \in (0, 10], b \in (0, 10], c \in (0, 10] \end{cases} \quad (3.65)$$

式中:a、b、c、d 分别为钻井液的屈服应力、稠度系数、流性指数,以及流体温度;G_F 为实测与计算的压差的精度指标函数,本研究选取的是二范数;P_F 为实测与计算的压差的鲁棒性指标函数,本研究选取的是标准差指标。

在多目标算法对钻井液屈服应力、稠度系数,以及流性指数等钻井液参数进行寻优的时候,必须给定参数的解空间,因此 a、b、c 的参数范围必须要合理给定。在本研究中通过实测配制得到的钻井液屈服应力、稠度系数,以及流性指数,发现其变化范围均在(0,10]之间,同时参考相关研究并查阅有关钻井液参数资料,以及根据实验的具体情况,将钻井液的屈服应力、稠度系数、流性指数的取值范围设定为(0,10],其满足本书的研究要求。

目标函数是一个多目标函数,其目的是使得基于反演的 a、b、c 参数获取的管道中不同点位的压差测值的均方差和标准差都达到最小。然而这个表达式是高度非线性的隐式表达式,无法直接表达。在反演分析理论中,一般通过构造代理模型来表征目标函数与 a、b、c 的映射关系。这个关系通过本研究的代理模型的构建进行了详细地表示。

(2)基于 Jaya 算法的智能反演模型。

① 多目标 Jaya 算法理论。

在工程问题中,由于问题具有复杂性,利用常规的方法解决会使得问题变得烦琐、计算量大、耗时,同时也无法保证利用这些方法能够得到最优解决方案。因此利用较短的时间解决复杂的优化问题,获得最优结果一直是工程优化问题中研究的热点。对此,许多学者提出了基于元启发式的计算方法,其目的在于利用少量的信息来实现全局最优。如:果蝇优化算法(GA)、模拟退火算法(SA)、萤火虫算法(FFA)、蝙蝠算法(BA)、灰狼优化算法(GWO)、鸽群优化算法(PSO)、乌鸦搜索算法(CSA)、布谷鸟搜索优化算法(CS)、基于教与学的优化算法(TLBO)、头脑风暴优化算法(BSOA)、物体碰撞优化算法(CBO)等[25-33]。这些算法为了避免陷入局部最优解,使得模型性能良好,需要调整某些特定参数。例如,粒子群优化算法(PSO)需要引入惯性权重及社会认知参数以平衡搜索的全局性与收敛速度;遗传优化算法需要选择算术交叉算子、个体编码方式选择、变异概率,如果三者配合不当,会导致早熟收敛;模拟退火法(SA)需要初始化退火温度和冷却时间表、降温速度;和谐搜索算法(HSA)需要和声记忆考虑率、即兴演奏次数等。

在各种优化算法里,特定参数的调整对于优化算法的性能具有较大的影响,如果特定参数调整不合理,会导致模型计算量大,增加计算时间、甚至会陷入局部最优解,导致模型效果较差。因此，2016年Venkata Rao提出一种新的优化算法——Jaya算法。该算法不需要调整任何算法相关的参数，仅仅需要公共控制参数，在计算阶段之前可能需要对其进行调整。与其他算法不同的是该方法总是通过寻求最佳解决方案并避免不良解决方案来建立问题的解决方案。该算法的性能仅取决于少数控制参数，例如最大代数，设计变量的数量和总体大小[34]。Jaya算法提出时间虽然短，但是已经被广泛应用于许多领域的优化问题上，如机械优化设计、图像识别等，并表现出良好的性能。Jaya多目标优化算法在钻井液参数反演理论中目前尚无应用。

Jaya优化算法是基于TLBO基础上的一种新的优化算法，与TLBO一样是一个无参数的框架，但是它不需要学习阶段。在Jaya优化算法中，首先从初始化种群数大小、变量，以及终止准则开始，通常最大迭代次数作为终止准则[35]。Jaya优化算法的主要目标是令目标函数$f(x)$最小或者最大。在迭代计算时，假设存在有m个（即$j=1, 2, 3, \cdots, m$）变量，n个候选解（$k=1, 2, 3, \cdots, n$）；最佳候选解在整个候选解中称为最佳方案，即$f(x)_{best}$；而最差的候选解在整个候选解中称为最差方案，即$f(x)_{worst}$；设$x_{(i,j,k)}$是第i次迭代期间第k个候选对象的第j个变量，则下一代的更新解决方案见式（3.66）。

$$X'_{(i,j,k)} = X_{(i,j,k)} + r_{(i,j,1)} X_{(i,j,\text{best})} - |X_{(i,j,k)}| - r_{(i,j,2)} X_{(i,j,\text{worst})} - |X_{(i,j,k)}| \quad (3.66)$$

式中 $r_{(i,j,1)} X_{(i,j,\text{best})}$用于指示迭代搜索朝着最佳解决方案移动；$r_{(i,j,2)} X_{(i,j,\text{worst})}$用于指示迭代搜索朝着最差解决方案移动。$r_{(i,j,1)}$和$r_{(i,j,2)}$为两个缩放因子，是取值范围为[0,1]的两个随机数，目的是为了保障算法具有良好的多样性。

Jaya算法的本质在于通过更新变量的值将每一个解的目标函数值趋向于最佳解（最优解决方案）；当变量值被更新后，将更新的最优解决方案与之前的方案做对比，下一代只考虑最优解决方案。当每一代解都趋近于最优解决方案，其他的候选解也会远离最差解决方案，消除了该算法缺乏探索能力的任何可能性，至此在迭代搜索中使算法达到良好的集中性与多样性，该算法总是不断趋近于最优解决方案以获得胜利，因此称为Jaya，梵语为胜利的意思。

Jaya优化算法流程如图3.27所示。

多目标优化问题的一种有效方法是帕累托最优方法，它可以引出一组被广泛称为帕累托最优解的最优解[36]。帕累托最优基于优势概念，其定义如下：

考虑两个候选方案U_1和U_2。如果满足以下条件，则称U_1支配U_2：

$$\forall i \in \{i, 2, \cdots, N\}: F_i(U_1) \leq F_i(U_2) \quad (3.67)$$

$$\exists j \in \{i, 2, \cdots, N\}: F_j(U_1) \leq F_j(U_2) \quad (3.68)$$

基于上面式（3.67）和式（3.68），存在两种可能：其中一个优于另一个，或者都不占优势。具体来说，当一个解决方案导致所考虑目标的值较小或相等时，它会支配另一个，最坏的情况是，它为一个目标函数产生较小的值。在整个搜索空间内非支配的解被识别为帕累托最优解并构成帕累托最优前沿。为了有效地解决具有约束问题的多目标优化问题，可利用Jaya算法来解决[37]。基于多目标的Jaya算法步骤如下[38]：

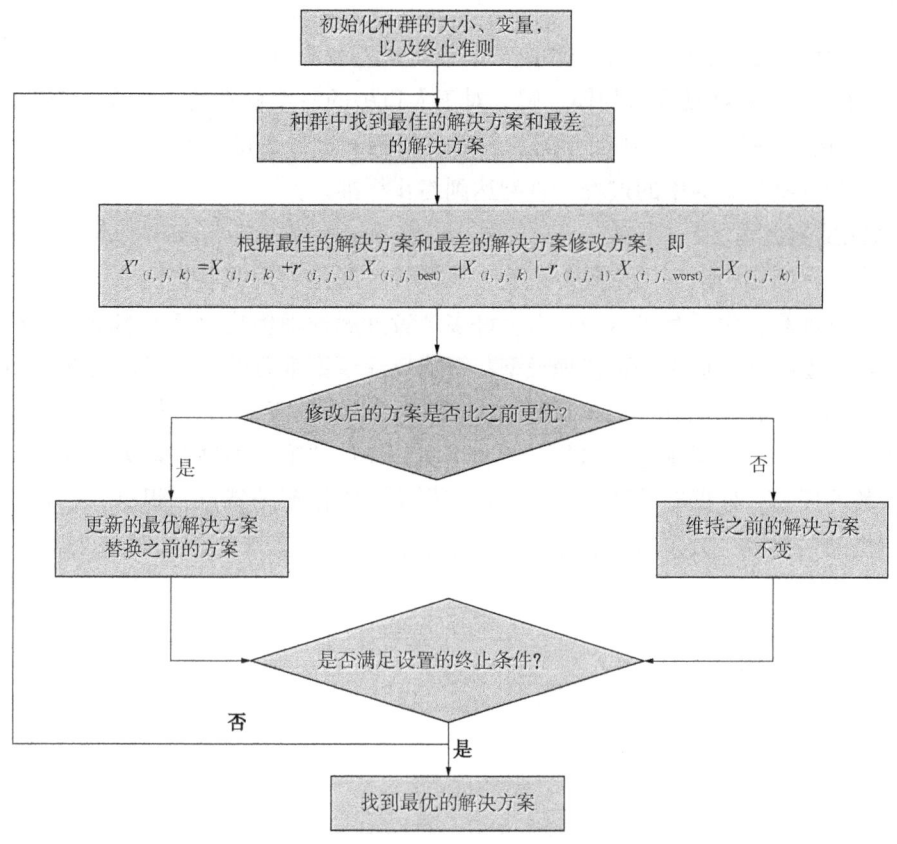

图 3.27 Jaya 优化算法流程图

a. 初始化：在搜索空间中随机生成一个启动种群，命名为 $pop(0)$。此外，创建一个空的外部存储文档 $pop_{\text{archive}}(0)=\phi$。

b. 适应度赋值：在所有的种群中根据所有候选对象的适应度值使用以下方法计算：对于每一个候选对象 i，在种群 $pop(ith)$ 和 $pop_{\text{archive}}(i)$ 中都分配了一个代表所支配的后数量 $S(i)$。基于 $S(i)$，利用 $R(i)=\sum S(i)$ 来确定候选者 i 的原始适应度。值得一提的是，由于多目标帕累托前沿问题被表述为一个最小化问题，$R(i)=0$ 对应的是一个非支配候选（帕累托前沿的一个解），而 $R(i)$ 的高值则与之等价。然后，可以使用 $D(i)=\dfrac{1}{\sigma_i^k+2}$ 来计算密度。其中 σ^k 为第 k 个最近邻（基于目标空间中的距离）。$K=\sqrt{N+N_A}$。将 2 添加到 $D(i)$ 的表达式中，以确保该值包含在 0~1 之间；N 表示粒子数量，N_A 表示文档大小。最后适应度函数 $F(i)=R(i)+D(i)$。

c. 环境选择：$pop(ith)$ 和 $pop_{\text{archive}}(ith)$ 的非候选支配复制到 $pop_{\text{archive}}[(i+1)th]$。如果 $pop_{\text{archive}}[(i+1)th]$ 的大小大于 N_A，则截断减少 $pop_{\text{archive}}[(i+1)th]$。如果 $pop_{\text{archive}}[(i+1)th]$ 的大小小于 N_A，则 $pop_{\text{archive}}[(i+1)th]$ 由 $pop(ith)$ 和 $pop_{\text{archive}}(ith)$ 中较少的支配的候选项完成。无论找到的非支配候选项的数量为多少，都将允许 $pop_{\text{archive}}(ith)$ 的大小在迭代过程中

保持不变。

d. 基于适应度函数 F 识别最佳解决方案或者最差解决方案。

e. 使用式(3.66)移动人口的候选解。对于人口中的一个候选解,如果一个新的解(移动后)优于旧的解(移动前),则更新解。否则,新的解决方案将被丢弃。

重复步骤 b 到步骤 e 中的过程,直到达到终止标准。

② 智能反演流程。

对于多目标问题的求解无论是传统的多目标算法还是利用智能算法求解,需要耗费大量的时间进行计算。为了解决这一缺点,许多学者开展代理模型研究。本节主要利用多目标优化数学模型特点,提出一种代理模型与智能反演模型耦合的流变参数反演模型。前面几节对常用的多目标优化算法、多目标 Jaya 算法,以及基于 PSO 优化的极限学习机的代理模型等内容分别进行了阐述,本节主要利用实验设计的第二种钻井液为目标进行该类钻井液三参数的反演,根据钻井液压差反演目标优化数学模型的特点,提出基于粒子群优化极限学习机的钻井液参数多目标智能反演方法,该方法的实现流程如图 3.28 所示,其主要包括以下步骤:

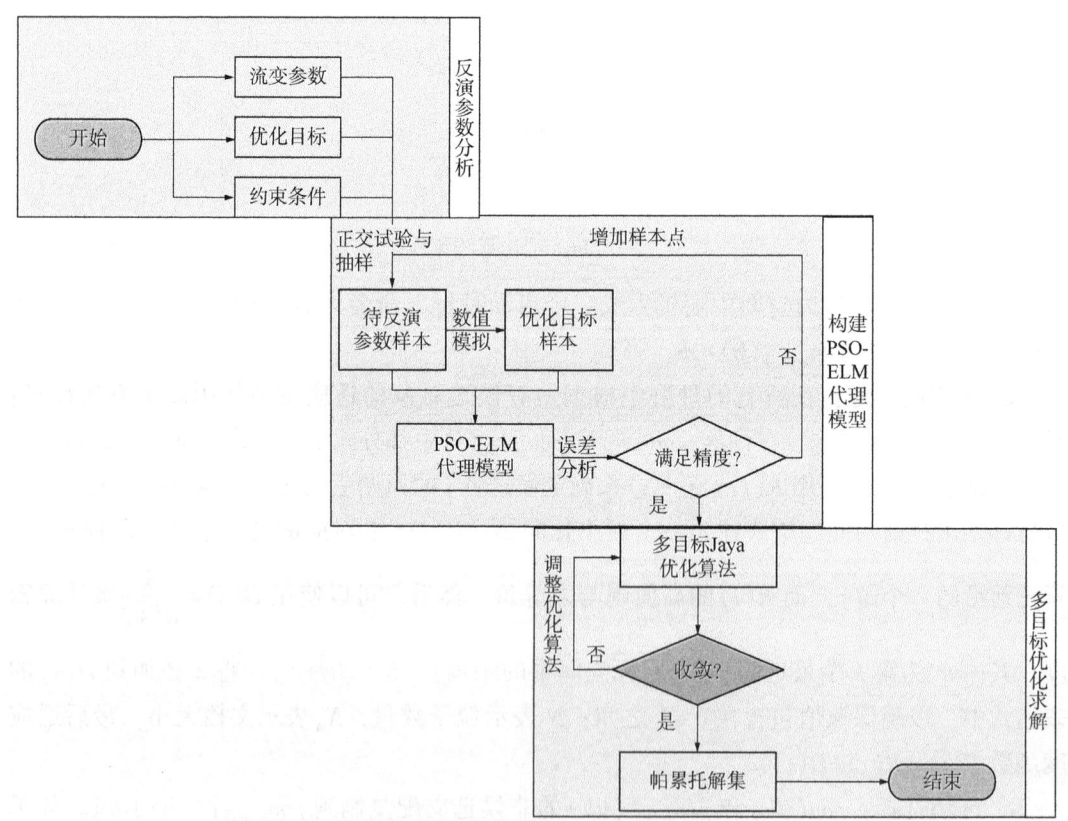

图 3.28 多目标智能反演分析流程

a. 选择钻井液流变模式,从而确定需要待反演的钻井液流变参数(屈服应力 τ_0、稠度系数 K、流性指数 n)及其取值范围,然后选择优化目标(精确性、鲁棒性等),以及约束条件(容许值)。

b. 采用正交试验与 Boostrap 抽样方法构建学习样本,并将这些样本的输入参数(屈服应力 τ_0、稠度系数 K、流性指数 n)代入到 ANSYS 中进行数值模拟计算,得到 6 种不同流速下的管道内流体流动时的压差分析结果,形成具有输入与输出一一完整对应的新样本。

c. 根据抽样和模拟结果输出的学习样本建立各个优化目标,选择关于钻井液参数的 PSO 优化的极限学习机的代理模型,并对精度进行分析,如果满足要求,则进入下一步计算。

d. 运用多目标 Jaya 优化算法[39]对钻井液参数进行多目标反演分析。利用建立的 PSO-ELM 压差代理模型来代理利用数值模拟软件计算管道压耗的程序,提高计算效率。算法至收敛时,则得出多目标模型的帕累托解集,并根据工程需要从中选出一组最优解。

③ 智能反演结果。

将训练好的 PSO-ELM 管道压差代理模型代入到建立的多目标反演数学模型中[即式(3.65)]。经过不断地迭代优化后可以得到反演结果的帕累托解集,图 3.29 为帕累托解集散点图。从图 3.29 中可以看出,G_F 值较小时,P_F 值却较大,因此两者不能同时达到最小,即目标结果无法同时达到最优解。该结果表明在进行智能反演优化时不能只考虑单一的目标优化,不能利用求解单目标函数的最优化方法得到它们的最优解。因此,需要采用多目标优化算法对其进行求解。

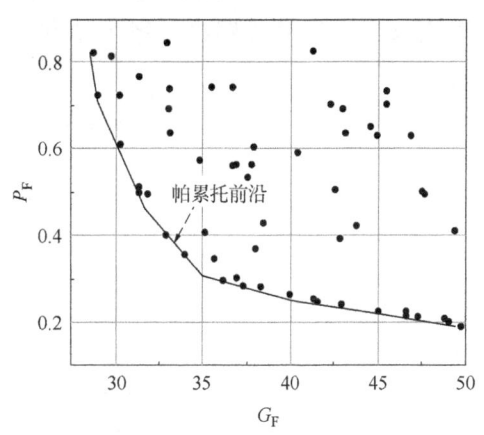

图 3.29 G_F 与 P_F 的分布图

根据建立的多目标模型求解得到帕累托解集,然后从帕累托解集中选出 10 种最优解决方案和相应求解的目标函数值,其具体优化解决方案结果和目标函数值的结果见表 3.24。从表 3.24 中可以看出,每一组方案对应的目标函数值相比于优化之前的目标函数值在整体上均得到了一定程度的优化,表明利用多目标优化算法能够得到多样性且结果较好的解决方案,说明了其方法的可行性与有效性。但是精度与可靠性存在较为明显的竞争制约关系,呈"此消彼长"之势,两者不能同时达到最优,因而难以直观判断哪组结果为最优方案。

表 3.24 帕累托解集及对应的目标函数值

方案序号	缩放因子		目标函数值	
	r_1	r_2	G_F	P_F
1	12.96	0.50	29.72	8.14
2	11.18	4.60	41.45	2.52
3	13.60	0.70	30.25	6.11
4	10.47	3.97	41.61	2.50

续表

方案序号	缩放因子		目标函数值	
	r_1	r_2	G_F	P_F
5	15.00	5.00	35.13	3.10
6	14.18	4.84	36.18	2.98
7	13.15	2.38	33.86	3.45
8	9.81	3.92	42.98	2.40
9	12.20	5.00	39.96	2.63
10	8.57	4.06	46.63	2.16

根据已知的钻井液流变三参数的实验结果，为了满足结果要求，需要从 10 组解决方案里优选出一组最优解决方案为钻井液流变三参数反演结果，具体结果见表 3.25 和表 3.26。

表 3.25　帕累托解集排序结果

序号	目标函数		规范化指标	
	G_F	P_F	$\overline{G}_F$	$\overline{P}_F$
1	29.72	0.814	0.2463	0.6358
2	41.45	0.252	0.3436	0.1968
3	30.25	0.611	0.2507	0.4772
4	41.61	0.250	0.3449	0.1953
5	35.13	0.310	0.2912	0.2421
6	36.18	0.298	0.2999	0.2328
7	33.86	0.345	0.2807	0.2695
8	42.98	0.240	0.3562	0.1874
9	39.96	0.263	0.3312	0.2054
10	46.63	0.216	0.3865	0.1687

表 3.26　反演排序结果

序号	与负理想解距离	与正理想解距离	相对接近度
1	0.1402	0.4671	0.2308
2	0.4410	0.1012	0.8134
3	0.2087	0.3085	0.4035
4	0.4425	0.1021	0.8126
5	0.4050	0.0860	0.8248
6	0.4122	0.0835	0.8316
7	0.3813	0.1064	0.7818
8	0.4493	0.1115	0.8012
9	0.4339	0.0925	0.8243
10	0.4671	0.1402	0.7692

然后采用逼近理想法对表 3.25 中的 10 种解决方案进行排序，得到的排序结果见表 3.26。遴选最优的一组解决方案的评价指标为相对接近度，相对接近度的值越大，证明其解决方案的结果最好。由表 3.26 的排序可知，6 号方案为排名第 1。

④ 反演结果评价。

根据上节的实验中第二种钻井液配方配出的钻井液，然后利用旋转黏度计获得的符合 H-B 流变模式的钻井液流变三参数作为评价标准，将反演的最优一组解决方案与其作对比分析（表 3.27）。

表 3.27　钻井液流变三参数反演结果

序号	屈服应力(τ_0)	稠度系数(K)	流性指数(n)
1	0.1361	1.3628	0.7065
2	0.1527	1.1678	0.6034
3	0.1352	1.2742	0.6132
4	0.1596	1.1652	0.6263
5	0.1583	1.2342	0.6139
6	0.1532	0.1532	0.6253
7	0.1483	1.2563	0.6129
8	0.1582	1.1536	0.6073
9	0.1567	1.1853	0.6135
10	0.1643	1.1359	0.6537
11（参考标准）	0.1532	1.2105	0.6253

表 3.27 的 6 号最优方案得到的流变三参数与旋转黏度计测量结果参考值对比表明，利用 Jaya 算法反演的钻井液流变三参数结果精度高，具有工程可行性。

参 考 文 献

[1] MERLO A, MAGLIONE R, PIATTI C. An innovative model for drilling fluid hydraulics[C]//SPE Asia Pacific Oil and Gas Conference. OnePetro, 1995.

[2] BUI B T, TUTUNCU A N. A generalized rheological model for drilling fluids with cubic splines [J]. SPE Drilling & Completion, 2016, 31(1)：26-39.

[3] UGOCHUKWU O. Optimizing hydraulics for drilling operations[C]//SPE Nigeria Annual International Conference and Exhibition. OnePetro, 2015.

[4] GOOCH J W. Hagen-Poiseuille Equation[M]. Springer New York, 2011.

[5] PISANO A. From Tubes and Catheters to the Basis of Hemodynamics：Viscosity and Hagen-Poiseuille Equation [M]. Physics for Anesthesiologists and Intensivists. Springer. 2021：89-98.

[6] 冯松, 毕勤成, 刘朝晖, 等. 采用双毛细管等流量法测量航空煤油 RP-3 的动力黏度[J]. 西安交通大学学报, 2017, 51(3)：48-53.

[7] 翟文涛. 复合钻进条件下钻进参数优选方法研究[D]. 北京：中国石油大学（北京），2007.

［8］侯佳良．基于试验设计的不平衡数据欠抽样算法研究［D］．唐山：华北理工大学．

［9］杜强．基于bootstrap和改进极限学习机的区间预测方法及应用研究［D］．北京：北京化工大学，2020．

［10］ZRIBI M. Non-parametric and region-based image fusion with Bootstrap sampling［J］. Information Fusion, 2010, 11(2)：85-94.

［11］DENG B, ZHANG X, GONG W, et al. An overview of extreme learning machine［C］//2019 4th international conference on control, robotics and cybernetics (CRC). IEEE, 2019：189-195.

［12］HAYKIN S. Neural Networks：A Comprehensive Foundation (3rd Edition)［M］. New York：Macmillan College Publishing, 1998.

［13］LI J, LU W, WANG H, et al. Groundwater contamination source identification based on a hybrid particle swarm optimization-extreme learning machine［J］. Journal of Hydrology, 2020.

［14］HUANG G B, ZHU Q Y, SIEW C K. Extreme learning machine：theory and applications［J］. Neurocomputing, 2006, 70(1-3)：489-501.

［15］MEHNE H H, MIRJALILI S. A parallel numerical method for solving optimal control problems based on whale optimization algorithm［J］. Knowledge-Based Systems, 2018, 151：114-123.

［16］ESEYE A T, ZHANG J, ZHENG D. Short-term photovoltaic solar power forecasting using a hybrid Wavelet-PSO-SVM model based on SCADA and Meteorological information［J］. Renewable energy, 2018, 118：357-367.

［17］LI A, WEI X. Short-Term Wind Speed Forecasting Based on PSO-ELM［M］. Innovative Computing. Springer, Singapore, 2020：1059-1063.

［18］XU L, MO X W, ZHANG Q, et al. Application of PSO-ELM Algorithm in Porosity Prediction of Tuffaceous Sandstone Reservoir［J］. DEStech Transactions on Environment, Energy and Earth Sciences, 2017.

［19］LIANG H, ZOU J, LI Z, et al. Dynamic evaluation of drilling leakage risk based on fuzzy theory and PSO-SVR algorithm［J］. Future Generation Computer Systems, 2019, 95：454-466.

［20］MIRJALILI S, LEWIS A. The whale optimization algorithm［J］. Advances in engineering software, 2016, 95：51-67.

［21］SAMADIANFARD S, HASHEMI S, KARGAR K, et al. Wind speed prediction using a hybrid model of the multi-layer perceptron and whale optimization algorithm［J］. Energy Reports, 2020, 6：1147-1159.

［22］HOF P R, Van der GUCHT E. Structure of the cerebral cortex of the humpback whale, Megaptera novaeangliae (Cetacea, Mysticeti, Balaenopteridae)［J］. Advances in Integrative Anatomy and Evolutionary Biology, 2007, 290(1)：1-31.

［23］ZHANG X, LIU Z, MIAO Q, et al. Bearing fault diagnosis using a whale optimization algorithm-optimized orthogonal matching pursuit with a combined time-frequency atom dictionary［J］. Mechanical Systems and Signal Processing, 2018, 107：29-42.

［24］LI L L, SUN J, TSENG M L, et al. Extreme learning machine optimized by whale optimization algorithm using insulated gate bipolar transistor module aging degree evaluation［J］. Expert Systems with Applications, 2019, 127：58-67.

［25］PAN W T. A new fruit fly optimization algorithm：taking the financial distress model as an example［J］. Knowledge-Based Systems, 2012, 26：69-74.

[26] ZHANG J H. Research of improved simulated annealing optimization algorithm based on the global harmony search mechanism [C]//Advanced Materials Research. Trans Tech Publications Ltd, 2012, 482: 2500-2503.

[27] CHANDRAWATI T B, SARI R F. A review of firefly algorithms for path planning, vehicle routing and traveling salesman problems[C]//2018 2nd International Conference on Electrical Engineering and Informatics (ICon EEI). IEEE, 2018: 30-35.

[28] YANG X S. A new metaheuristic bat-inspired algorithm [M]. Nature inspired cooperative strategies for optimization (NICSO 2010). Springer. 2010: 65-74.

[29] 刘磊, 张海涛, 范铁彬, 等. 一种改进灰狼优化算法研究及应用[J]. 数学的实践与认识, 2021, 51(6): 236-245.

[30] ASKARZADEH A. A novel metaheuristic method for solving constrained engineering optimization problems: crow search algorithm[J]. Computers & Structures, 2016, 169: 1-12.

[31] RAO R V, SAVSANI V J, VAKHARIA D. Teaching-learning-based optimization: a novel method for constrained mechanical design optimization problems [J]. Computer-aided design, 2011, 43(3): 303-315.

[32] SHI Y. Brain storm optimization algorithm[C]//International conference in swarm intelligence. Springer, Berlin, Heidelberg, 2011: 303-309.

[33] DUAN H, QIAO P. Pigeon-inspired optimization: a new swarm intelligence optimizer for air robot path planning[J]. International journal of intelligent computing and cybernetics, 2014.

[34] RAO R V, SAROJ A. A self-adaptive multi-population based Jaya algorithm for engineering optimization [J]. Swarm and Evolutionary computation, 2017, 37: 1-26.

[35] ALSAJRI M, ISMAIL M A, ABDUL-BAQI S. A review on the recent application of Jaya optimization algorithm[C]//2018 1st Annual International Conference on Information and Sciences (AiCIS). IEEE, 2018: 129-132.

[36] ZITZLER E, THIELE L. Multiobjective evolutionary algorithms: a comparative case study and the strength Pareto approach[J]. IEEE transactions on Evolutionary Computation, 1999, 3(4): 257-271.

[37] WARID W, HIZAM H, MARIUN N, et al. A novel quasi-oppositional modified Jaya algorithm for multi-objective optimal power flow solution[J]. Applied Soft Computing, 2018, 65: 360-373.

[38] TRAN THIEN H, VAN KIEN C, ANH H P H. Optimized stable gait planning of biped robot using multi-objective evolutionary JAYA algorithm[J]. International Journal of Advanced Robotic Systems, 2020, 17(6).

[39] RAO R V, RAI D P, RAMKUMAR J, et al. A new multi-objective Jaya algorithm for optimization of modern machining processes[J]. Advances in Production Engineering & Management, 2016, 11(4): 271.

第4章 利用质量流量计测量水基钻井液性能参数精度提升技术

质量流量计是以测量流体流过的质量为依据的流量计,测量结果不受气体温度和压力变化的影响。为了提高测量精度,本章提出一种使用科氏质量流量计测量水基钻井液性能参数的方法。然后综合分析了科氏质量流量计测量水基钻井液不同性能参数的可行性,脉动流对测量产生的影响,以及质量流量计相位差测量误差校准模型涉及的主要技术问题。

4.1 质量流量计概述

流体的体积是流体温度和压力的函数,是一因变量,而流体的质量是一个不随时间、空间、温度、压力的变化而变化的量。质量流量计采用感热式测量,通过分体分子带走的分子质量多少来测量流量,因为是用感热式测量,所以不会因为气体温度、压力的变化而影响到测量的结果。质量流量控制器是一个较为准确、快速、可靠、高效、稳定、灵活的流量测量仪表,众多优点使其在石油加工和化工等领域正逐步得到更加广泛的应用,这些优点亦使其在推动流量测量的改进上显示出巨大的潜力。质量流量计是不能控制流量的,它只能检测液体或者气体的质量流量,通过模拟电压、电流或者串行通讯输出流量值。但是,质量流量控制器是既可以进行检测又可以进行控制的仪表。质量流量控制器本身除了测量部分,还带有一个电磁调节阀或者压电阀,两者构成一个闭环系统,用于控制流体的质量流量。质量流量控制器的设定值可以通过模拟电压、模拟电流,或者计算机、PLC提供。

质量流量计可分为三类:一类是直接式,即直接输出质量流量;另一类为间接式或推导式,如应用超声流量计和密度计组合,对它们的输出再进行乘法运算以得出质量流量;再一类为温度、压力补偿式,检测流体容积流量、温度、压力,根据流体密度和温度、压力关系,计算求得流体密度,再与容积流量相乘得到质量流量。间接式质量流量计有三种主要形式:速度式流量计与密度计的组合,节流式(或靶式)流量计与容积式流量计的组合,节流式(或靶式)流量计与密度计组合。还有一种根据流体的工作压力、温度将容积式流量计的测量值换算成标准状态下的容积流量。但是,当介质的种类或成分改变时,它不能给出准确的质量流量。

4.1.1 热式质量流量计

热式质量流量计是一种对流体质量流量进行检测的仪器仪表(图4.1),利用外部热源对管道内的被测流体加热,热能随流体一起流动,通过测量因流体流动而造成的热量(温度)变化来反映出流体的质量流量。当流体成分确定时,流体的定压比热为已知常数。因此若保持加热功率恒定,则测出温差便可求出质量流量;若采用恒定温差法,即保持两点温差不变,则通过测量加热的功率也可以求出质量流量。

热式质量流量计的作业原理为热消散效应的金氏定律,流过热源的流体分子多少与热量散失的多少成正比。采用这种原理有两种实现方法:一是恒功率法,二是恒温差法。可用式(4.1)来具体说明:

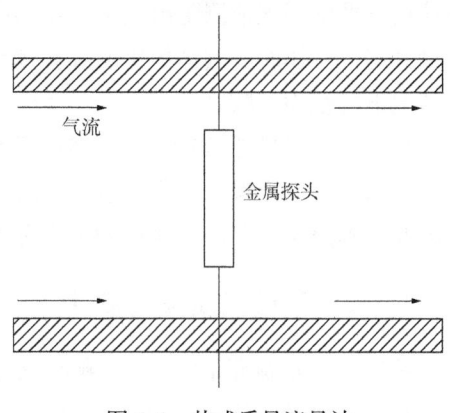

图 4.1 热式质量流量计

$$p/\Delta T = A + B(Q)m \tag{4.1}$$

式中:p 为消耗功率,W;ΔT 为两个传感器之间的温度差;Q 为质量流量,kg/h;m 为指数系数;A,B 为与气体物理性质有关的常数。

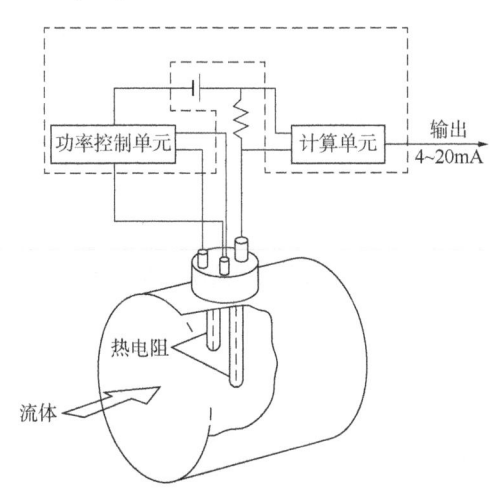

图 4.2 热式质量流量计原理图

从式(4.1)可以看出:加热功率与热源的温度差的比值可以得出质量流量 Q。在实际的工作中,把加热功率或温度差的任一参数固定来测量流体的质量。前者为恒功率法;后者为恒温差法。流量计原理图如图 4.2 所示。

由于恒定温差法较为简单、易实现,所以实际应用较多。这种流量计多用于较大气体流量的测量。为避免测温和加热元件与被测流体直接接触而被流体污染和腐蚀,可采用非接触式测量方法,即将加热器和测量元件安装在薄壁管外部,而流体由薄壁管内部通过。非接触式测量方法,适用于小口径管道的微小流量测量。用于大流量测量时,可采用分流的方法,即仅测量分流部分流量,再求得总流量,以扩大量程范围。

热式质量流量计是一个整体部件的流量计,它的各个部件是不可以拆卸的,在维护和保养方面比较简单,但是如果它其中一个小部件坏了就要换下整个热式质量流量计,对于很多大型机器设备来说,不建议使用热式质量流量计,在维修和更换方面比较麻烦。热式质量流量计的压力损失比较小,它的使用可靠性很高,只需要与流量传感器配套使用,组成固定的流量计,它在工作过程中出现损坏或者故障比较少,是一款实用性比较强的流量计,可以测量低流速或者微小的流量。如果管道内有污垢或者杂质也没关系,热式质量流量计可以准确无误地测量出流量，压力损失也不是很大，并且方便快捷。在使用热式质量流量计测量气体时，气体的比热容会随着压力温度而变，但在所使用的温度压力变化不大的情况下可视为常数。

热式质量流量计虽然优点很多，但是它也有很多缺点，比如，它不可以使用在脉动流上，它的响应速度慢，需要经过一段时间的响应才会有结果显示，对于黏性液体的测量也会因此受到限制，会产生测量的失误和不准确。

4.1.2 差压式质量流量计

差压式质量流量计是一种测定流量的仪器，利用流体流经节流装置时所产生的压力差与流量之间存在一定关系的原理，通过测量压差来实现流量测定。充满管道的流体，当它流经管道内的节流件时(图4.3)，流体将在节流件处形成局部收缩，因而流速增加，静压力降低，于是在节流件前后便产生了压差。流体流量越大，产生的压差越大，这样可依据压差来衡量流量的大小。这种测量方法是以流动连续性方程(质量守恒定律)和伯努利方程(能量守恒定律)为基础的。压差的大小不仅与流量还与其他许多因素有关，例如当节流装置形式或管道内流体的物理性质(密度、黏度)不同时，在同样大小的流量下产生的压差也是不同的。

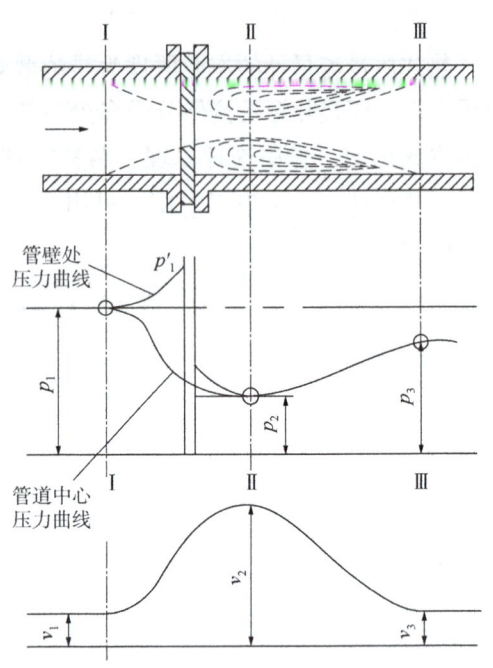

图4.3 孔板附近的流速和压力分布

流量 q_m 的计算公式为：

$$q_m = \frac{C}{\sqrt{1-\beta^4}} \varepsilon \frac{\pi}{4} d^2 \sqrt{2\Delta p \rho_1} \tag{4.2}$$

$$q_V = q_m / \rho \tag{4.3}$$

式中：q_m 为质量流量，kg/h；q_V 为体积流量，m³/h；C 为流出系数；ε 为可膨胀性系数；β 为直径比；Δp 为压差；ρ_1 为上游流体密度，kg/m³；ρ 为流体密度，kg/m³。

传统的差压式流量仪表(如孔板流量计等)都是属于节流式差压流量仪表。其工作原理都是基于封闭管道中流体质量守恒(连续性方程)和能量守恒(伯努利方程)两个定律。质量守恒为流体在一个封闭的管道中流动，当遇到节流件时，在节流件前后它的质量是不变的，用连续性方程表示为：$v_1 A_1 \rho_1 = v_2 A_2 \rho_2$(液体为 $v_1 A_1 = v_2 A_2$)。能量守恒用伯努利方程来表示，是指封闭管道中流体的压力和流速有如下的关系：

$$p + \frac{\rho v^2}{2} = \text{const} \tag{4.4}$$

对于安装有节流件的管道则有：

$$p_1 + \frac{\rho_1 v_1^2}{2} = p_2 + \frac{\rho_2 v_2^2}{2} \tag{4.5}$$

式中：A_1，A_2 分别为节流件前后的截面积；v_1，v_2 分别为 A_1，A_2 处的流速，m/s；ρ_1，ρ_2 分别为 A_1，A_2 处的流体密度，kg/m³；p_1，p_2 分别为 A_1，A_2 处的压力，Pa；const 为常数。

差压式流量计由一次装置和二次装置组成。一次装置称流量测量元件，它安装在被测流体的管道中，产生与流量（流速）成比例的压力差，供二次装置进行流量显示。二次装置称显示仪表。它接收测量元件产生的差压信号，并将其转换为相应的流量进行显示。差压流量计的一次装置常为节流装置或动压测定装置（皮托管、均速管等）。二次装置为各种机械式、电子式、组合式差压计配以流量显示仪表，差压计的差压敏感元件多为弹性元件。由于差压和流量呈平方根关系，故流量显示仪表都配有开平方装置，以使流量刻度线性化。多数仪表还设有流量积算装置，以显示累计流量，以便经济核算。这种利用差压测量流量的方法历史悠久，比较成熟，世界各国一般都用在比较重要的场合，约占各种流量测量方式的 70%。发电厂主蒸汽、给水、凝结水等的流量测量都采用这种流量计。

差压式流量计的应用范围特别广泛，在封闭管道的流量测量中各种对象都有应用，如流体方面：单相、混相、洁净、脏污、黏性流等；工作方面：常压、高压、真空、常温、高温、低温等；管径方面：从几毫米到几米；流动方面：亚音速、音速、脉动流等。它在各工业部门的用量占流量计全部用量的 1/4~1/3。

4.1.3 双叶轮式质量流量计

双叶轮式质量流量计属于直接式质量流量计，用于液体介质的测量。相对于补偿式质量流量计，其对工作条件的要求较宽松。相对于推导式质量流量计，其结构较为简单。相对于科氏力质量流量计，其制造成本更低。并且输出量为脉冲信号，易于信号的传输与检测。

流量计由仪表壳体、前后导流架、两个叶轮、扭转弹簧、轴承，以及信号检出装置组成，其结构如图 4.4 所示。

在同一轴线上前后安装两个叶片倾角分别为 θ_1 和 θ_2 的叶轮，两叶轮之间利用扭簧连接。当流体通过流量计时，由于两叶片倾角不同，所以在两叶轮处产生的推动力矩也不同，这个力矩差使得两叶轮之间产生一个偏移角 α，由此在扭转弹簧上产生一个扭转力矩来平衡两个叶轮上的力矩差，整个叶轮组作为一个整体旋转。在叶轮上安装信号发生器，叶轮每旋转一周，检测器将检测到一个脉冲信号。通过对两叶轮的脉冲信号之间的时间差计数，测得叶轮旋转这一偏移角 α 所需的时间 Δt，就可测得流体的质量流量。

作用在叶轮上的力矩可分为以下几种：流体通过叶轮时对叶片产生的推动力矩 T_r（主

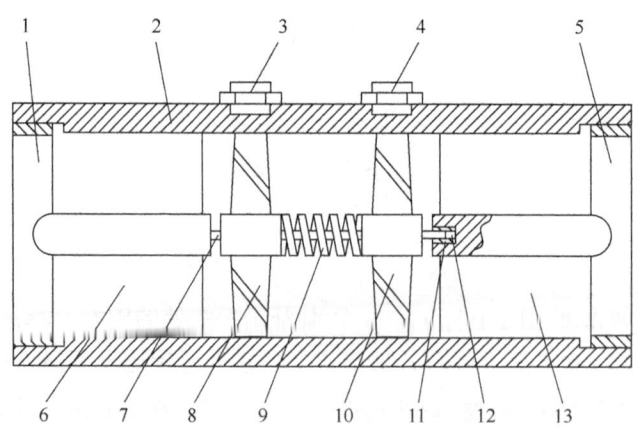

图 4.4 双叶轮式质量流量计结构示意图

1,5—压紧圈；2—壳体组件；3,4—霍尔元件；6—前导向架；7—轴；8—前叶轮；
9—扭簧；10—后叶轮；11—硬质轴套；12—止推顶珠；13—后导向架

动力矩），叶轮轴与轴承之间摩擦产生的机械摩擦阻力矩 T_{rm}，流体通过叶轮时对涡轮产生的流动阻力矩 T_{rf}，电磁转换器对叶轮产生的电磁阻力矩 T_{re}。根据牛顿运动定律可以写出叶轮的运动方程：

$$J\frac{d\omega}{dt}=T_r-T_{rm}-T_{rf}-T_{re} \tag{4.6}$$

式中：J 为叶轮的转动惯量，$kg \cdot m^2$；ω 为叶轮的转动角速度，rad/s。

通常情况下，电磁阻力矩 T_{re} 比较小，其影响基本上可以忽略不计。当叶轮处于稳定的工作条件下时，可以认为管道内的流体流量不随时间变化，即叶轮以恒定角速度 ω 旋转，这样可得条件：

$$T_{re}=0 \tag{4.7}$$

$$\frac{d\omega}{dt}=0 \tag{4.8}$$

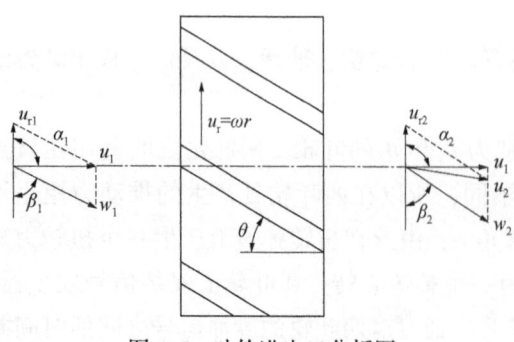

图 4.5 叶轮进出口分析图

可得到叶轮在稳定的工作条件下涡轮所受合力矩平衡公式为 $T_r-T_{rm}-T_{rf}=0$。

在这三个力矩中，机械摩擦力矩 T_{rm} 对给定的流量可以近似认为是常数，流体阻力矩 T_{rf} 与流动状态有关，可在具体分析时给出关系。故在理论模型中可不给出 T_{rm} 和 T_{rf} 的具体关系式。下面要确定主动力矩 T_r 的具体表达式。叶轮叶片受力分析图如图 4.5 所示。

假定经过导流叶的轴向来流速度为 u_1，流体离开叶轮叶片时的绝对速度为 u_2，来流与

圆周方向的夹角为 α_1，流体离开涡轮时与圆周方向的夹角为 α_2，叶轮叶片与轴线的夹角为 θ。只有在叶轮圆周方向的力才能产生转动力矩 T_r。根据动量守恒原理，这个周向作用力 f_r 应等于进入叶轮的单位质量流体在圆周方向上的动量变化。所以 f_r 可表示为：

$$f_r = \rho q_V (u_1 \cos\alpha_1 - u_2 \cos\alpha_2) \tag{4.9}$$

为得到式(4.9)中 u_2、α_2 的表达式，对叶轮叶片进出口的流体流动作速度分析。对于叶轮叶片，进口与出口的圆周运动速度是相同的。若设叶片进出口圆周运动的线速度为 u_{r1} 和 u_{r2}，则 $u_{r1} = u_{r2} = u_r$。

当流体离开叶轮叶片时，流体相对速度与圆周运动方向的夹角就等于叶片结构角。若设流体对于进出口叶轮叶片的相对速度为 ω_1 和 ω_2，则 ω_2 与圆周运动方向夹角 β_2 与叶片结构角 θ 之间有以下关系：$\beta_2 = 90° - \theta$。

根据不可压缩流体的连续性原理，可以判定：叶片出口绝对速度 u_2 的轴向分量等于叶片进口绝对速度 u_1 的轴向分量，而来流一般总是假定为轴向的，即 $\alpha_1 = 90°$。也即叶片出口绝对速度 u_2 的轴向分量应等于 u_1。也就是 $u_2 \sin\alpha_2 = u_1$。

由上分析，可以做出叶片进出口的速度三角形，如图 4.5 所示。可得出，在叶轮的圆周方向的速度变化为：

$$u_1 \cos\alpha_1 = u_1 \cos 90° = 0 \tag{4.10}$$

$$u_2 \cos\alpha_2 = u_r - u_1 \cos\beta_2 = u_r - u_1 \tan\theta \tag{4.11}$$

对轴流式叶轮，可认为流体推动力 f_r 是作用在叶片的平均半径 r 上，所以叶片的圆周运动速度 u_r 也以平均半径计算，即：

$$u_{r1} = u_{r2} = u_r = r\omega \tag{4.12}$$

可得流体推动力 $f_r = \rho q_V (u_1 \tan\theta - \gamma\omega)$，推动力力矩 $T_r = f_r r = r\rho q_V (u_1 \tan\theta - \gamma\omega)$。

如果用叶轮的转速列出流量方程，经试验验证，可表示为：

$$\omega = A q_V + B - \frac{C}{q_V} \tag{4.13}$$

式中：A 为与叶轮结构参数有关的系数；B 为与流体流速分布有关的系数；C 为与摩擦力矩有关的系数。

在实际检测中，可直接得到信号的周期 T，可以得到：

$$\omega = 2\pi \cdot f = \frac{2\pi}{T} \tag{4.14}$$

代入式(4.13)可得：

$$q_V = \frac{1}{2A}\left[\frac{2\pi}{T} - B + \sqrt{\left(\frac{2\pi}{T} - B\right)^2 + 4AC}\right] = \frac{\alpha_1}{T} - b_1 + \sqrt{\left(\frac{\alpha_1}{T} - b_1\right)^2 + c_1} \tag{4.15}$$

式中：f 为检测元件输出的脉冲信号频率，Hz；T 为其周期，s。

假设两叶轮的叶片倾角分别为 θ_1 和 θ_2，则当流体通过两叶轮时，根据以上对单叶轮情况的分析，可知它们所受到的力矩差为：

$$\Delta T = \rho q_V u (K_1 \tan\theta_1 - K_2 \tan\theta_2) \tag{4.16}$$

也即，力矩差 ΔT 与流体的质量流量和流速的乘积成正比。当两叶轮的形状、尺寸确定以后，K_1、K_2、θ_1、θ_2 均为常数。

从机械结构中可以看出，两叶轮之间由弹簧连接，因此两叶轮之间产生的力矩差可由弹簧的扭矩来平衡。也即，因为要平衡两叶轮之间的力矩差 ΔT，弹簧必然产生一个扭转角 α，它与叶轮之间的力矩差 ΔT 成正比关系。

那么，整个叶轮组转过两叶轮偏角 α 所需的时间 Δt 可以表示为

$$\Delta t = \frac{\alpha}{\omega} = \frac{K_4 q_m u}{K_5 u} = K_6 q_m \tag{4.17}$$

$$\omega = K_5 u$$

由式(4.17)可以看出，只要测出流量计叶轮组转过偏移角 α 所需的时间 Δt，就可以测得通过管道的质量流量 q_m。

双叶轮式质量流量计的优点是：重复性好，短期重复性可达 0.05%~0.2%，输出脉冲信号，信号分辨力强，抗干扰能力强，适于传输和计量；范围宽，中大口径可达 40∶1～10∶1；结构紧凑，流通能力大；因为仪表上无开孔，适于高压测量。缺点是：难以长期保持校准特性，必须定期校验；流体的流速分布畸变和旋转流对仪表影响较大，因此需要较长的直管段，不适合于脉动流和混相流；对流体介质的清洁度要求较高；小口径(DN50以下)仪表流量特性受物性影响严重，因此小口径仪表性能很难提高。

4.1.4 科里奥利质量流量计

科里奥利质量流量计(简称科氏力流量计或科氏流量计)是一种利用流体在振动管中流动而产生与质量流量成正比的科里奥利力原理来直接测量质量流量的仪表。科氏力流量计结构有多种形式，一般由振动管与转换器组成。振动管(测量管道)是敏感器件，有"U"形、"Ω"形、环形、直管形及螺旋形等几种形状，也有用双管等方式，但基本原理相同。4.2 节以"U"形管式的质量流量计为例介绍。

4.2 科氏质量流量计测量原理

4.2.1 科氏质量流量计的组成结构

科氏质量流量计由一次仪表和二次仪表两部分组成。图 4.6 为科氏质量流量计的组成模块。一次仪表由振动管、信号检测器、振动驱动器、支撑结构和壳体等结构组成。其中，振动管为流体流经的测量管道；信号检测器为测量振动管位移量的传感器；振动驱动

器为激励振动管以固定频率振动的器件。测量管、驱动器、检测器、方法模块构成科氏质量流量计的正反馈自激振荡系统。二次仪表包括驱动模块、信号放大模块（常见为DSP）、显示模块等，为驱动器提供动力，同时还根据温度对测量的密度和质量流量进行补偿。信号检测器采集测量管的扭转位移量，该扭转位移量为正弦信号，利用正弦信号测量模块分析和计算信号频率和相位差，频率作为密度的相关量可直接获得流体的密度，并且为驱动模块提供负反馈信号，稳定控制测量管的振幅；相位差作为质量流量的相关量，可根据两组检测信号的相位差获得质量流量参数[1]。

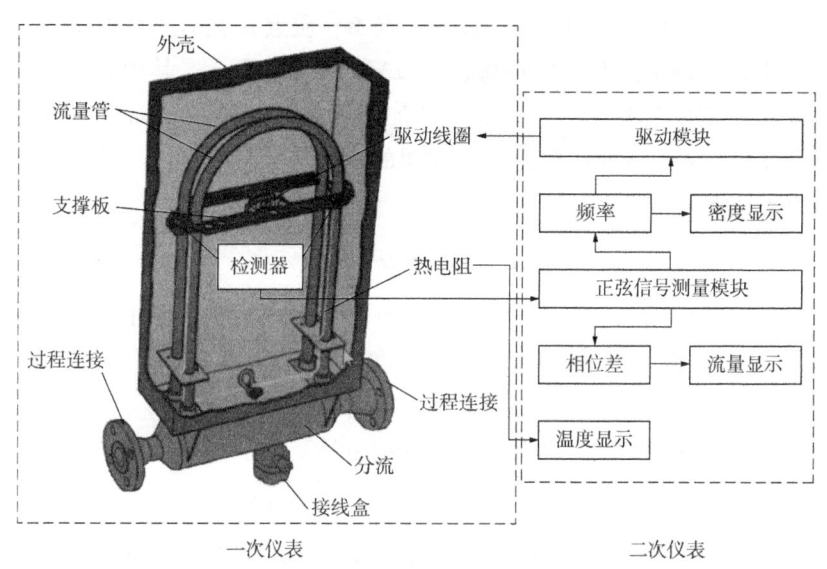

图4.6 科氏质量流量计的组成模块

在市面上，科氏质量流量计的型号繁多，按照测量管的形状，可分为直管和弯管，其中弯管有"U"形管、"S"形管、"Ω"形管、"Δ"形管和梯形管等；分单管、双管和连续管等。不同的管型在灵敏度、精确度、稳定性、抗腐蚀性上有细微的区别。直管型结构简单，易清洗，便于安装，体积小；弯管型测量管刚度较低，谐振频率较低，相位差信号易处理。图4.7为常见科氏质量流量计测量管管型。

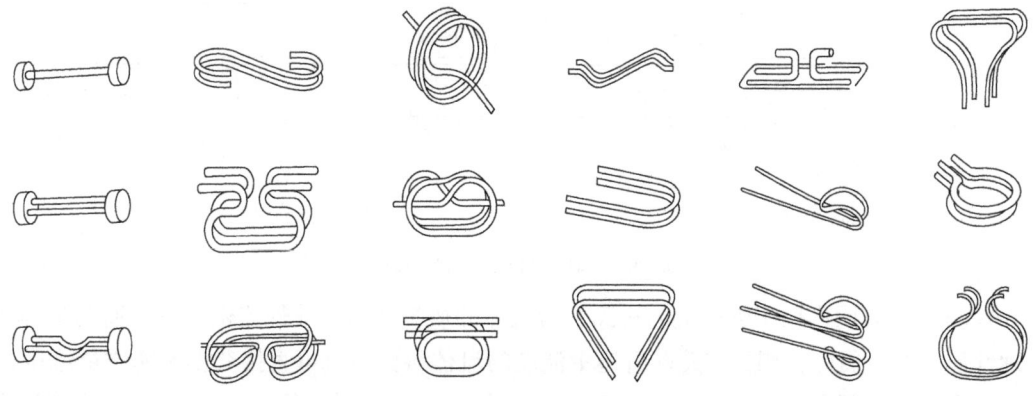

图4.7 常见科氏质量流量计测量管管型

4.2.2 科里奥利力产生原理

法国科学家科里奥利首先提出科里奥利力(简称科氏力)。当以一定速度的质点通过旋转运动的系统时,此时质点的绝对加速度有三个分量,分别为相对加速度、牵连加速度和科里奥利加速度(简称科氏加速度)[2]。

如图4.8(a)所示,某流体质点质量为m,速度为v,沿管道AB流动,同时管道AB以A为圆心以角速度ω做旋转运动,流体跟随管道强迫做相同的旋转运动。从图4.8可看出,当该质点m做上述复合运动时,在任意一点M,质点m具有两个加速度分量:(1)向心加速度a_r,其中$a_r = r\omega^2$,方向指向圆心;(2)科氏加速度a_c,其中$a_c = 2\omega v$,方向垂直管壁向外。由牛顿定律可知,产生$a_c = 2\omega v$的加速度,需要有$F_c = ma_c = 2\omega vm$的力,这个力由测量管作用于流体,根据作用力与反作用的原理,流体质点m反作用于管道科氏力F_c,方向如图4.8所示。

$$F_c = ma_c = 2\omega \times vm \tag{4.18}$$

同理,如图4.8(b)所示,若密度为ρ的流体以相对速度为v沿上述同一旋转管道AB流动,已知管道AB横截面积为S,则在任意长度为ΔX管道上的科氏力ΔF_c为:

$$\Delta F_c = -\Delta m a_c \tag{4.19}$$

式中:Δm 为长度为 ΔX 管道中的流体质量,$\Delta m = \rho S \Delta X$。

$$\Delta F_c = -\Delta m a_c = -2\Delta X \rho S(\omega \times v) \tag{4.20}$$

在上述旋转管道中的流体,ω 和 v 的夹角为90°。科氏力可进一步表示为:

$$\Delta F_c = 2\Delta X \rho S(|\omega||v|) = 2\Delta X \rho S \omega v \tag{4.21}$$

$$q_m = \rho S v \tag{4.22}$$

$$\Delta F_c = 2\omega q_m \Delta X \tag{4.23}$$

式中:q_m 为质量流量。

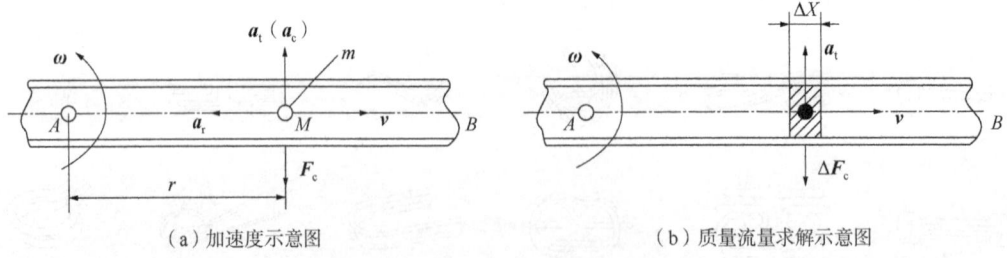

(a) 加速度示意图   (b) 质量流量求解示意图

图4.8 旋转管道中的科氏力

式(4.23)表明作用于管道上的科氏力与流体的质量流量成线性比例关系,而与流体的物理性质无关。因此,测量在旋转管道中流动的流体科氏力就可直接获得流体质量流量。

但在实际应用中,使管道做旋转运动难以实现,可以测量管振动的形式代替旋转运动。在这种振动过程中,管道中有流体流动时,同样有科氏力产生。这样的运动方式有利于测量管的设计和加工,也是质量流量计可以实际应用的第一步。

4.2.3 "U"形管质量流量计工作原理

"U"形测量管是最常见也是最早投入市场的弯管型科氏质量流量计。"U"形管质量流量计的特点有:振动位移幅值较大,有利于信号的采集;产生的扭弯曲应力较小,可靠性高;结构简单,不容易聚集沉积物。本节将以双"U"形管为例进行详细介绍。

如图 4.9 所示,测量管由两根平行放置的"U"形管、固定板和振动板构成。流体通过专门的分流弯头分别进入两根管,使流入两根振动管的流量相同。两根振动管的大小形状一致,共同受到激振,假设使用环境没有其他振动时,当空管振动时拾振器测量得到的信号相位差接近为零;当有流体流过振动管时,流体对管壁施加科氏力,流出管和流入管受到的科氏力力矩相等方向相反,使振动管存在等频率的扭转时域量。

在激振器的激振力下,两根测量管做相对振动,相位差为 180°。图 4.10 以一根测量管为例,详细介绍"U"形管的振动和扭转过程。在振动过程中,若某瞬时测量管运动方向向上,其瞬间角速度为 ω,方向如图 4.10(b)所示。当有流体流动时,根据右手定则,在流入口侧,流体的科氏加速度 a_c 垂直向上,作用于振动管上的科氏力 F_c 垂直向下,使其与激振方向相反,减弱振动幅度;而在流出口侧,流体的科氏加速度垂直向下,振动管受到的科氏力垂直向上,与激振方向相同,使振动增强。当测量管向下振动时,如图 4.10(c)所示,测量管的角速度方

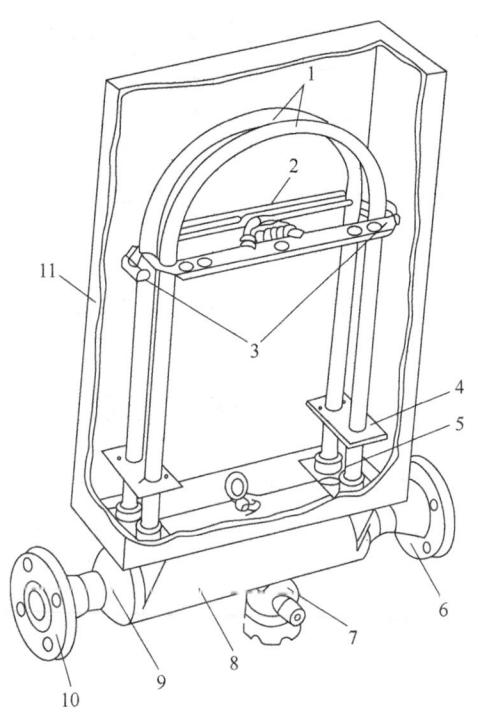

图 4.9 双"U"形管质量流量传感器结构示意图
1—"U"形测量管;2—激振器;3—拾振器;
4—固定片;5—RTD 温度探测器;6、10—法兰盘;
7—接线盒;8—连接管;9—分流弯头;11—壳体

向发生变化,导致测量管的流入口测和流出口侧作用的科氏力方向发生变化。这样,当流体在处于振动状态的"U"形管中流动时,进、出口侧的管道将分别受到来自流体的大小相等、方向相反的科氏力,从而构成"U"形管扭转的力矩。该力矩的交变频率与"U"形管的振动频率相同。于是,"U"形管在有流体通过测量管时,测量管在振动的基础上叠加一个同频率的扭转量[3]。图 4.10(d)为"U"形测量管在流体的科氏力作用下发生扭转。

在理想状态下,当测量管为空管时测量管只有上下振动而没有扭转量,进、出口侧拾振器检测的两组正弦波信号无相位差;当有流体通过测量管,测量管发生扭转,进、出口侧的信号出现相位差,且流体的质量流量与该相位差成线性比例关系。

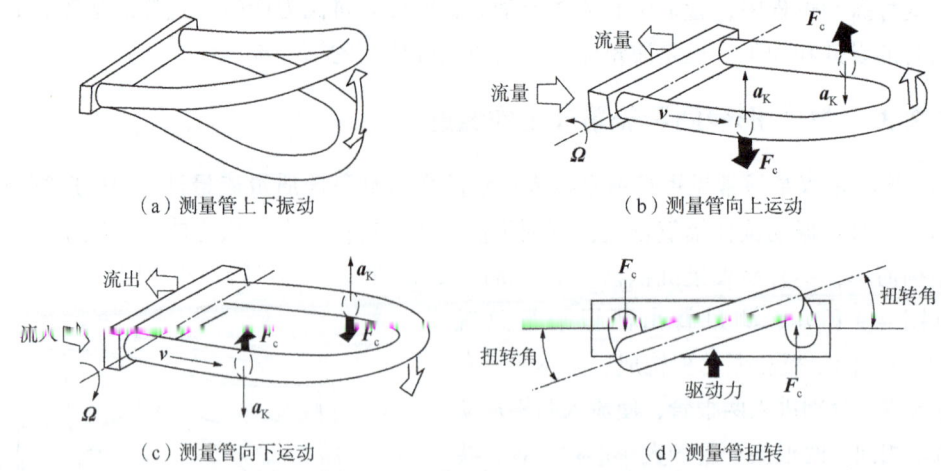

图 4.10 "U"形质量流量计测量原理图

4.3 质量流量计振动影响分析

4.3.1 流体流速/密度对管道振动影响分析

4.3.1.1 欧拉—伯努利梁的模型建立

设梁在 x 轴具有对称平面,其在此平面内振动,推导梁的弯曲振动[4]。在此截面内的合力矩为:

$$M = b\int_{-\frac{h}{2}}^{\frac{h}{2}} \sigma_x y \mathrm{d}y = EI\frac{\partial \theta}{\partial x} \tag{4.24}$$

$$I = \frac{1}{12}bh^3$$

$$\theta = \frac{\partial y}{\partial x}$$

式中:M 为合力矩;I 为截面惯性矩;b 为梁的宽度;h 为梁的高度;E 为弹性模量。

因此可以得出,弯矩与挠度的关系:

$$M = -EI\frac{\partial^2 y}{\partial x^2} \tag{4.25}$$

根据达朗贝尔原理可知力平衡方程,见式(4.26)。

$$\left(F_s + \frac{\partial F_s}{\partial x}\mathrm{d}x\right) - F_s - \rho A\frac{\partial^2 \omega}{\partial t^2}\mathrm{d}x + f(x,t)\mathrm{d}x = 0 \tag{4.26}$$

式中:ρ 为材料的密度,kg/m^3;A 为截面面积,m^2;F_s 为剪力,N。

忽略截面转动产生的惯性力矩项，以右截面上任意点为矩心，分析微元体受力平衡，如下所示：

$$\left(M+\frac{\partial M}{\partial x}\mathrm{d}x\right)-M-F_{\mathrm{s}}\mathrm{d}x+f(x,t)\frac{(\mathrm{d}x)^2}{2}=0 \tag{4.27}$$

将 $F_{\mathrm{s}}=\dfrac{\partial M}{\partial x}$，$M=-EI\dfrac{\partial^2 y}{\partial x^2}$ 代入式(4.27)中可得到梁的振动方程。

$$EI\frac{\partial^4 y}{\partial x^4}+\rho A\frac{\partial^2 y}{\partial t^2}=f(x,t) \tag{4.28}$$

当只讨论梁的自由振动时，可令 $f(x,t)=0$。则式(4.28)整理为：

$$EI\frac{\partial^4 y}{\partial x^4}+\rho A\frac{\partial^2 y}{\partial t^2}=0 \tag{4.29}$$

4.3.1.2 充液管道振动模型的建立

在欧拉—伯努利梁的基础上，本书建立基于科氏流量计的充液管道振动模型。该模型需要在一定的假设条件下建立。假设流经测量管内的介质为不可压缩且是无黏性的牛顿流体；将测量管的振动视为无阻尼振动；测量管两端在固定约束条件下；管道受到的外部拉力忽略。测量管受力分析如图4.11所示。

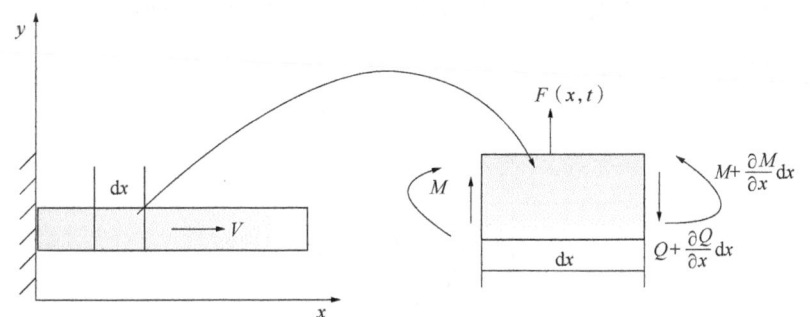

图 4.11 有流体流过测量管的受力分析

当测量管有流体以均匀速度 v 流过时，其径向速度为：

$$\frac{\mathrm{d}y}{\mathrm{d}t}=\frac{\partial y}{\partial x}\cdot\frac{\mathrm{d}x}{\mathrm{d}t}+\frac{\partial y}{\partial t} \tag{4.30}$$

$$\frac{\mathrm{d}y}{\mathrm{d}x}=v$$

式(4.30)整理得：

$$\frac{\mathrm{d}y}{\mathrm{d}t}=v\frac{\partial y}{\partial x}+\frac{\partial y}{\partial t} \tag{4.31}$$

加速度为：

$$\frac{\mathrm{d}}{\mathrm{d}t}\left(\frac{\mathrm{d}y}{\mathrm{d}t}\right) = v^2\frac{\partial^2 y}{\partial x^2} + 2v\frac{\partial y}{\partial x \partial t} + \frac{\partial^2 y}{\partial t^2} \tag{4.32}$$

液体在测量管上的惯性力为：

$$F(x, t) = \rho_f A_f \left(v^2\frac{\partial^2 y}{\partial x^2} + 2v\frac{\partial y^2}{\partial x \partial t} + \frac{\partial^2 y}{\partial t^2}\right) \tag{4.33}$$

因此结合空管振动分析，根据管微元上的力平衡原理，整理可得单向流管道的振动方程为：

$$EI\frac{\partial^4 y}{\partial x^4} + (\rho_f A_f + \rho_m A_m)\frac{\partial^2 y}{\partial t^2} + \rho_f A_f v^2\frac{\partial^2 y}{\partial x^2} + 2\rho_f A_f v\frac{\partial^2 y}{\partial x \partial t} = 0 \tag{4.34}$$

式中：$2\rho_f A_f v \frac{\partial y^2}{\partial x \partial t}$ 为充液管道以一定角速度转动时让流体在旋转体系中所受到的科氏力；$EI\frac{\partial^4 y}{\partial x^4}$ 为测量管自身的材料属性决定的弹性恢复力；$(\rho_f A_f + \rho_m A_m)\frac{\partial^2 y}{\partial t^2}$ 为充液管道整体自身的惯性力；$\rho_f A_f v^2 \frac{\partial^2 y}{\partial x^2}$ 为流体在测量管振动时产生的离心力。

4.3.1.3 振动模型求解

对建立的振动微分方程求解时，需要将管道看作长度为 L 的两端简支梁[5-6]，其边界条件见式(4.35)。

$$\begin{cases} y(x, t)\vert_{x=0} = 0 \\ y(x, t)\vert_{x=L} = 0 \\ \dfrac{\partial^2 y(x, t)}{\partial t^2}\bigg|_{x=0} = 0 \\ \dfrac{\partial^2 y(x, t)}{\partial t^2}\bigg|_{x=0} = 0 \end{cases} \tag{4.35}$$

对于两端简支梁，由线性振动理论可知，梁的自有振动的振型如下：

$$y_n = A_n \sin\frac{n\pi}{L}x \sin\omega_n t \tag{4.36}$$

式(4.34)中存在混合偏导项，利用对称振型方程求解，则该项具有一个反对称项。因此，式(4.34)的解则见式(4.37)[7]：

$$y_i = \sum_{n=1}^{\infty} A_{2n-1}\sin(2n-1)\frac{\pi}{L}x\sin\omega_i t + \sum_{k=1}^{\infty} A_{2k}\sin 2k\frac{\pi}{L}x\cos\omega_i t \tag{4.37}$$

式中：ω_i 为固有频率；A 为振幅；y_i 为位移量。

将式(4.37)作为解代入到(4.34)中计算，能够得到 $\dfrac{\partial^2 y}{\partial x \partial t}$ 项的系数，并将其傅里叶级数展开为：

$$\cos(2n-1)\frac{\pi}{L}x = \sum_{k=1}^{\infty} C_{2k}\sin 2k\frac{\pi}{L}x \tag{4.38}$$

$$\cos 2k\frac{\pi}{L}x = \sum_{n=1}^{\infty} C_{2n-1}\sin(2n-1)\frac{\pi}{L}x \tag{4.39}$$

根据三角函数正交关系，则可得获得式(4.38)和式(4.39)两个系数，$C_{2k} = \dfrac{4(2n-1)}{\pi[(2k)^2-(2n-1)^2]}$ 和 $C_{2n-1} = \dfrac{8k}{\pi[(2k)^2-(2n-1)^2]}$。整理上述一系列式子并代入，为了保证方程成立，将整理后的公式中含有 $\cos\omega_i t$ 和 $\sin\omega_i t$ 项的系数令为0，因此得到如下所示的方程。

$$A_{2n-1}\left[EI(2n-1)^4\left(\frac{\pi}{L}\right)^4 - m_f v^2 (2n-1)^2\left(\frac{\pi}{L}\right)^2 - (m_f+m_a)\omega_i^2\right]$$

$$= \frac{8m_f v\omega_i}{L}\sum_k A_{2k}\frac{(2k)^2}{(2k)^2-(2n-1)^2} \tag{4.40}$$

$$A_{2k}\left[EI(2k)^4\left(\frac{\pi}{L}\right)^4 - m_f v^2 (2k)^2\left(\frac{\pi}{L}\right)^2 - (m_f+m_a)\omega_i^2\right]$$

$$= \frac{8m_f v\omega_i}{L}\sum_n A_{2n-1}\frac{(2k)^2}{(2k)^2-(2n-1)^2} \tag{4.41}$$

$$m_f = \rho_f A_f L$$

$$m_a = \rho_m A_m L$$

式中：m_f 为流体质量；m_a 为管道质量。

为了得到频率方程，将上述式子写成矩阵的形式，同时其行列式的系数为0，整理后可得：

$$det([K] - M\omega_i^2[I]) = 0 \tag{4.42}$$

$$M = m_f + m_a$$

式中：$[K]$ 为刚度矩阵，刚度矩阵里面的元素如下所示。

$$K_{rs} = \begin{cases} EIr^4\left(\dfrac{\pi}{L}\right)^4 - m_f v^2 r^2\left(\dfrac{\pi}{L}\right)^2, & r=s \\ \dfrac{8m_f v\omega_i}{L} \cdot \dfrac{s^2}{r^2-s^2}, & r+s \text{ 为奇数}; r \neq s \\ 0, & r+s \text{ 为偶数}; r \neq s \end{cases} \tag{4.43}$$

只考虑系统的前两阶振型，则式(4.42)可整理得到：

$$det\left(\begin{bmatrix} K_{11} & K_{12} \\ K_{21} & K_{22} \end{bmatrix} - M\omega_i^2 \begin{bmatrix} 1 & 0 \\ 0 & 1 \end{bmatrix}\right) = 0 \tag{4.44}$$

$$K_{11} = EI\left(\frac{\pi}{L}\right)^4 - m_f v^2 \left(\frac{\pi}{L}\right)^2$$

$$K_{12} = \frac{32 m_f v \omega_i}{-3L}$$

$$K_{21} = \frac{8 m_f v \omega_i}{3L}$$

$$K_{22} = 16EI\left(\frac{\pi}{L}\right)^4 - 4m_f v^2 \left(\frac{\pi}{L}\right)^2 \text{。}$$

整理式(4.44)可得：

$$\begin{vmatrix} EI\left(\frac{\pi}{L}\right)^4 - m_f v^2 \left(\frac{\pi}{L}\right)^2 - M\omega_i^2 & -\frac{32 m_f v \omega_i}{3L} \\ \frac{8 m_f v \omega_i}{3L} & 16EI\left(\frac{\pi}{L}\right)^4 - 4m_f v^2 \left(\frac{\pi}{L}\right)^2 - M\omega_i^2 \end{vmatrix} = 0 \tag{4.45}$$

$$M = m_a + m_f$$

当管道内流体静止时，其频率为：$\omega_n = \left(\frac{\pi}{L}\right)^2 \sqrt{\frac{EI}{M}}$。则式(4.45)整理可得：

$$\left[1 - \frac{m_f v^2}{EI}\left(\frac{L}{\pi}\right)^2 - \left(\frac{\omega_i}{\omega_n}\right)^2\right]\left[16 - 4\frac{m_f v^2}{EI}\left(\frac{L}{\pi}\right)^2 - \left(\frac{\omega_i}{\omega_n}\right)^2\right] - \frac{256}{9}\left(\frac{m_f vL}{\pi^2}\right)^2 \frac{1}{EIM}\left(\frac{\omega_i}{\omega_n}\right)^2 = 0 \tag{4.46}$$

令 $a = \frac{m_f v^2}{EI}\left(\frac{L}{\pi}\right)^2$；$b = \frac{256}{9}\left(\frac{m_f vL}{\pi^2}\right)^2 \frac{1}{EIM}$；$x = \left(\frac{\omega_i}{\omega_n}\right)^2$，整理可得：

$$x^2 + (5a - 17 + b)x + (4a^2 - 20a + 16) = 0 \tag{4.47}$$

根据求根公式解式(4.47)可得：

$$x = \left(\frac{\omega_i}{\omega_n}\right)^2 = \frac{1}{2}\left\{-(5a - 17 + b) \pm \left[(5a - 17 + b)^2 - 4(4a^2 - 20a + 16)\right]^{\frac{1}{2}}\right\} \tag{4.48}$$

整理式(4.48)可获得固有振动频率，如下所示：

$$f = \frac{\omega_n}{2\pi}\left\{-\frac{1}{2}(5a - 17 + b) \pm \frac{1}{2}\left[(5a - 17 + b)^2 - 4(4a^2 - 20a + 16)\right]^{\frac{1}{2}}\right\}^{\frac{1}{2}} \tag{4.49}$$

对于科氏流量计的传感器安装位置，在本模型中设置分别安装在测量管的两端的中心位置，即 $x = \frac{L}{4}$ 与 $x = \frac{3L}{4}$ 处。根据模型振型，即可得到两端传感器的振型，如下所示：

$$y\mid_{x=\frac{L}{4}} = \frac{\sqrt{2}}{2}A_1\sin\omega_i t + A_2\cos\omega_i t = \sqrt{\frac{1}{2}A_1^2 + A_2^2}\sin(\omega_i t + \alpha_1) \qquad (4.50)$$

$$y\mid_{x=\frac{L}{4}} = \frac{\sqrt{2}}{2}A_1\sin\omega_i t - A_2\cos\omega_i t = \sqrt{\frac{1}{2}A_1^2 + A_2^2}\sin(\omega_i t + \alpha_2) \qquad (4.51)$$

式中：α_1 和 α_2 分别为两端传感器的相位。

科氏流量计的测量管在做扭转振动时，由于角度很小，因此设 $\alpha_1 = \tan\alpha_1 = \sqrt{2}\dfrac{A_2}{A_1}$；$\alpha_2 = \tan\alpha_2 = -\sqrt{2}\dfrac{A_2}{A_1}$。因此时间差为：

$$\Delta t = \frac{2\sqrt{2}A_2}{\omega_1 A_1} \qquad (4.52)$$

$$\omega_1 = 2\pi f$$

$$\frac{A_2}{A_1} = -\frac{K_{11} - M\omega_1^2}{K_{12}}$$

4.3.1.4 结果分析

根据上述振动频率计算求解公式，保持流速为 1m/s，设置密度在 800~2500kg/m³ 范围变化，分析不同密度条件下对前两阶振动频率的影响。

由图 4.12 可知，当流体密度逐渐增大时，测量管的振动频率减小。由图 4.13 可知，当流体速度逐渐增大时，测量管的振动频率减小。流速增大，测量管的振动频率减小，但是流速相比较密度的变化，减小的频率相对较小。本书研制的装置最大流速只需 2.04m/s，因此频率的变化微小，可以忽略不计，因此在设计中不考虑流速的影响。

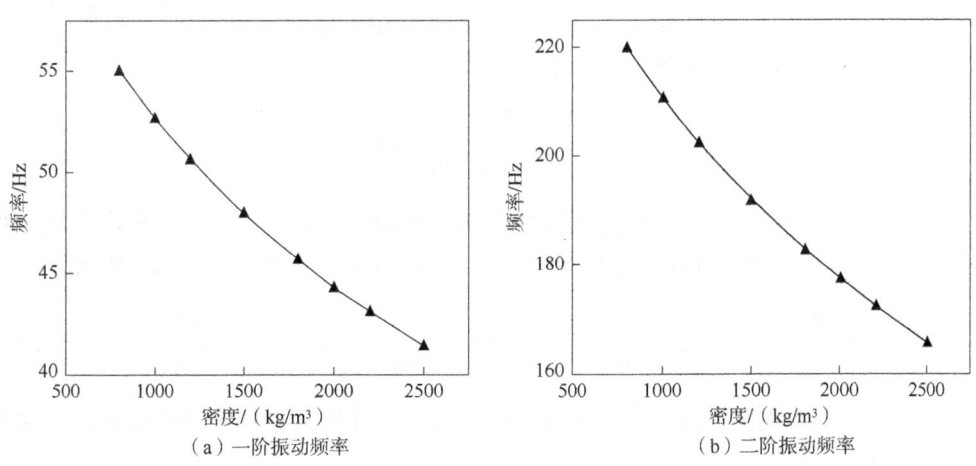

（a）一阶振动频率　　　　　　　　（b）二阶振动频率

图 4.12　流体密度变化时振动频率变化

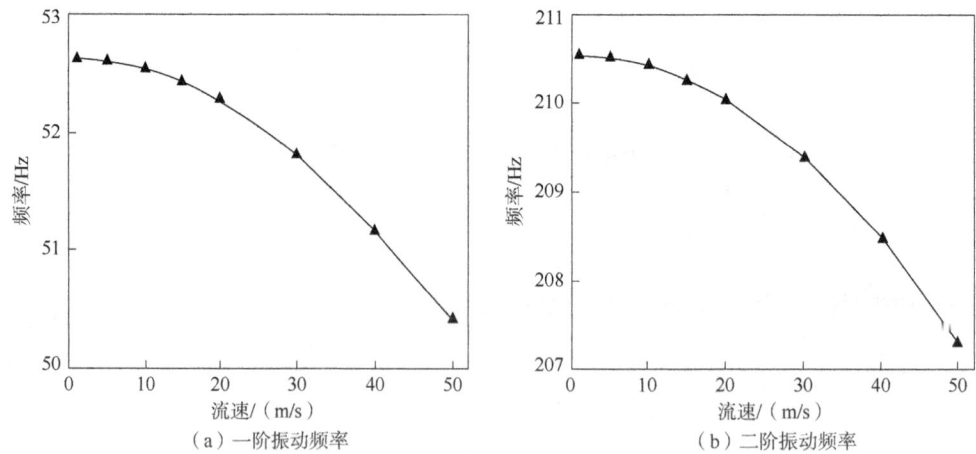

(a)一阶振动频率　　　　　　　(b)二阶振动频率

图 4.13　流体速度变化时振动频率变化

4.3.2　流体黏度对管道振动分析

4.3.2.1　模型建立

由于管道内流体具有黏度，因此可以分析流体对管壁的黏滞力，如下所示：

$$F_\tau = \tau A \tag{4.53}$$

式中：A 为截面面积，$A = \pi R^2$；τ 为受流体黏性影响的切应力，$\tau = \eta \dot{\gamma}$，Pa。

整理式(4.53)可得：

$$F_\tau = \eta \dot{\gamma} A = \eta A \frac{\mathrm{d}u}{\mathrm{d}x} A \tag{4.54}$$

其中，径向速度 $u = \frac{\mathrm{d}y}{\mathrm{d}t} = v\frac{\partial y}{\partial x} + \frac{\partial y}{\partial t}$，则式(4.54)中 $\frac{\mathrm{d}u}{\mathrm{d}x} = v\frac{\partial^2 y}{\partial x^2} + \frac{\partial^2 y}{\partial x \partial t}$，整理式(4.54)可得，流体以一定速度 v 流动时对管壁的黏滞力为[8-9]：

$$F_\tau = \eta \left(v\frac{\partial^2 y}{\partial x^2} + \frac{\partial^2 y}{\partial x \partial t} \right) A \tag{4.55}$$

根据流体在测量管上除了惯性力，同时具有黏度的流体在测量管上还具有黏滞力，因此，同理分析力平衡方程，整理可得具有黏性流体的单向流管道的振动微分方程如下所示：

$$EI\frac{\partial^4 y}{\partial x^4} + (\rho_f A_f + \rho_m A_m)\frac{\partial^2 y}{\partial t^2} + (\rho_f A_f v^2 + \eta A_f v)\frac{\partial^2 y}{\partial x^2} + (2\rho_f A_f v + \eta A_f)\frac{\partial^2 y}{\partial x \partial t} = 0 \tag{4.56}$$

利用 4.3.1 节对振动微分方程求解方法可以计算出科氏流量计两端传感器在振动时的时间差。计算的时间差如下所示：

$$\Delta t = \frac{2\sqrt{2} A_2}{\omega_1 A_1} \tag{4.57}$$

4.3.2.2 结果分析

根据建立的基于黏度变化的测量管道振动方程,设置流体参数密度为1000kg/m³,流速为1m/s,黏度变化范围为10~80mPa·s,进而对求解的前两阶振动频率进行分析(图4.14)。

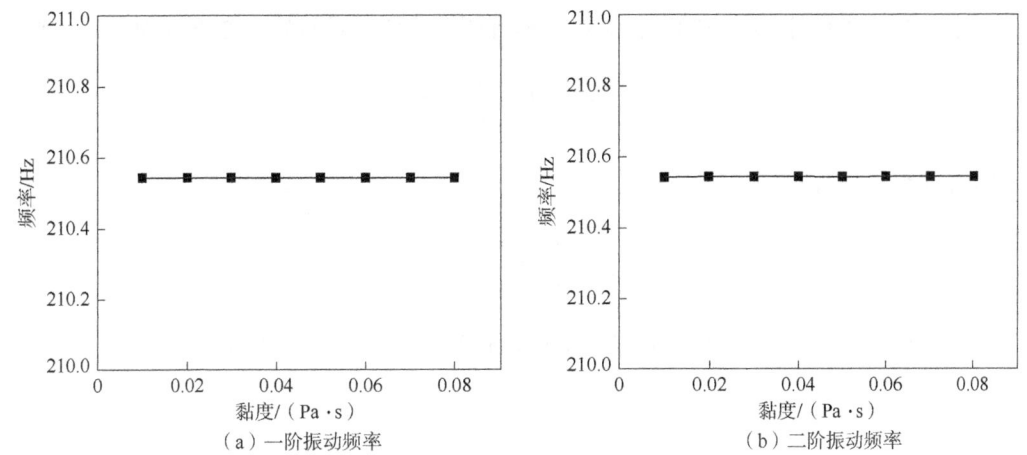

图 4.14 流体黏度变化时振动频率变化

根据设置流体不同黏度变化,可以得知黏度的变化对振动频率几乎没有影响。因此,综上4.3.1节和4.3.2节所述可知,质量流量计对于流体密度的变化测量敏感,而对流体黏度变化的测量不敏感。而钻井液属于具有一定黏度的流体,其黏度的变化并不影响测量结果,因此,选择科氏质量流量计来测量钻井液的密度和质量流量是可行的。

4.4 质量流量计密度测量可行性

4.4.1 质量流量计测量密度的必要性

当管道中的流体在正常工作时需要使测量管与地面保持水平后再进行安装,从而测量水平管道压差。但是该装置在使用过程中,容易受现场环境振动影响,或者安装人员的操作水平等一系列因素造成测量管发生轻微的倾斜,充液测量管受重力的影响,从而导致管道压差测量的精度降低。管道压差测量不准,则导致壁面剪切应力计算不准,获得的钻井液流变性参数准确性不高。因此,针对本书研制的装置中利用科氏流量计测量,不仅能够通过测量流体的密度来实现测量管道的压差的修正,同时也能测量流体的质量流量。

如图4.15所示,在无黏恒定流中以某流线S上的M点为原点建立直角坐标系$Mxyz_1$,坐标系的x方向正好是M点处流线的切线方向,则M点处的流速分量分别为:

$$v_y = v_{z_1} = 0, \quad v_x = v \tag{4.58}$$

在流线S上,纵向的加速度分量为:

$$a_S = a_x = \frac{\partial v_x}{\partial t} + v_x \frac{\partial v_x}{\partial x} + v_y \frac{\partial v_y}{\partial y} + v_{z_1} \frac{\partial v_{z_1}}{\partial z_1} = v \frac{\partial v}{\partial S} = \frac{\partial}{\partial S}\left(\frac{v^2}{2}\right) \tag{4.59}$$

将式(4.59)代入到 x 方向的欧拉方程中且质量力只有沿 z 方向的重力,得到:

$$\frac{\partial}{\partial S}\left(\frac{v^2}{2}\right)=-g\sin\theta-\frac{1}{\rho}\frac{\partial p}{\partial x}=-g\frac{\partial z}{\partial S}-\frac{1}{\rho}\frac{\partial p}{\partial S} \tag{4.60}$$

其中 z 为垂直方向上的坐标,若流体为不可压缩流体,且流体的密度 ρ 为常数,则:

$$\frac{\partial}{\partial S}\left(gz+\frac{p}{\rho}+\frac{v^2}{2}\right)=0 \tag{4.61}$$

沿着 S 流线积分得到:

$$gz+\frac{p}{\rho}+\frac{v^2}{2}=\text{const} \tag{4.62}$$

因此,如图 4.16 所示,流体在管路 A_1 截面和 A_2 截面处的压力分别为 p_1 和 p_2。

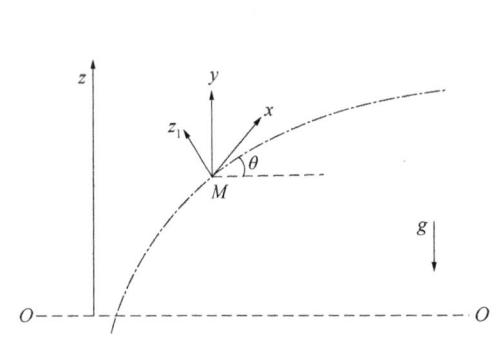

图 4.15 沿流线 S 的坐标系

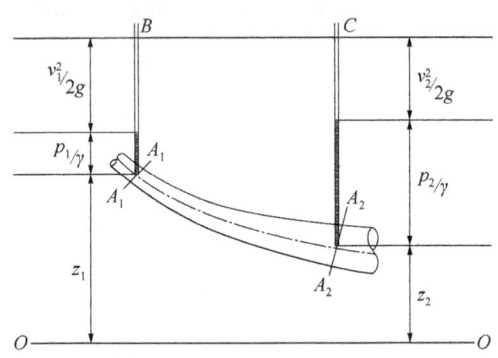

图 4.16 流线的水头变化

$$Z_1+\frac{p_1}{\rho g}+\frac{v_1^2}{2g}=Z_2+\frac{p_2}{\rho g}+\frac{v_2^2}{2g} \tag{4.63}$$

因此:

$$\frac{p_1-p_2}{\rho g}=\frac{v_2^2-v_1^2}{2g}+Z_2-Z_1 \tag{4.64}$$

$$\frac{\Delta p}{\rho g}=\frac{v_2^2-v_1^2}{2g}+Z_2-Z_1 \tag{4.65}$$

对于管径不变的直圆管来说,由于管道内的流量不变,因此有:

$$v_1A_1=v_2A_2 \tag{4.66}$$

$$A_1=A_2 \tag{4.67}$$

$$\frac{v_2^2-v_1^2}{2g}=0 \tag{4.68}$$

对于有阻力的管道,上述式子为[10]:

$$\frac{\Delta p}{\rho g} = Z_2 - Z_1 + h_w \tag{4.69}$$

假设管路 A_1 截面和 A_2 截面的直管长度为 h，倾斜角度为 θ，则有：

$$Z_2 - Z_1 = h\sin\theta \tag{4.70}$$

式中：h_w 为沿程压力水头损失。在用质量流量计进行测量的时候，必须获得准确的平行于地面的压差，此时式(4.70)中 $\theta=0$，$Z_2-Z_1=0$，但是在实际测量过程中，若测量管倾斜，则导致测量的压差有 $Z_2-Z_1\neq 0$ 的误差，因此必须消除 $\theta\neq 0$ 带来的压差测量不准的影响。

$$\Delta p = \Delta p_{测} - \rho g h \sin\theta \tag{4.71}$$

式中：$\Delta p_{测}$ 为仪器测量压差；$\rho g h \sin\theta$ 为管道发生倾斜时的压差修正项。

综上分析，如果测量管道发生倾斜则会影响管道压差测量结果。为了获得准确的压差值，可在测量管中间位置安装倾角传感器，然后利用质量流量计测量的密度与倾角传感器测量获得的倾斜角度的数据来计算最终的压差值。该方式可实现管道压差误差校正，进而获取更准确的壁面剪切应力与速率。

4.4.2　质量流量计测量密度理论

当密度不同的流体流经测量管时，流量计测量管的频率会随之而变化。在测量管充液时，可以测量出充液管道的谐振频率，通过理论公式可以推导出流体的密度。因此，流体密度与测量管的振动频率有关[11]。

流体密度与充液测量管的关系如下所示：

$$f = \frac{c}{\sqrt{m_p + m_f}} \tag{4.72}$$

式中：f 为谐振频率；c 为常数；m_p 为测量管的质量；m_f 为测量管内流体的质量。

整理可得：

$$m_p + m_f = \frac{c^2}{f^2} \tag{4.73}$$

$$m_p + AL\rho_f = \frac{c^2}{f^2} \tag{4.74}$$

$$\rho_f = \frac{c^2}{ALf^2} - \frac{m_p}{AL} \tag{4.75}$$

式中：A 为流体流经测量管的截面积，m^2；L 为测量管的管长，m。

假设流量计测量管内无流体，即密度 $\rho_f=0$ 时，测量管的一阶谐振频率为 f_0，将 $\rho_f=0$ 与 f_0 代入式(4.75)可得：

$$\frac{c^2}{ALf_0^2} = \frac{m_p}{AL} \quad (4.76)$$

$$c^2 = m_p f_0^2 \quad (4.77)$$

整理可得密度测量公式：

$$\rho_f = \frac{m_p f_0^2}{ALf^2} - \frac{m_p}{AL} \quad (4.78)$$

$$\rho_f = \frac{m_p}{AL}\left(\frac{f_0^2}{f^2} - 1\right) \quad (4.79)$$

将管的质量 $m_p = \pi \dfrac{(D^2 - d^2)}{4} L \rho_p$ 代入式(4.79)进而整理可得：

$$\rho_f = \frac{\pi(\dfrac{D^2 - d^2}{4})L\rho_p}{\pi \dfrac{d^2}{4} L}\left(\frac{f_0^2}{f^2} - 1\right) \quad (4.80)$$

因此，式(4.80)整理可得：

$$\rho_f = \frac{(D^2 - d^2)}{d^2}\rho_p\left(\frac{f_0^2}{f^2} - 1\right) \quad (4.81)$$

式中：ρ_p 为流量管密度，kg/m^3；ρ_f 为流体密度，kg/m^3；D 为流量管外壁直径，m；d 为流量管内壁直径，m。

综上所述，充液管道内，流体的密度与系统的频率密切相关，科氏流量计在工作时测量获得振动频率即可得到测量管管内流体的密度。根据4.4.1节分析，管道如受到倾斜则会受到重力的影响从而使管道压差的测量不精准，而重力与流体密度密切相关，因此实现对流体密度的实时准确测量尤为重要。

4.5 质量流量计质量流量测量可行性

4.5.1 质量流量测量必要性

根据管流测量原理可知，想要获得准确的壁面剪切力与剪切速率，需要获得流体在测量管路中的准确流速。电动隔膜泵吸入或者排出的流量称为理论瞬时流量，等于每个工作腔的容积变化率。利用隔膜泵排出流量可求得排出管子的流速，如下所示：

$$u = \frac{Q}{A} = \frac{4Q}{\pi d^2} \quad (4.82)$$

式中：u 为流速，m/s；Q 为理论平均流量，m^3/s；d 为排出管的内径，m。

由于隔膜泵在做往复运动时排出的流量是一定的，所以认为其理论平均输出流量是恒定的。但是在实际中由于隔膜泵的加工装备误差、流体的性质、泵阀的开启与关闭等因素，实际排出流量往往要小于理论平均流量。在实际计算流量时，通常引入流量不均匀系数 η，$\eta \in [0.96, 0.98]$，因此实际的瞬时流量为：

$$Q_{实} = \eta \, Q_{理} \tag{4.83}$$

因此，利用理论平均流量去计算流体实际测量管路中的流速是不准确的。而流量不均匀系数通常基于人工经验，也会导致测量不准确。科氏流量计因测量流体范围广而被广泛使用，如：流体质量、流体密度、高黏度液体、含微量气体的气液两相流流体，含有固体的浆液等[12-13]。质量流量计测量精度高，性能稳定，维修保养成本低，除此之外能够多参数测量（如：温度、黏度等）。其次，测量管对流体流速分布的敏感性不高，安装要求不高。再者，测量管的振幅较小，管路内无阻碍件和活动件。因此，科氏流量计被广泛应用于流体计量领域。本书利用科氏流量计测量的流量值反馈给电动隔膜泵，从而进行泵电动机的调速，使得排出的流量达到工程应用中需要的稳定流量值。

4.5.2 质量流量测量理论

质量流量计的测量管振动系统在实际中是一个多自由度的受迫振动系统。根据多自由度受迫系统的特点，测量管振动系统有许多个振型和自振频率。但是在通常的设计中，一般都取第一主振型。本书将质量流量计的测量系统简化为带阻尼的单自由度系统，如图 4.17 所示。从测量管系统的主振动进行分析，可以建立起测量质量流量的方程，见式(4.84)。

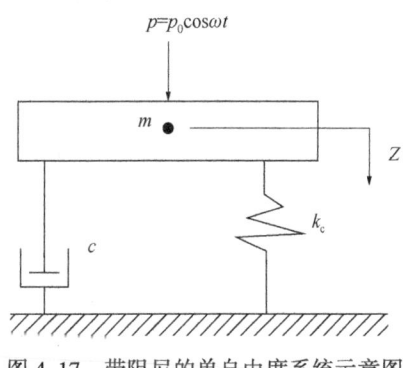

图 4.17 带阻尼的单自由度系统示意图

对于一个质量体，在给定一个激振力作用下受迫振动，则带黏性阻尼的质点自由振动微分方程如下：

$$m\ddot{Z} + c\dot{Z} + k_c Z = f(t) \tag{4.84}$$

式中：m 为等效集中质量；c 为系统的等效阻尼系数；k_c 为系统的等效刚度；$f(t)$ 为给定的激振力，$f(t) = P_0 \cos\omega t$；ω 为激振力角频率；P_0 为激振力幅值。

其中表征阻尼强弱的系数被称为阻尼比 ξ，定义为：$\xi = \dfrac{c}{2\sqrt{k_c \cdot m}}$；$\omega_0$ 被称为主振动的固有角频率，定义为：$\omega_0 = \sqrt{\dfrac{k_c}{m}}$。

因此，该方程的稳态解为：

$$Z_c = \frac{P_0}{k_c} \cdot \frac{1}{\sqrt{\left[1 - \left(\dfrac{\omega}{\omega_0}\right)^2\right]^2 + 4\xi^2 \left(\dfrac{\omega}{\omega_0}\right)^2}} \cdot \cos(\omega t - \alpha) \tag{4.85}$$

令 $Z_{c0} = \dfrac{P_0}{k_c} \cdot \dfrac{1}{\sqrt{\left[1-\left(\dfrac{\omega}{\omega_0}\right)^2\right]^2 + 4\xi^2\left(\dfrac{\omega}{\omega_0}\right)^2}}$，则整理式(4.85)为：

$$Z_c = Z_{c0}\cos(\omega t - \alpha) \tag{4.86}$$

式中：Z_{c0} 为 C 点的振幅；α 为给定激振力的超前振动位移幅角。

由于在这套测量管系统中，传感器检测出的超前振动位移为 $\dfrac{\pi}{2}$，因此，$\alpha = \dfrac{\pi}{2}$，式(4.86)整理为[14]：

$$Z_c = Z_{c0}\sin\omega t \tag{4.87}$$

为了更好地研究测量管的运动物理方程，如图4.18所示，从测量管的入口端 a 沿着测量管的轴线至测量管的出口端 b 建立一个新的曲线坐标系。

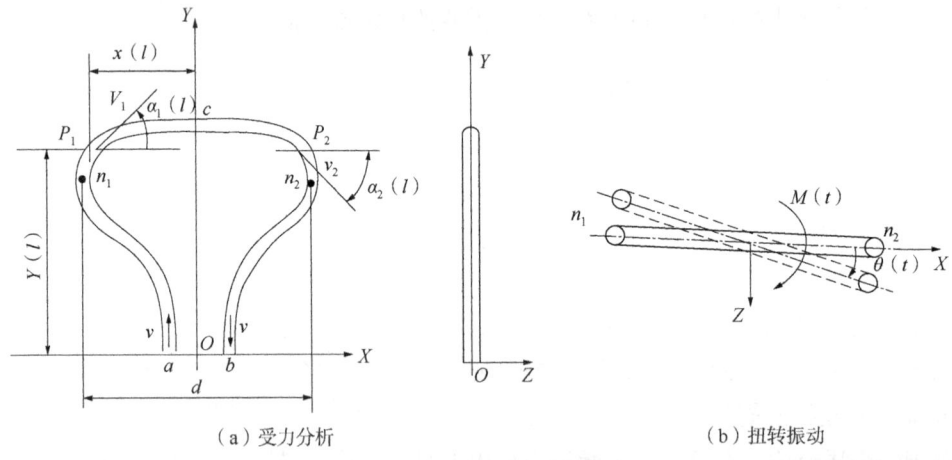

(a) 受力分析　　　　　　　　(b) 扭转振动

图4.18　测量管振动状态分析

根据公式(4.87)和图4.17可知，单自由度系统的 C 点以振幅 Z_{c0}、角频率 ω 作简谐振动。因此，在曲线坐标系中在任意一点，如：图4.18(a) P_1 点处的振动位移为 $Z(l,t) = Z_{c0} \cdot A(l) \cdot \sin\omega t$。在这个测量系统中，沿轴对称线分别安装两个信号监测器于 n_1、n_2 处，在这两处沿 Z 轴振动的位移为：

$$Z_{n1} = Z_{n2} = Z_{c0} \cdot A_n \cdot \sin(\omega t) \tag{4.88}$$

式中：A_n 为测量管 n_1 处或 n_2 处主振动的振幅与 C 点的主振动振幅的比值，为一常数。

在曲线坐标上各个点的主振动，近似当成是绕 X 轴转动，在某一时刻的转动角速度 $\Omega(l,t)$ 是关于曲线坐标和时间的函数，转动角速度见式(4.89)。

$$\Omega(t,l) = \dfrac{\mathrm{d}Z(l,t)/\mathrm{d}t}{Y(l)} = Z_{c0}\omega\dfrac{A(l)}{Y(l)}\cos(\omega t) \tag{4.89}$$

式中：$Y(l)$ 为曲线坐标 l 点处的 Y 坐标。

同理,在某一时刻,曲线坐标上P_1点处的流体微元沿Z轴的主振动也可看作是绕X轴的转动,该流体微元在某一时刻的转动角速度同样也为$\Omega(l,t)$。因此该流体微元测量管中振动时受到的科氏力为$d\boldsymbol{F}_c = -2\boldsymbol{\Omega} \times \boldsymbol{v}_1 dm$;$dm = \rho S dl$。

整理公式,在某一时刻,测量管道上的微元所受到的科氏力dF_c大小为:

$$dF_c = 2\Omega(l,t)v_1\sin\alpha_1(l)dm = 2Z_{c0}\omega\frac{A(l)}{Y(l)}\cos(\omega t)\cdot v_1\cdot\sin\alpha_1(l)\cdot\rho S dl \tag{4.90}$$

测量管中,流体在某一时刻在P_1点处和P_2点处产生的科氏力大小相等,但是在这2点处发生振动的方向是相反的,从而形成了一对力矩。

对于图4.18,测量管中流体从a点进入,到b点流出作用于测量管的力矩可表示为:

$$M(t) = 2\int_a^c dF_c \cdot X(l) = 4Z_{c0}\omega V\rho S\cos(\omega t)\int_a^c \frac{A(l)}{Y(l)}\cdot X(l)\cdot \sin\alpha(l)dl \tag{4.91}$$

$$q_m = V\rho S$$

$$B = \int_a^c \frac{A(l)}{Y(l)}\cdot X(l)\cdot \sin\alpha(l)dl$$

式中:q_m为质量流量;B为常数,与测量管的结构尺寸有关。则:

$$M(t) = BZ_{c0}\omega q_m \cdot \cos(\omega t) = M_0\cos(\omega t) \tag{4.92}$$

式中:M_0为科氏力矩的幅值。

力矩$M(t)$的正方向如图4.18(b)所示。在力矩作用下,系统绕Y轴做扭转振动,因此可将测量系统视为单自由度系统进行分析,则扭转振动微分方程为:

$$I\ddot{\theta} + c_\theta \dot{\theta} + K_\theta \theta = M_0\cos(\omega t) = BZ_{c0}\omega q_m\cos(\omega t) \tag{4.93}$$

式中:θ为绕Y轴的扭转角;I为等效集中转动惯量;c_θ为系统的等效阻尼系数;K_θ为系统的等效扭转刚度。

根据上文对单自由度系统的分析,同理可得到系统绕Y轴作扭转振动时的扭转振动微分稳态解为:

$$\begin{aligned}\theta(t) &= \frac{M_0}{K_\theta}\cdot\frac{1}{\sqrt{\left[1-\left(\frac{\omega}{\omega_\theta}\right)^2\right]^2 + 4\xi_\theta^2\left(\frac{\omega}{\omega_\theta}\right)^2}}\cdot\cos(\omega t - \phi) \\ &= \frac{BZ_{c0}\omega q_m}{K_\theta}\cdot\frac{1}{\sqrt{\left[1-\left(\frac{\omega}{\omega_\theta}\right)^2\right]^2 + 4\xi_\theta^2\left(\frac{\omega}{\omega_\theta}\right)^2}}\cdot\cos(\omega t - \phi) \\ \theta_0 &= \frac{BZ_{c0}\omega q_m}{K_\theta}\cdot\frac{1}{\sqrt{\left[1-\left(\frac{\omega}{\omega_\theta}\right)^2\right]^2 + 4\xi_\theta^2\left(\frac{\omega}{\omega_\theta}\right)^2}}\end{aligned} \tag{4.94}$$

$$\theta(t) = \theta_0 \cos(\omega t - \phi)$$

$$\phi = \arctan \frac{2\xi_\theta \left(\dfrac{\omega}{\omega_\theta}\right)}{1-\left(\dfrac{\omega}{\omega_\theta}\right)^2}$$

式中：θ_0 为两个测量点扭转振动的振幅；则；ϕ 为扭转角滞后的相位差。

根据上述分析可知，测量管中除了主振动的自激振荡频率 ω，还有在科氏力作用下使得测量管产生的扭转振动。因此，测量管的振动属于复合振动，即在同一频率下不仅有主振动还有扭转振动。下面分析测量管两侧对称安装的检测器所在位置的复合振动位移。

两个检测器的位置的复合振动的位移 Z_n 主要由主振动位移与扭转振动位移叠加。如图 4.18(a) 所示 n_1 点处与 n_2 点处之间的距离为 d。对于 n_1 点，其复合振动的位移 Z_{n1} 根据式(4.94)整理可得：

$$Z_{n1} = Z_{c0} \cdot A_n \sin(\omega t) - \theta(t) \cdot \frac{d}{2} \tag{4.95}$$

$$Z_{n1} = Z_{c0} A_n \sin(\omega t) - \frac{dBZ_{c0}\omega q_m}{2K_\theta} \cdot \frac{1}{\sqrt{\left[1-\left(\dfrac{\omega}{\omega_\theta}\right)^2\right]^2 + 4\xi_\theta^2 \left(\dfrac{\omega}{\omega_\theta}\right)^2}} \cdot \cos(\omega t - \phi) \tag{4.96}$$

令：

$$Z_0 = Z_{c0} A_n$$

$$Z_1 = \frac{dBZ_{c0}\omega q_m}{2K_\theta} \cdot \frac{1}{\sqrt{\left[1-\left(\dfrac{\omega}{\omega_\theta}\right)^2\right]^2 + 4\xi_\theta^2 \left(\dfrac{\omega}{\omega_\theta}\right)^2}}$$

则：

$$\begin{aligned} Z_{n1} &= Z_0 A_n \sin(\omega t) - Z_1 \sin(\omega t + 90° - \phi) \\ &= Z_0 A_n \sin(\omega t) + Z_1 \sin(\omega t - 90° - \phi) \end{aligned} \tag{4.97}$$

同理可得出检测器 n_2 点处的复合振动位移：

$$Z_{n2} = Z_0 A_n \sin(\omega t) + Z_1 \sin(\omega t + 90° - \phi) \tag{4.98}$$

图 4.19 为检测器点处的复合振动位移的旋转矢量图。其中，$|\boldsymbol{A}_0| = Z_0$，$\boldsymbol{A}_0$ 在 Y 轴上的投影为 $Z_0 \sin\omega t$；$|\boldsymbol{A}_1| = |\boldsymbol{A}_2| = Z_1$，$\boldsymbol{A}_1$ 和 $\boldsymbol{A}_2$ 在 Y 轴上的投影分别为 $Z_1 \sin(\omega t - 90° - \phi)$ 和 $Z_2 \sin(\omega t + 90° - \phi)$；$\boldsymbol{A}_0$ 和 $\boldsymbol{A}_1$ 的矢量和为 $\boldsymbol{A}_3$，矢量 $\boldsymbol{A}_3$ 的模 $|\boldsymbol{A}_3|$ 为 n_1 点复合振动位移的幅值，在 Y 轴上的投影 $Z_{n1} =$

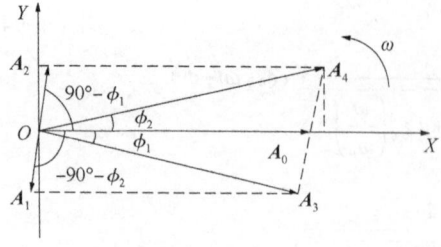

图 4.19　检测点复合振动位移旋转矢量图

$Z_0\sin(\omega t)+Z_1\sin(\omega t-90°-\phi)$；同理，$A_0$ 和 A_2 的矢量和为 A_4，其模 $|A_4|$ 为 n_2 点处的复合振动位移的幅值，A_4 在 Y 轴上的投影 $Z_{n2}=Z_0\sin(\omega t)+Z_1\sin(\omega t+90°-\phi)$。从而可以得出：

$$Z_{n1}=|A_3|\sin(\omega t-\phi_1) \tag{4.99}$$

$$Z_{n2}=|A_4|\sin(\omega t+\phi_2) \tag{4.100}$$

式中：$-\phi_1$ 为 n_1 复合振动位移的初相角；ϕ_2 为 n_2 复合振动位移的初相角。

由图 4.19 中的几何关系可以推出：

$$\tan(\phi_1+\phi_2)=\frac{2\dfrac{Z_1}{Z_0}\cdot\cos\phi}{1-\left(\dfrac{Z_1}{Z_0}\right)^2}=\frac{\dfrac{Bd}{K_\theta}\cdot\dfrac{1}{A_n}\cdot\omega\cdot q_m\cdot\sqrt{\left[1-\left(\dfrac{\omega}{\omega_\theta}\right)^2\right]^2+4\xi_\theta^2\left(\dfrac{\omega}{\omega_\theta}\right)^2}\cdot\cos\phi}{\left[1-\left(\dfrac{\omega}{\omega_\theta}\right)^2\right]^2+4\xi_\theta^2\left(\dfrac{\omega}{\omega_\theta}\right)^2-\left(\dfrac{Bd}{2K_\theta}\right)^2\cdot\dfrac{\omega^2}{A_n^2}\cdot q_m^2} \tag{4.101}$$

式中：$\phi_1+\phi_2$ 为测量管两侧布置的检测器点处的复合振动位移相位差。

从扭转振动的扭转角滞后于科氏力矩的相频特性可知，当 $\xi_\theta\to 0$，且 $\dfrac{\omega}{\omega_\theta}<1$ 时，$\phi\to 0$，$|A_1|=|A_2|=Z_1$，若假设 $\phi=0$，则 $\phi_1=\phi_2$，于是有：

$$\tan\frac{\phi_1+\phi_2}{2}=\frac{Z_1}{Z_0}=\frac{Bd}{2K_\theta}\cdot\frac{1}{A_n}\cdot\omega\cdot q_m\cdot\frac{1}{\sqrt{\left[1-\left(\dfrac{\omega}{\omega_\theta}\right)^2\right]^2+4\xi_\theta^2\left(\dfrac{\omega}{\omega_\theta}\right)^2}} \tag{4.102}$$

由于 $\dfrac{\phi_1+\phi_2}{2}=\dfrac{\omega\cdot\Delta t}{2}$，则 $q_m=\dfrac{2A_n}{\dfrac{Bd}{K_\theta}}\cdot\dfrac{1}{\omega}\cdot\sqrt{\left[1-\left(\dfrac{\omega}{\omega_\theta}\right)^2\right]^2+4\xi_\theta^2\left(\dfrac{\omega}{\omega_\theta}\right)^2}\cdot\tan\dfrac{\omega\cdot\Delta t}{2}$。$\Delta t$ 为测量管轴对称两侧两个检测器的信号时间差。

令 $K_\theta=G\cdot k$，其中 G 为测量管材料的剪切弹性模量；k 是一个常数，与测量管的结构尺寸有关。一般扭转角 $\dfrac{\omega\cdot\Delta t}{2}$ 很小，$\tan\dfrac{\phi_1+\phi_2}{2}=\tan\dfrac{\omega\cdot\Delta t}{2}\approx\dfrac{\omega\cdot\Delta t}{2}$。

整理可得质量流量如下所示：

$$q_m=K_1\cdot G\cdot\left[1-\left(\frac{\omega}{\omega_\theta}\right)^2\right]\cdot\frac{1}{\omega}\cdot\tan\frac{\omega\cdot\Delta t}{2} \tag{4.103}$$

于是整理上述几式，可得质量流量 q_m 为：

$$q_m=K_1\cdot G\cdot\left[1-\left(\frac{\omega}{\omega_\theta}\right)^2\right]\cdot\Delta t \tag{4.104}$$

$$K_1=\frac{2A_n}{\dfrac{Bd}{k}}$$

式中：K_1 为常数，与测量管的结构等参数相关。

4.6 脉动流对测量管的影响

4.6.1 质量流量计测量误差因素分析

科里奥利质量流量计的测量管两端被夹紧，使用反馈电路中的谐波激励器使测量管的振动保持在其固有频率。测量管的运动与流经管道的流体相互作用，从而产生科里奥利力使测量管的振动模式发生改变，使得测量管发生扭转。由于科里奥利力作用在管壁上，管的运动模式改变了管的对称性，导致两个检测信号存在一定的相位差或时间差。

在理想条件下，两个检测信号之间的时间差 Δt 与质量流量呈线性关系，并且与其他流量参数无关。然而，由于流体—测量管相互作用的性质，科里奥利质量流量计的测量特性在某种程度上受到与流体流动相关因素和外界因素的限制，例如：(1) 流体内部原因：流动脉动、速度分布、流体压力、多相流、流体可压缩性、流体黏度、流体密度等；(2) 测量管的缺陷：质量分布不均匀、阻尼不对称、安装条件等；(3) 其他外部操作条件：机械振动、沿测量管的温度梯度等。

脉动流对科氏质量流量计的影响已经有学者提出并研究，因为在工业领域脉动流的问题十分显著(例如：正排量泵和压缩机，共振振动的管道和流量控制阀等)。科氏流量计的测量管道属于薄管壁结构，管道长径比数值较大，其刚度小，易受到其他振动影响而发生失稳现象。管内流动影响是指流体沿着管道轴向运动对管壁的作用力影响，对直管的影响相对较小，而对弯管处集中作用，影响成倍增加，导致弯管处的扭转位移量突然变化，不利于信号的相位差和频率的提取。根据调研的资料分析得出，不论测量管的形状如何，脉动流产生的影响都是基于脉动流频率与激振频率的和与差的拍频。脉动流除导致质量流量的测量数据发生跳动外，还可能直接激发测量管强烈振动，后者的效果可以通过非常严格的夹紧计和适当的安装设施来大幅度降低影响。

在脉动流情况下测试科氏质量流量计的精度，结果表明即使在相似脉动频率的条件下，不同型号的科氏流量计表现出平均质量流量误差显著变化，这是由于不同商家的相位差计算模型与数字信号处理方式采取形式不同，但对于这些关键技术每个商家都相互保密。实验研究表明当脉动频率为测量管的固有频率之一时，科氏质量流量计的测量精度会显著降低。这对于科氏流量计的改进又是一大难题，想要避免脉动流的频率带来的干扰，就需要加强测量管的刚度，增加其固有频率，但如此做会影响测量管的灵敏度，不同流速的相位差差距减小，并且也会增加信号的信噪比。

大多数研究结果表明，脉动流引起的流量计测量误差的主要原因是：在测量管处于较高振动频率下，脉动流激励了测量管的额外振动，或者是产生跳动效应的结果。结果表明与相同流速下的稳态流平均质量流量数值相比，当脉动频率 f_P 等于二阶固有频率 f_2 时测量误差可达±100%，当脉动频率 $f_P = f_2 \pm f_1$ 时测量误差可达±50%。这可采取响应滤波方法提高科氏流量计的相位差计算精度。鉴于此，本书提出对脉动流下的测量管运动方程进行详细推导，并进行流固耦合仿真模拟验证，提出脉动流下科氏质量流量计测量误差的校准方法，并采用实验的方式验证测量误差的影响和校准方法的有效性。

4.6.2 测量管测量的干扰因素

科氏质量流量计在实际工作环境中会受到环境振动、泵的运行、阀门开闭等带来的振动干扰，这些振动频率和脉动流频率会使测量管受到的科氏力存在除主频外的某些频率上的附加增量。因此，为了验证脉动流参数对测量管的影响，采用 ANSYS 流固耦合仿真来实现对其定性分析。

4.6.3 测量管的模态分析

模态分析是一种处理过程，是根据结构的固有特性，包括频率、阻尼和模态振型来描述结构。在不同固有频率处，结构具有不同的形状变形，这些形状取决于激励力的频率。当激励频率与结构的某一阶固有频率相等时，结构就产生相应的变形，这些变形称之为模态振型[15]。

测量管在实际应用中是受迫振动的，因此在 ANSYS 仿真中测量管也应模拟为受迫振动。对受迫振动的频率需要根据测量管的模态分析确定测量管的固有频率，仿真分析主要采用一阶固有频率和二阶固有频率。通过检测测量管流体流入和流出弯管处的时间差与测量管的比例系数相乘来得到质量流量，该比例系数根据测量管的尺寸和材料获得，其涉及流量计的实际配置，不同型号的流量计具有不同的比例系数。

科氏质量流量计的内部结构比较复杂，进行流固耦合三维仿真对计算机性能要求很高，因此本书将双管简化为单管，没有壳体等固定器件，可认为测量管进出口两端固定；由于在仿真软件中可直接从测量管上获取测量数据，故不考虑信号检测器的设计。

设计和建立测量管的实体模型，如图 4.20(a)所示，灰色部分为管壁结构，里面白色部分为设计的流体区域。测量管管壁厚 1mm，管内径为 18mm，管外径为 20mm，弯管处为 1/4 圆弧，中心半径为 100mm，二维结构图及其余参数如图 4.20(b)所示。该测量管模型采用 316L 不锈钢材质，密度 $\rho_s = 8027 \text{kg/m}^3$，弹性模量 $E = 208 \text{GPa}$，泊松比 $\gamma = 0.3$。流体设置为水，密度为 $\rho_w = 1000 \text{kg/m}^3$，黏度为 $\mu = 1.003 \times 10^3 \text{Pa} \cdot \text{s}$。

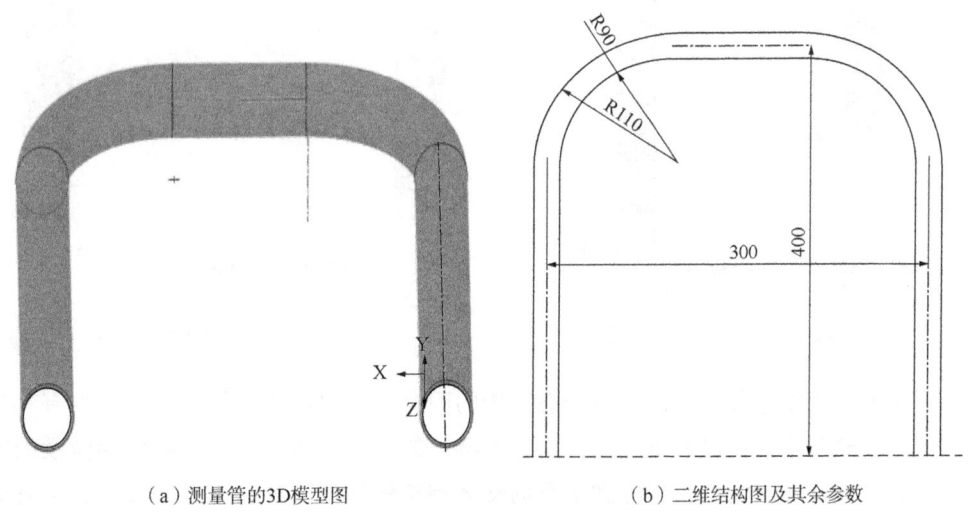

(a) 测量管的3D模型图　　(b) 二维结构图及其余参数

图 4.20　测量管建模

建立流固耦合仿真模型。流固耦合仿真模型由流体模块、瞬态结构模块、系统耦合模块和结果耦合模块四部分组成。流体模块和瞬态结构模块分别完成计算后接入耦合模块。耦合模块的作用是实现双向流固耦合，其指在耦合交界处的受力是相互传递，双向流固耦合之间的数据在流体和管壁之间相互传递，因此瞬态的双向流固耦合计算量较大，也更符合实际应用的状态。具体连接方式如图 4.21 所示。

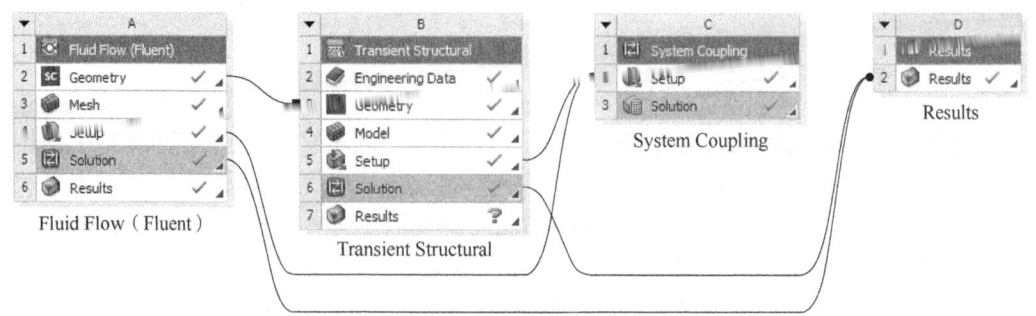

图 4.21　流固耦合仿真模块连接示意图

对测量管的管壁和流体流域分别进行网格划分。不断调试网格设定参数至网格划分均匀。流体域存在流动网格和流动状态发生变化，因此还需要进行动态网格划分，更有利于耦合的收敛和保证计算精度。固定约束直管段下端进出口管壁，设定流体的出口、入口和流固交界面。具体如图 4.22 和图 4.23 所示。

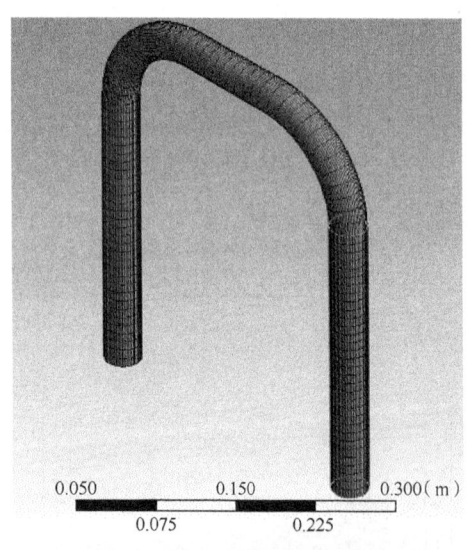

图 4.22　流体域的网格划分

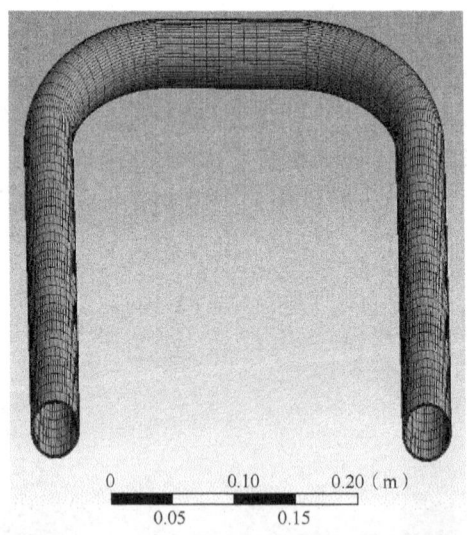

图 4.23　测量管的网格划分

对测量管进行模态分析。模态是静态结构的固有频率的特性，每一阶模态都有其独有的固有频率。模态分析是提取不同结构的频率特征的方法，固有频率不随外界激励的变化而变化，但却可以揭示结构在外界激励下的动态响应变化特征。在仿真中发现，空管的固有频率与充满液体测量管的固有频率不同，而在实际中测量管充满液体，因此以充满液体的测量管一阶频率作为激振频率。"U"形测量管具体的六种模态模型如图 4.24 所示。

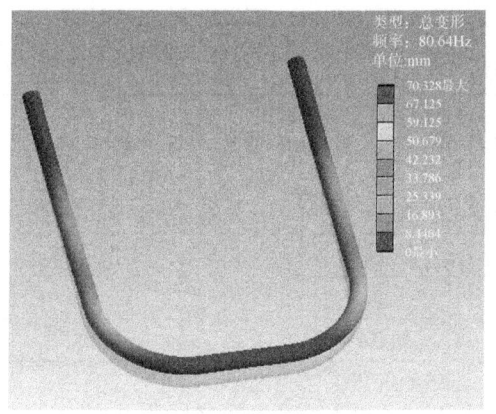
(a)一阶模态

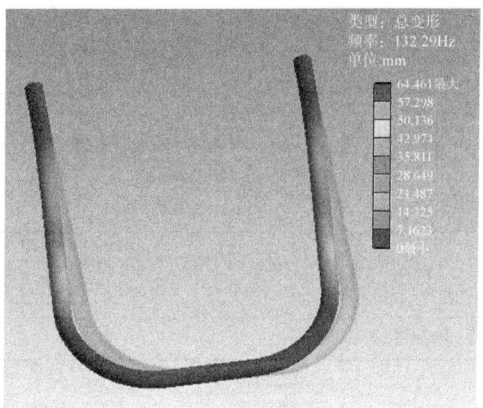
(b)二阶模态

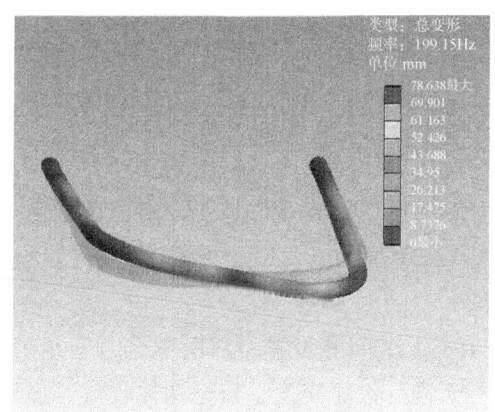
(c)三阶模态

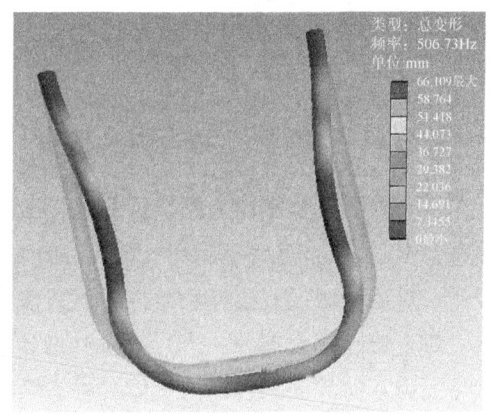
(d)四阶模态

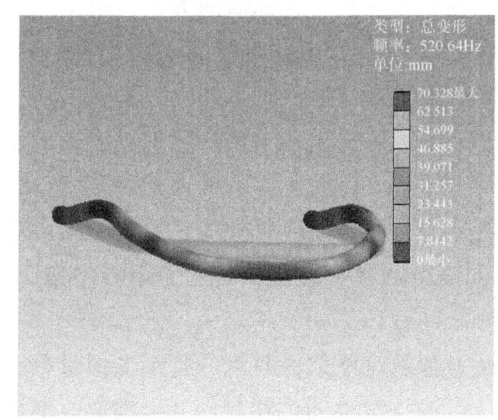
(e)五阶模态

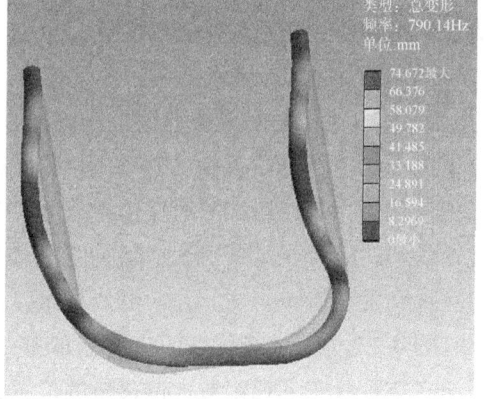
(f)六阶模态

图 4.24　测量管的一阶到六阶的固有频率和模态振型

测量管一阶到六阶的固有频率值见表 4.1。

表 4.1　测量管一阶到六阶的固有频率值

阶数	一阶	二阶	三阶	四阶	五阶	六阶
频率/Hz	62.563	116.374	173.693	450.851	458.934	643.191

在稳态流下进行不同密度流体状态下的模态分析，具体流体介质及密度参数见表 4.2。

表 4.2　装有不同流体测量管的一阶固有频率

名称	石油	酒精	苯	水(4℃)	海水	盐酸(40%)
密度/(g·cm⁻³)	0.76	0.79	0.88	1.00	1.03	1.20
一阶固有频率/Hz	72.47	71.88	68.16	62.56	61.98	56.23

由表 4.2 可知，随着流体密度的增加，测量管的一阶固有频率随之降低，该仿真结果与理论相符合。如采用不同密度的流体进行流固耦合计算，需要重新仿真确定其一阶模态的固有频率，外加激振力的频率只有与一阶固有频率相同才可获得最大的位移幅值。

4.6.4　测量管的流固耦合仿真

以一阶固有频率作为测量管的外界激励频率。对管壁的边界条件进行设定，在管壁上端直管中心设定正弦位移量，$d = 0.0001 \times \sin(2\pi f_r t)$，单位为 m。以此模拟测量管的受迫振动。对流体域设置边界和条件，设置流体的速度 $v = A[1 + \varepsilon_p \sin(2\pi f_p t)]$。

对于流固耦合部分，进行耦合的设置和耦合步长、时间等设置。双向耦合时间很长，这是因为双向流固耦合需要流体和静态结构之间不断进行数据交换，直至迭代收敛。显示耦合成果即计算完成，可观察结果是否有效。

在仿真过程中需要设定不同的流体速度、脉动频率和脉动干扰幅值的大小，根据仿真结果观察测量管在两个弯管处的应力分布和位移量。本小节以流体速度为 $v = 2[1 + 0.5\sin(2\pi \times 50t)]$ 为例，来展示某一时刻下速度、应力等参数的分布图。

图 4.25 为流体域流体速度的剖面图，从图 4.25 中可以看出在右边弯管内部的速度比外壁快，流速越快对管壁的冲击越大，流体对管壁的应力就越大。从图 4.26 可以看出，流域在外弯管处受到管壁的反作用力远大于内部的压力，在进口弯管处的压力大于出口弯管处受到的压力。正是由于在某一时刻的压力不同使得测量管进出口处的力矩方向相反，使测量管发生扭转，在此处检测位移量，检测信号之间存在的相位差。

图 4.27 为测量管管壁的应力分布图，图 4.28 为脉动流下某一时刻的管壁变形量分布图。在空管状态下观察最大位移量的位置，在该位置设置对称的位移量探针，提取该两处的位移量数据来进行后续的信号分析。图 4.29 为流体粒子对管壁压力的轨迹图，图 4.30 为管壁湍流能量分布图，可明显看出测量管外管壁的压力大于内弯管，进出端弯管所受的压力明显不一样，也表明进出口弯管处的科氏力大小不一致，产生方向相反的一对力矩，使测量管发生扭转。

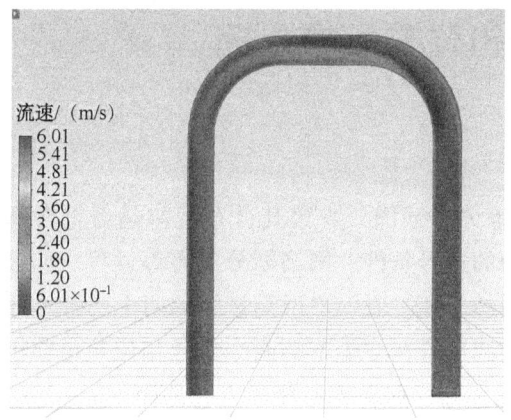

图 4.25　流域速度云图

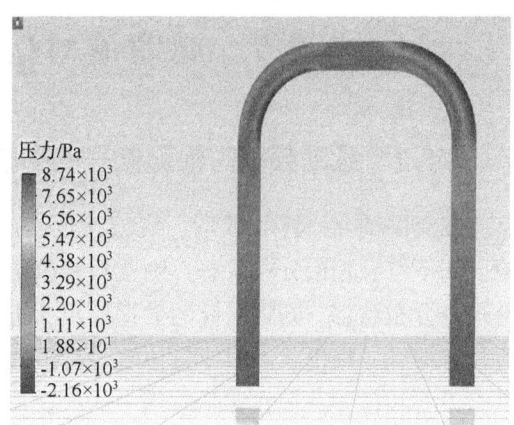

图 4.26　流域截面压力云图

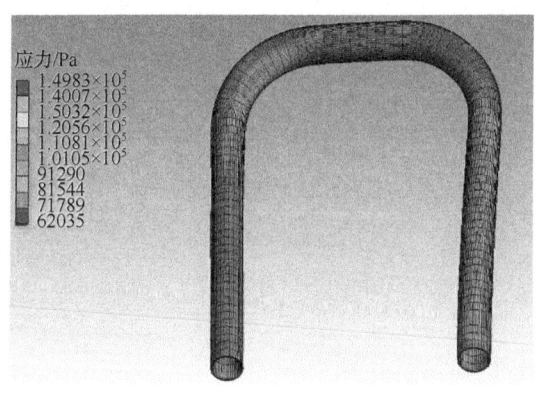

图 4.27　管壁的应力分布图

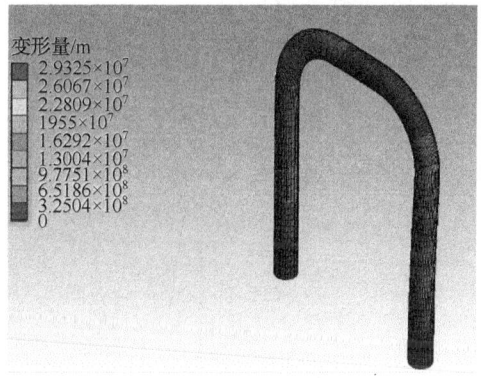

图 4.28　管壁变形分布图

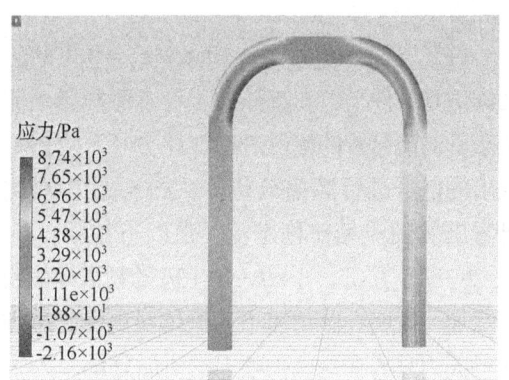

图 4.29　流体粒子对管壁压力的轨迹图

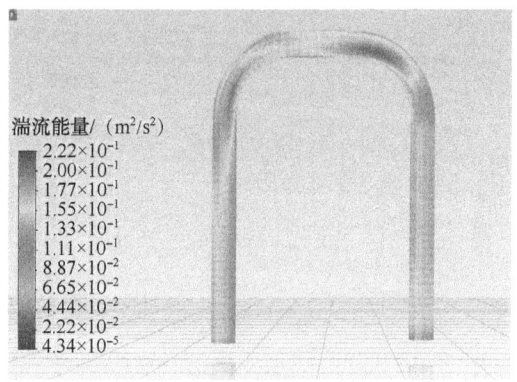

图 4.30　管壁湍流能量分布图

4.7 脉动流对信号相位差影响分析

4.7.1 脉动频率对检测信号的影响

在流固耦合计算收敛后，观察速度、应力等分布云图，观察其分布规律是否符合理论。如不符合理论分布状态，则重新修改仿真中的边界条件、网格划分状态等过程。如符合理论分布状态，则将探针的数据导出，进行后续分析。在"U"形测量管的两个弯管处放置位移探针，理论状态下放置位置对称，能够使测量管在空管下的两个信号相位差足够小甚至没有相位差。但在实际应用中的科氏质量流量计，存在零点相位差，原因如下：(1) 两个拾振器安装工艺不够导致放置位置无法做到完全对称；(2) 测量管的材料和加工精度不够导致测量管不完全匀称；(3) 加工过程和使用过程的安装环境存在振动导致里面置放的拾振器存在轻微松动。因此，工业环境使用的科氏质量流量计需要定期重新进行零点标定。如图4.31为空管状态下进出口测量管进出口检测点时域信号图，由于ANSYS仿真里面设置的环境状态是比较理想状态下的，因此空管时的信号差很小，可忽略。

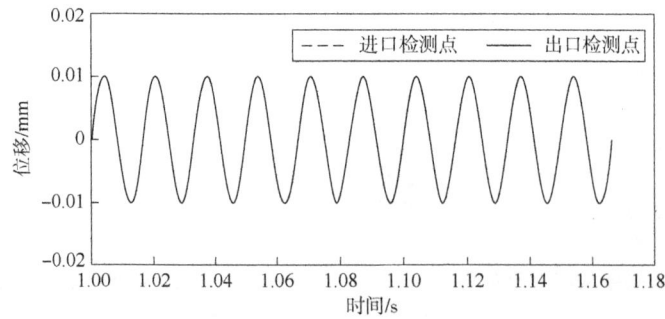

图4.31 空管进出口检测点时域信号

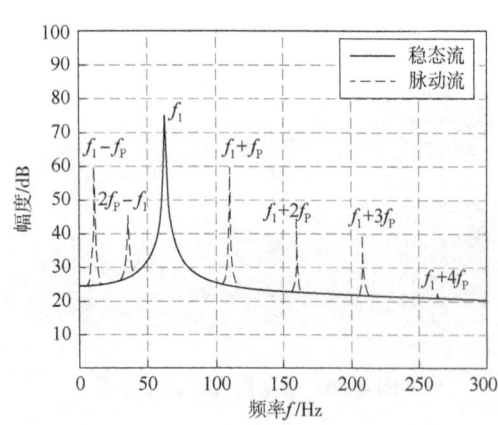

图4.32 脉动流与稳态流信号频谱分析比较

在 $f_1 = 62.56 \text{Hz}$，$f_P = 50 \text{Hz}$，$\varepsilon_P = 0.3$ 的脉动流仿真条件下，在流体处于稳态流和脉动流状态下对测量管的幅值进行对比分析。对探针取出的信号进行频谱分析，从图4.32中可明显看出脉动流相比稳态流，在以下拍频：$f_1 - f_P$，$2f_P - f_1$，$f_1 + f_P$，$f_1 + 2f_P$，$f_1 + 3f_P$ 的频谱幅值明显增加。说明在脉动流下，流体对测量管施加的科氏力具有在这些拍频下的附加分量。

图4.33为在不同脉动流流速下，不同脉动频率对信号频率的影响，其中脉动干扰因子 $\varepsilon_P = 0.3$。从图4.33中数据点可看出，

脉动频率仅在某些拍频$f_P=f_2-f_1$，$f_P=2f_1$，$f_P=f_2+f_1$对信号的频率误差较大，并且绝对频率误差约为0.5Hz，说明脉动流频率对测量管信号频率的影响较小，但该影响也不能忽略。由于相位差的计算是基于信号频率提取，根据同频率下计算两组信号的相位差，因此保证频率提取的精度是确保相位差精度的前提。

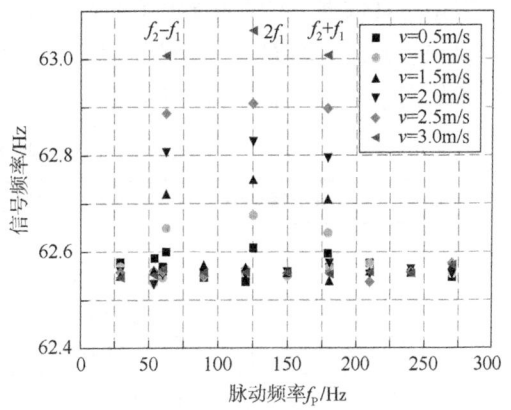

图4.33　不同脉动流流速下脉动频率对频率测量的影响

以脉动流速$v=0.5$m/s为例，计算其相位差，可明显从图4.34中看出当脉动流频率$f_P\approx f_{1/2}$，$f_P=f_1$，$f_P=f_2-f_1$，$f_P=f_2+f_1$，$f_P=2f_1$时相比于其他脉动频率下的相位差变化幅度明显较大。根据仿真数据分析，脉动流流速在1.0m/s，1.5m/s，2.0m/s，2.5m/s，3.0m/s具有相同的趋势，说明在某些特定脉动频率下相位差的计算精度受到较大影响。

(a) $f_P=f_1/2$　(b) $f_P=f_1$　(c) $f_P=f_2-f_1$　(d) $f_P=2f_1$

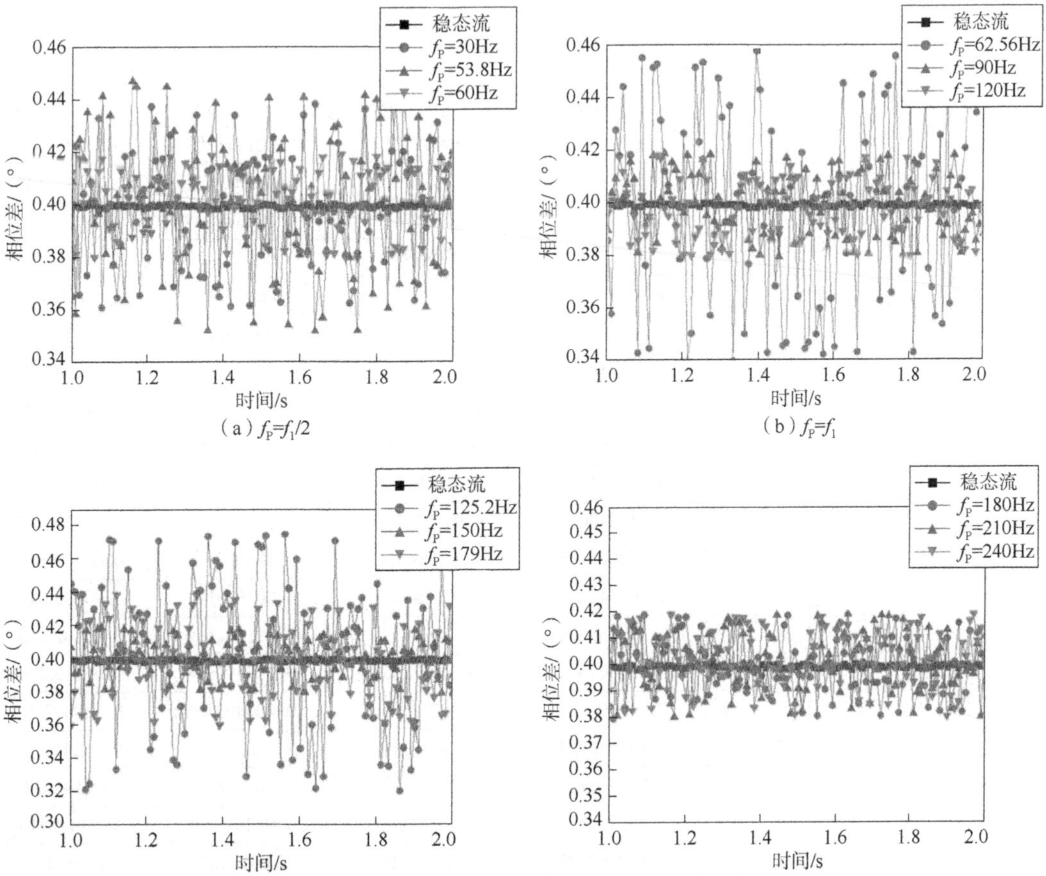

图4.34　脉动流速$v=0.5$m/s，不同脉动频率下的相位差变化图

根据仿真数据，计算和分析在同流速下的不同脉动频率的相位差最大绝对误差、最大相对误差、方差和均方差，具体见表 4.3。从表 4.3 看出，在一些特定脉动频率下，该四项参数均高于其他一般脉动频率情况。

表 4.3　不同脉动频率下计算相位差的参数

流速	脉动频率/Hz	最大绝对误差/(°)	最大相对误差/%	方差	均方差
$v=0.5\text{m/s}$	30	0.039016328	9.754082013	0.000475186	0.021798761
	53.8	0.047600210	11.92257836	0.000771032	0.027767457
	60	0.024691011	6.172752711	0.000131248	0.01145636
	62.56	0.060753142	15.18828562	0.001322045	0.036359935
	90	0.01525683	3.814207559	0.000147974	0.012164439
	120	0.015039637	3.759909174	0.00015699	0.01252958
	125.2	0.079949518	19.98737946	0.00224665	0.047398835
	150	0.019930345	4.982586219	0.000121791	0.011035875
	179	0.051665894	12.91647338	0.00086166	0.026699366
	180	0.033992739	8.498184691	0.000821743	0.020033722
	210	0.014507729	3.626932308	0.000124613	0.011163016
	240	0.012613952	3.153488005	0.00014874	0.012195887
$v=1.0\text{m/s}$	30	0.079873934	9.984241725	0.001882944	0.043392903
	53.8	0.11760267	14.7003338	0.003783493	0.061510106
	60	0.060724251	7.590531317	0.001141309	0.033783262
	62.56	0.121747655	15.21845691	0.005065531	0.071172541
	90	0.030808324	3.851040531	0.000317505	0.017818659
	120	0.031686471	3.960808919	0.000353429	0.018915488
	125.2	0.169040295	21.13003692	0.008575506	0.092604028
	150	0.038293794	4.786724262	0.000408144	0.020202569
	179	0.120758287	15.09478591	0.003976627	0.063060506
	180	0.076774714	9.596839276	0.001842136	0.042920117
	210	0.029988376	3.74854701	0.000325255	0.018034825
	240	0.026667759	3.33346987	0.000237802	0.015420841
$v=1.5\text{m/s}$	30	0.119670062	9.972505161	0.004729713	0.068772907
	53.8	0.145067195	12.0889329	0.006898869	0.083059431
	60	0.107642297	8.970191428	0.003943212	0.062795002
	62.56	0.189556696	15.79639136	0.011454656	0.107026428
	90	0.038307346	3.192278859	0.000492518	0.022192746
	120	0.036609901	3.050825066	0.000403725	0.020092909
	125.2	0.293636794	24.46973287	0.026378033	0.162413156
	150	0.034351128	2.862594038	0.000378797	0.0194627
	179	0.196704359	16.39202991	0.012810876	0.11318514
	180	0.109962927	9.163577283	0.00433862	0.065868205
	210	0.03664466	3.053721663	0.000409387	0.020233309
	240	0.035875613	2.989634409	0.000473992	0.021771366

续表

流速	脉动频率/Hz	最大绝对误差/(°)	最大相对误差/%	方差	均方差
$v=2.0$m/s	30	0.158705968	9.919123024	0.005714882	0.075596839
	53.8	0.222706794	13.91917464	0.017228687	0.131258091
	60	0.142250987	8.890686682	0.006277347	0.079229708
	62.56	0.299183417	18.69896359	0.030536244	0.174746227
	90	0.043073421	2.692088842	0.000667609	0.025838137
	120	0.049859671	3.11622944	0.000736646	0.027141218
	125.2	0.367149984	22.94687398	0.052399638	0.228909671
	150	0.049295776	3.080986006	0.000611503	0.024728592
	179	0.216619037	13.53868979	0.007833683	0.088508095
	180	0.148001951	9.250121936	0.007523796	0.08673982
	210	0.048788048	3.049252985	0.000687077	0.026212162
	240	0.042699471	2.668716961	0.00059936	0.02448196
$v=2.5$m/s	30	0.171587283	8.579364156	0.009617396	0.098068325
	53.8	0.289377794	14.46888968	0.026386922	0.162440518
	60	0.169580507	8.479025366	0.006286837	0.079289577
	62.56	0.306046731	15.30233655	0.025522912	0.159758917
	90	0.058972627	2.948631343	0.000922236	0.030368334
	120	0.067802481	3.390124037	0.001728279	0.04157258
	125.2	0.459224619	22.96123094	0.048270784	0.219706131
	150	0.057513143	2.875657143	0.00105707	0.032512612
	179	0.292998118	14.64990592	0.026269116	0.162077499
	180	0.179537333	8.976866637	0.010238423	0.101185093
	210	0.058764103	2.938205164	0.001228763	0.035053718
	240	0.058325994	2.916299689	0.001044494	0.032318637
$v=3.0$m/s	30	0.204092428	8.503851183	0.015547117	0.12468808
	53.8	0.359287591	14.97031628	0.043219097	0.207892033
	60	0.215313835	8.971409798	0.016907188	0.130027645
	62.56	0.391671134	16.3196306	0.050303217	0.224283788
	90	0.064312961	2.679706705	0.0013745	0.037074254
	120	0.078422921	3.2676217	0.002141949	0.046281199
	125.2	0.497465837	20.72774319	0.086354712	0.293861723
	150	0.067847254	2.826968901	0.001587042	0.039837701
	179	0.337106529	14.04610536	0.035328591	0.187959014
	180	0.182534673	7.605611357	0.015397793	0.127387073
	210	0.076037795	3.168241472	0.001927271	0.043900697
	240	0.069568259	2.89867746	0.001642305	0.040525369

图 4.35 为在不同设定的脉动流速下，不同的脉动频率计算的最大相对误差，从图 4.35 中数据可看出，脉动频率在 $f_P=2f_1$ 时的最大相对误差近达 25%，$f_P\approx f_{1/2}$，$f_P=f_1$，$f_P=f_2-f_1$，$f_P=f_2+f_1$ 时相对误差超过 10%，而在其余脉动频率下的误差低于 5%。其数据结果

与理论推导大致符合，脉动频率产生的拍频附加增量会影响测量管信号的相位差计算精度，特定脉动频率会影响质量流量的测量精度。

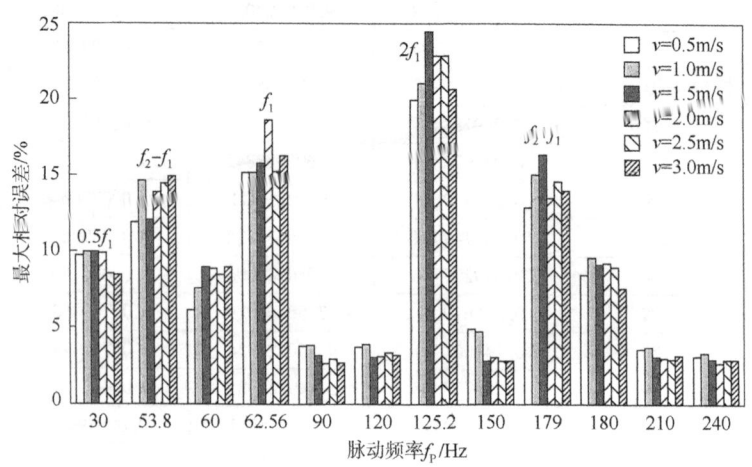

图 4.35 不同的脉动频率下最大相对误差

4.7.2 脉动幅值对检测信号的影响

图 4.36 为测量管在一阶固有频率激振下的位移幅值特性图，在一阶频率的主要附加分量振幅有两种，随着脉动频率的增加在某些特定频率下（$f_P=f_2\pm f_1$，$f_P=2f_1$）对测量管的位置幅值有干扰，脉动幅值较小时影响较小，脉动幅值较大时干扰较大。在一阶固有频率下脉动流的影响取决于在f_1-f_P，f_1+f_P拍频下的相对振幅干扰产生的扰动值。

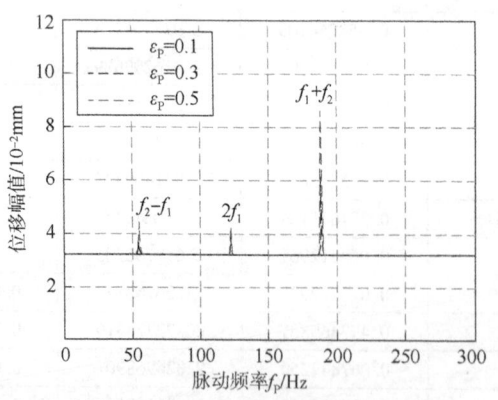

图 4.36 测量管在一阶固有频率激振下的位移幅值特性

在同流速和同脉动频率的条件下，设定不同的脉动干扰幅值分别为$\varepsilon_P=0.1$，0.3，0.5，计算进出口处两组信号的相位差，以及计算与同稳态流之间的相对误差，绘制柱状图如图 4.37 所示。在同流速和同频率条件下，随着脉动幅值的增加，相位差计算误差增加，其中在$\varepsilon_P=0.1$ 增加到 $\varepsilon_P=0.3$ 增幅明显，到 $\varepsilon_P=0.5$ 增幅趋势变缓。在$f_P\approx f_{1/2}$，$f_P=f_1$，$f_P=f_2-f_1$，$f_P=f_2+f_1$，$f_P=2f_1$这些频率下增幅明显大于其他频率，在不同流速和不同脉动频率的条件下的增幅趋势一致。脉动干扰幅值的大小对测量管的位移和应力均有影响,对相位差的计算带来较大误差,且相位差相对误差随着脉动干扰幅值的增加而增大。

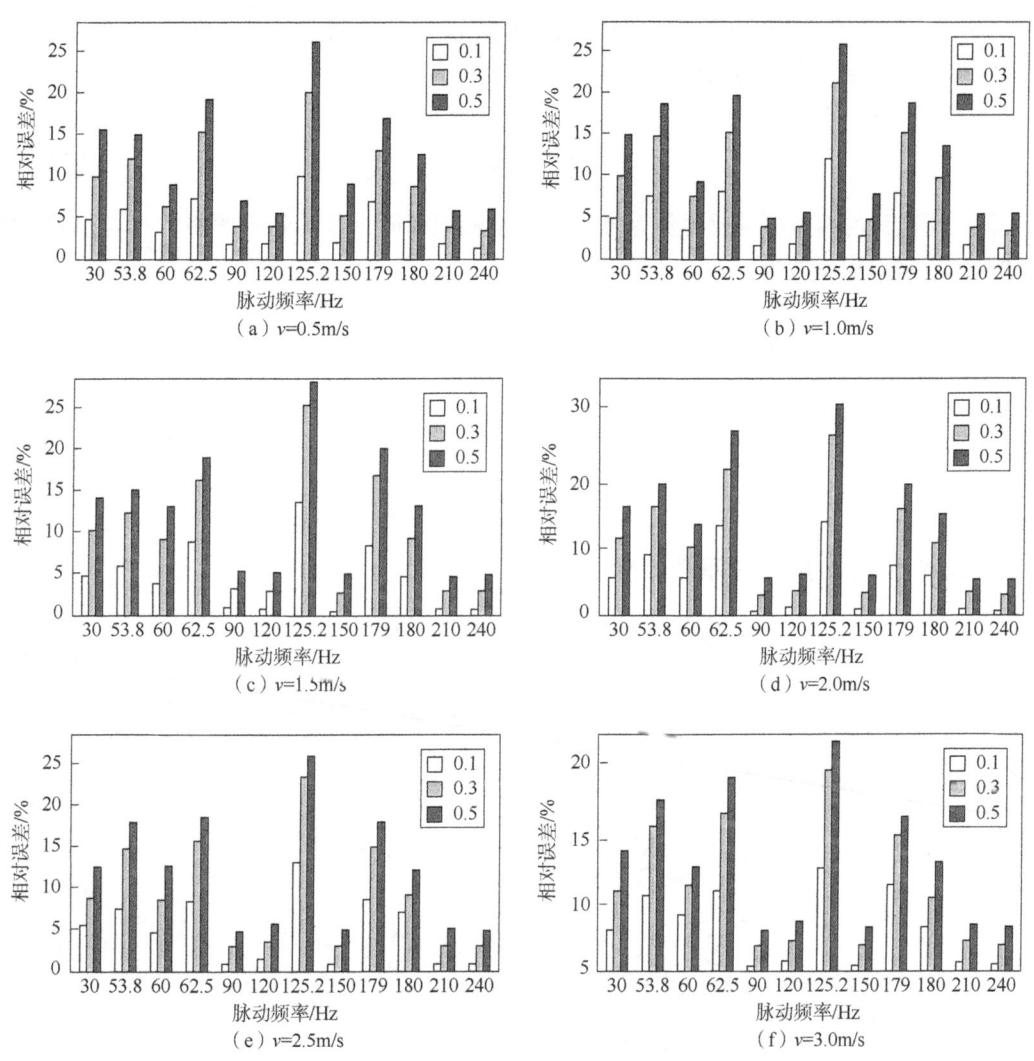

图 4.37 不同脉动幅值下的相位差相对误差

4.8 质量流量计相位差测量误差校准模型

4.8.1 相位差计算与带噪信号建模

4.8.1.1 基于离散 Fourier 变换(DFT)的相位差计算方法

设一个连续的振动信号为 $y(t)$,对其进行傅里叶变换,即为:

$$y(\omega) = F[y(t)] = \int_{-\infty}^{+\infty} y(t) \mathrm{e}^{-\mathrm{i}\omega t} \mathrm{d}t \qquad (4.105)$$

在频率 ω 处,有 $y(\omega) = R(\omega) + \mathrm{j}I(\omega)$。

式中:$R(\omega)$ 为利用傅里叶变换后在频率域上的实部;$I(\omega)$ 为利用傅里叶变换后在频率域上的虚部。则在频率域处的相位为[16]:

$$\varphi = \arctan \frac{I(\omega)}{R(\omega)} \qquad (4.106)$$

科氏流量计的两路振动信号频率相同,振动幅值相同,只是各自的相位不同,利用傅里叶变换后求得相位差为:

$$\mathrm{abs}(\varphi_1 - \varphi_2) = \left[\arctan \frac{I_1(\omega)}{R_1(\omega)} - \arctan \frac{I_2(\omega)}{R_2(\omega)} \right] \qquad (4.107)$$

假设一组输入信号周期为 N 生成的离散有限序列为 $\tilde{y}(k)$,其作傅里叶变换为:

$$\tilde{y}(k) = y(\mathrm{e}^{\mathrm{j}\omega})|_{\omega=\frac{2\pi}{N}k} = \sum_{n=0}^{N-1} \tilde{y}(n) \mathrm{e}^{-\mathrm{j}\omega n}|_{\omega=\frac{2\pi}{N}k} = \sum_{n=0}^{N-1} \tilde{y}(n) \mathrm{e}^{-\mathrm{j}\frac{2\pi}{N}nk} \qquad (4.108)$$

因此 N 点序列的离散傅里叶变换可写作:

$$\tilde{y}(k) = \sum_{n=0}^{N-1} \tilde{y}(n) W_N^{kn} (k = 0, 1, 2, \cdots, N-1) \qquad (4.109)$$

假设科氏流量计中待测相位差的信号为:$y(n) = \sin(\frac{2\pi r}{N}n + \varphi)$,根据欧拉公式 $y(n) = \sin\Omega t = [\mathrm{e}^{\mathrm{j}\Omega t} - \mathrm{e}^{-\mathrm{j}\Omega t}]/2\mathrm{j}$,因此,该信号经过 DFT 变换为:

$$\begin{aligned} y(k) &= \frac{1}{2\mathrm{j}} \sum_{n=0}^{N-1} (\mathrm{e}^{\mathrm{j}\frac{2\pi}{N}rn} \mathrm{e}^{\mathrm{j}\varphi} - \mathrm{e}^{-\mathrm{j}\frac{2\pi}{N}rn} \mathrm{e}^{-\mathrm{j}\varphi}) \mathrm{e}^{-\mathrm{j}\frac{2\pi}{N}nk} \\ &= \frac{\mathrm{e}^{\mathrm{j}\varphi}}{2\mathrm{j}} \sum_{n=0}^{N-1} [\mathrm{e}^{\mathrm{j}\frac{2\pi}{N}(r-k)n}] - \frac{\mathrm{e}^{-\mathrm{j}\varphi}}{2\mathrm{j}} \sum_{n=0}^{N-1} [\mathrm{e}^{-\mathrm{j}\frac{2\pi}{N}(r+k)n}] \end{aligned} \qquad (4.110)$$

当且仅当 $k = r$,则有:

$$y(k) = \frac{N}{2\mathrm{j}} \mathrm{e}^{\mathrm{j}\varphi} = \frac{N}{2}(\sin\varphi - \mathrm{j}\cos\varphi) = \frac{N}{2}(\cos\varphi + \mathrm{j}\sin\varphi) \qquad (4.111)$$

该信号经傅里叶变换后在频率域的实部为 $\mathrm{Re}[y(k)]$,虚部为 $\mathrm{I}[y(k)]$。则可以求该信号的相位为:

$$\varphi = \arctan \frac{\mathrm{I}[y(k)]}{\mathrm{Re}[y(k)]} \qquad (4.112)$$

综上所述,利用 DFT 对科氏流量计进行相位差的计算主要通过信号变换后的实部与虚部确定。该方法具有较强的抗干扰能力,对于信号基频干扰有很大的抑制作用。

科氏流量计的两组信号在实际应用中存在环境噪声。在仿真时添加高斯白噪声的信噪比，SNR=10dB，SNR=20dB，SNR=30dB。其余参数设置为：信号频率f_0=125Hz，采样频率f_s=16000Hz，两路信号的相位差分别取0.1π，0.2π，0.3π，…，π。结果如图4.38所示。

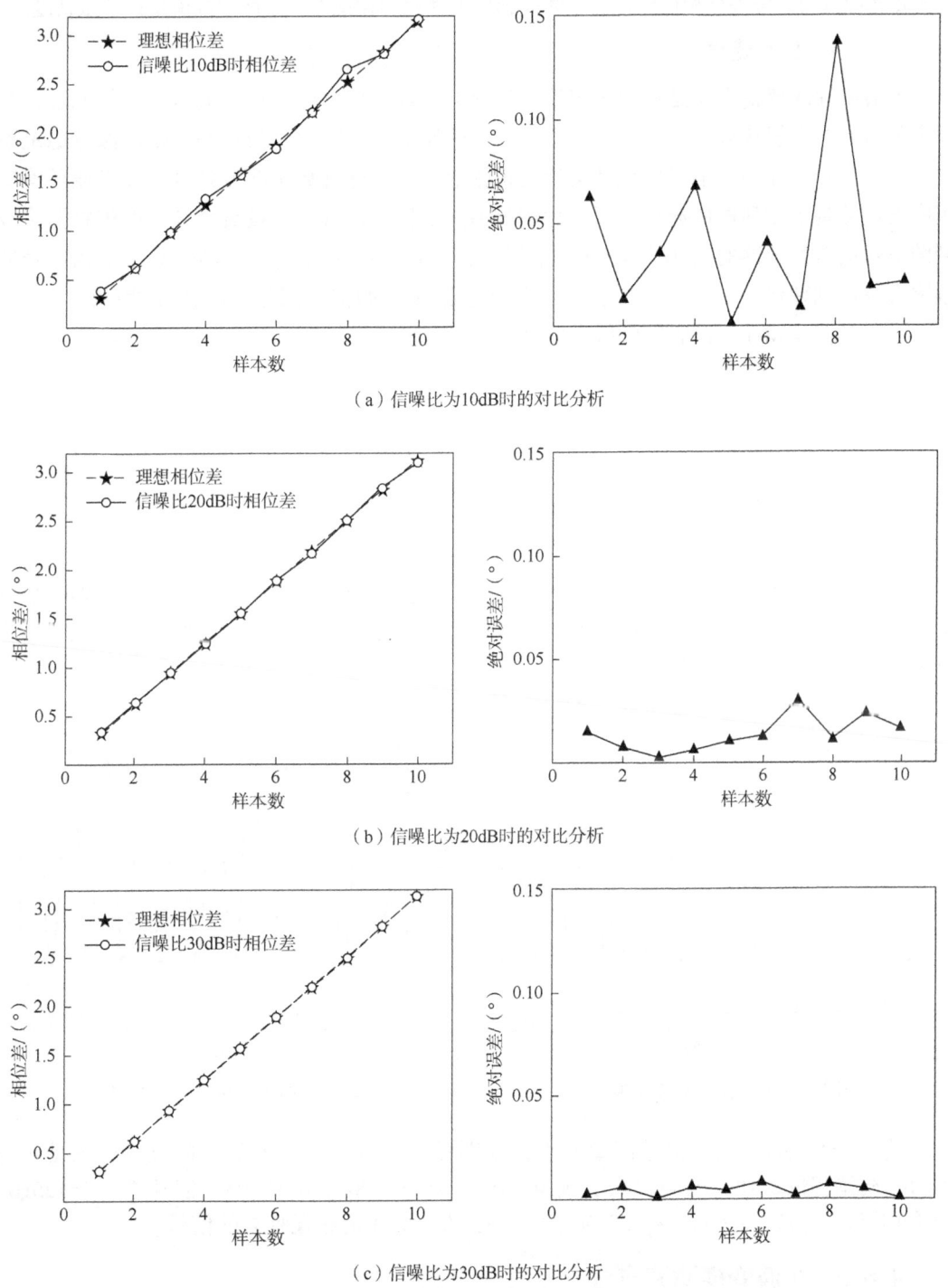

（a）信噪比为10dB时的对比分析

（b）信噪比为20dB时的对比分析

（c）信噪比为30dB时的对比分析

图4.38 不同信噪比下相位差计算与误差分析

根据图 4.37 对比分析可知，利用 DFT 计算两路信号的相位差时，当信噪比越大时，相位差的误差越小。流量计在实际工业应用中受环境噪声影响，因此必须对信号进行滤波处理，再将滤波处理后的信号进行相位差计算，才能越接近理想的相位差，进而提高流量计计量精度。

4.8.1.2 信号建模

本书设计的装备主要是针对单向流的工况下进行研究，根据科氏流量计工作原理，在稳定单向流的理想状态下测量管两弯管处的传感器采集到的信号为频率与幅值保持稳定不变的正弦信号，此小节中可以设计类似的正弦信号对其进行数字滤波处理。在工业环境应用中设计的装备受到机械振动、环境噪声等因素干扰。在科氏质量流量计中的传感器接收到的信号被微处理器的 A/D 模块进行采样时，会将这些干扰信号一同采集，干扰信号的频率会叠加到理想的正弦信号中去，因此传感器输出的信号属于受噪声干扰的时变信号（图 4.39 和图 4.40），其信号模型为可写作以下形示[17]：

$$\begin{cases} y = A\sin(2\pi f t + \varphi) + \sigma e \\ A = A(n) + \sigma_A e_A(n) \\ f = f(n) + \sigma_\omega e_\omega(n) \\ \varphi = \varphi(n) + \sigma_\varphi e_\varphi(n) \end{cases} \tag{4.113}$$

式中：$e_A(n)$，$e_\omega(n)$，$e_\varphi(n)$ 均为正态分布且相互独立的白噪声；σ_A，σ_ω，σ_φ 分别为控制 3 个白噪声的幅度变化。为了使得建立的信号偏差不易过大、更加贴近实际测量值，三个白噪声的幅度控制系数取值不易过大。

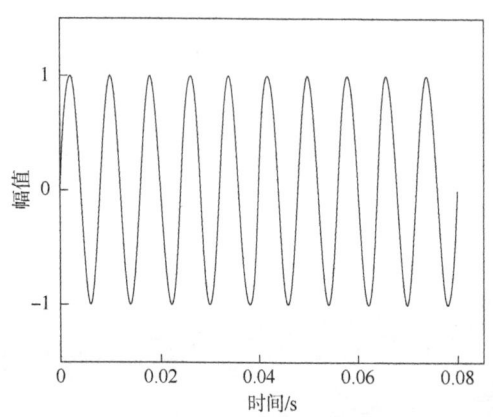

图 4.39 理想信号模型波形

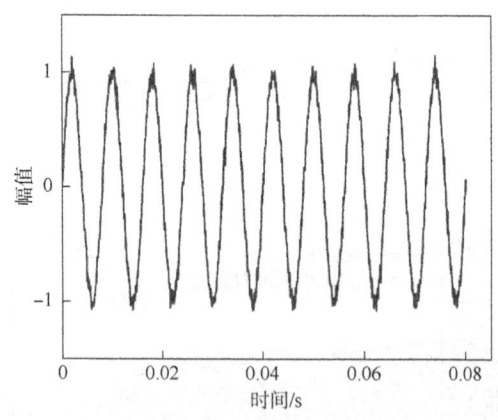

图 4.40 带噪声的信号模型波形

为了研究科氏流量计信号模型特点，分别对信号参数进行取值。假设信号振动幅值 $A=1$；初始相位 $\varphi=0$；$\sigma_A=0.005$；$\sigma_\omega=0.001$；$\sigma_\varphi=0.005$；$\sigma=0.05$；信号频率 $f=125$ Hz；三个白噪声 $e_A(n)$、$e_\omega(n)$、$e_\varphi(n)$ 为均值为 0，方差为 1 的相互独立的信号。

4.8.2 小波变换滤波方法

小波变换（Wavelet Transforms）是基于傅里叶变换理论而来的。对信号进行小波变换后可以在时域和频域中提供良好的定位分析。对信号进行伸缩平移运算可以实现随信号的多尺度变换。通过小波分析能够快速获得线频率分析与合成,且能够获得低频分量、尖峰,以及其他具有高频部分的细分。小波分析解决了短时傅里叶变换对非平稳信号中处理时频窗口时存在的缺点,并能够根据要求自动调节窗口变化率。由于小波去噪具有低熵性、多分辨率信号分析等优点,在机械受迫振动信号的处理中通常采用小波变换理论。利用小波变换对信号进行滤波的流程如图4.41所示。

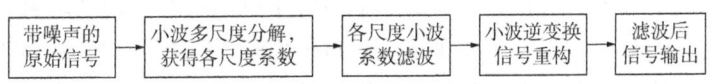

图 4.41 小波变换滤波流程示意图

小波变换将带噪声信号进行多尺度分解,使得带噪信号分解为高频分量与低频分量。小波变换的定义如下[18]:

$\Psi(t)$ 为一个平方可积的实数空间,$\Psi(t) \in L^2(\mathbf{R})$;$\Psi(t)$ 称为基本小波函数或者母小波函数,小波族由母小波生成,一个族所有的小波具有相同的性质,其集合构成了完整的基础。$\Psi(t)$ 作为基本小波函数具有如下特性:(1)具有快速衰减性质,小波函数具有紧支集;(2)直流成分几乎没有。

$\Psi(t)$ 经过傅里叶变换后的函数为 $\Psi(\omega)$,$\Psi(\omega)$ 满足以下条件:

$$0 < \int_{-\infty}^{+\infty} |\Psi(\omega)|^2 / |\omega| \, d\omega < +\infty \tag{4.114}$$

将 $\Psi(t)$ 母小波函数进行伸缩平移变换,a 和 b 分别为尺度参数与平移参数,可得:

$$\Psi_{a,b}(t) = \frac{1}{\sqrt{|a|}} \Psi\left(\frac{t-b}{a}\right) \tag{4.115}$$

式中:$\Psi_{a,b}(t)$ 为经过平移变换后的连续小波基函数。

假设某个信号 $x(t)$ 满足条件 $x(t) \in L^2(\mathbf{R})$,该信号经过小波变换后,如下所示:

$$W_x(a, b) \leq x, \Psi_{a, b} \geq \frac{1}{\sqrt{|a|}} \int_{-\infty}^{+\infty} x(t) \Psi\left(\frac{t-b}{a}\right) dt \tag{4.116}$$

式中:$W_x(a, b)$ 为小波变换系数。可以看出利用小波变换将一维信号 $x(t)$ 转换为了二维信号,将时域信号映射到时域与频域二维上,能够实现信号在时域与频域上对信号进行分析。信号 $x(t)$ 在实数空间 L^2 中变成了具有不同位移和伸缩因子的投影叠加。

在本书中,由于科氏流量计在二次仪表采集信号过程中将信号进行离散,采集的为离散信号。在实际应用时通常利用连续小波理论变换时需要将伸缩平移因子(参数 a 与 b)进行离散化,同时也可以减小计算量,在连续变换过程中降低信息冗余量。参数 a 与 b 在固定的离散点区间上进行取值,按照幂级数对尺度参数 a 进行离散,取 $a = a_0^j$;在某一尺度下平移参数 b 的采样间隔取 $b = a_0^j b_0$[19]。

$$\Psi_{a,b}(t) = a_0^{-j/2} \Psi\left(\frac{t - ka_0^j b_0}{a_0^j}\right) \qquad (4.117)$$

则信号 $x(t)$ 经过离散小波变换后的表达式定义为：

$$W_x(a, b) \leqslant x, \Psi_{a,b} \geqslant a_0^{-\frac{j}{2}} \int_{-\infty}^{+\infty} x(t) \Psi\left(\frac{t}{a_0^j} - kb_0\right) dt \qquad (4.118)$$

在小波变换中小波函数具有非唯一性，不同的小波函数的选择其结果也会不一样，常用的小波函数有：Haar 小波、Symlet 小波、Coiflet 小波、Discrete Meyer 小波。Haar 小波是最简单的小波基，是由一组分段常数值函数组成的定义在区间[0, 1)上的函数集合，其母小波的表达式主要是阶跃函数。Symlet 小波具有良好的对称性、正则性，一定程度上减少信号分析与重构时的相位失真。Coiflet 小波的小波和尺度函数具有消失矩，有良好的对称性与压缩性。Discrete Meyer 小波是非紧支撑型，其小波函数与尺度函数在频域中进行定义，收敛速度快。

将本小节最开头建立的时变信号模型进行小波滤波效果分析。表 4.4 为利用不同的小波函数，通过多次仿真找出最优的信号去噪阈值，设置 5 层分解层数进行比较，其评价指标为信噪比。

表 4.4 不同小波函数的去噪结果对比

小波函数	Haar 小波	Symlet 小波	Coiflet 小波	Discrete Meyer 小波
信噪比/dB	16.6396	31.5580	31.1064	33.1150
平均绝对误差/dB	0.0921	0.0435	0.0430	0.0119

针对相同的分解层数，信噪比越大，说明经过滤波后的信号的噪声越小。总的来说 Discrete Meyer 小波效果最好。4 种滤波后的效果如图 4.42 所示，误差图表示滤波后的信号与理想信号之间的误差。

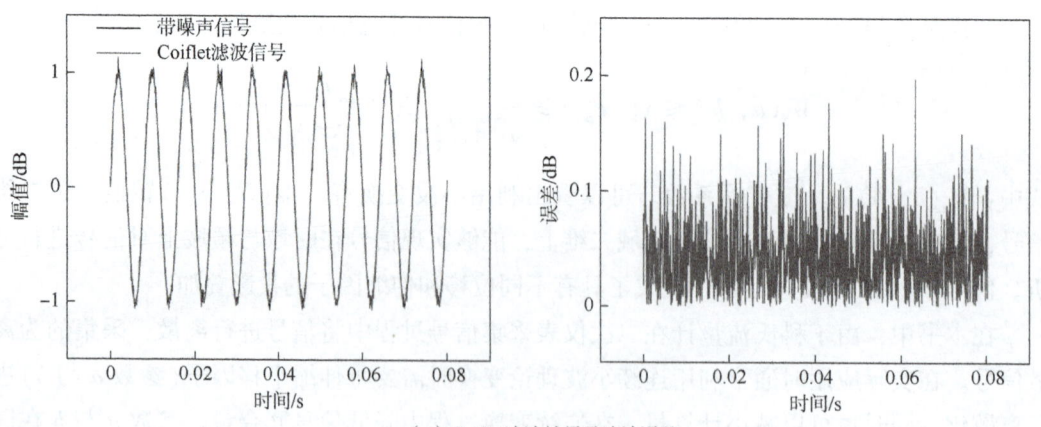

(a) Coiflet 滤波效果及滤波误差

图 4.42 四种不同方法小波函数滤波效果

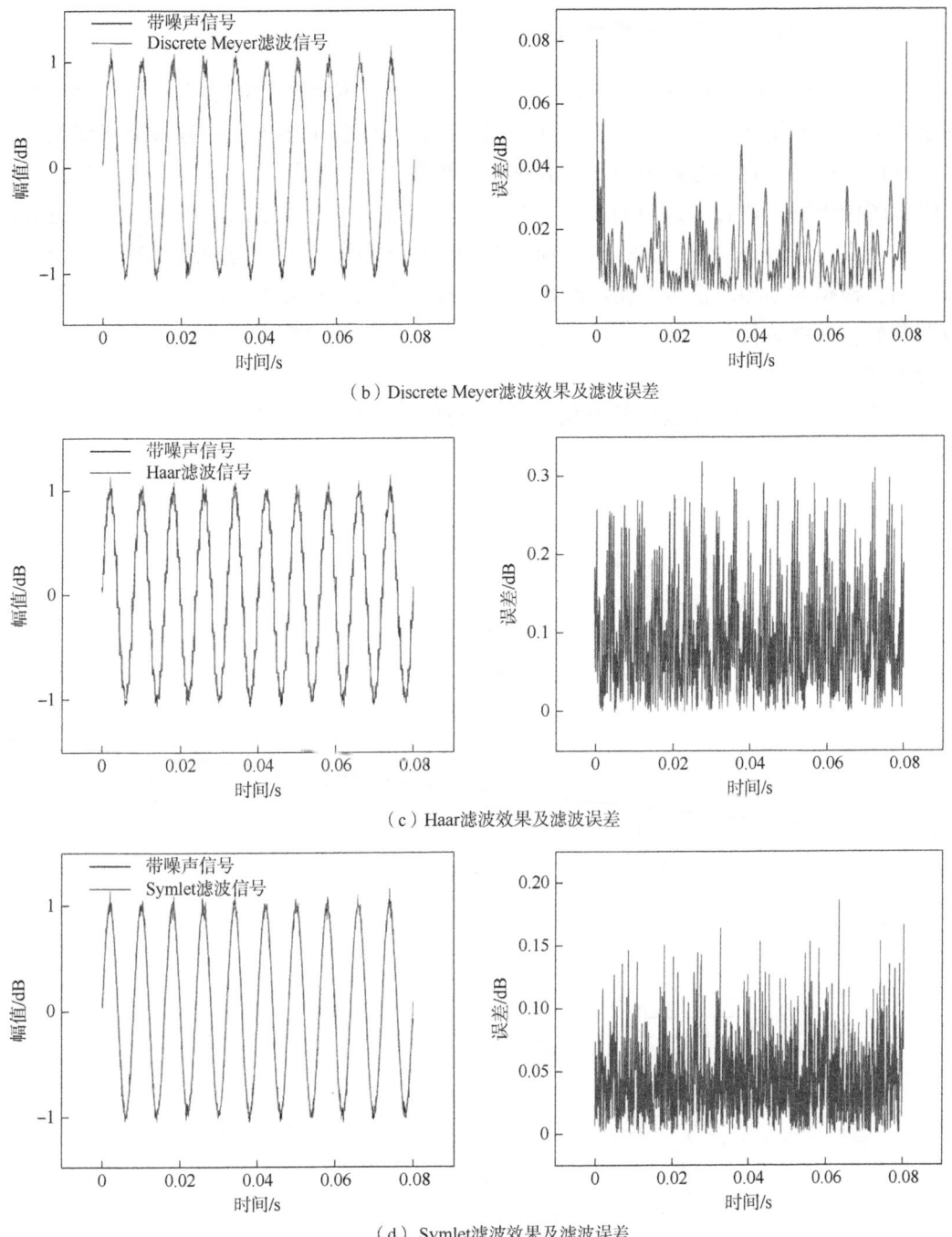

图 4.42 四种不同方法小波函数滤波效果(续图)

根据表 4.4 与图 4.42 可知,Haar 小波函数进行滤波处理效果最差,主要是因为其小波函数为分段函数,不适用于连续波的滤波处理。Discrete Meyer 小波的滤波效果最好,信噪比能够达到 30dB 以上。

4.8.3 LMS 自适应滤波方法

由于自适应滤波器具有自追踪能力，能够利用前一时刻的滤波参数结果，然后根据预定的准则，利用不断迭代的过程来随时调节滤波器的各个参数，并且自适应滤波器具有结构设计简单、自学习能力强、计算量小、鲁棒性好等特性，因此被广泛应用在信号去噪、图像识别、语音增强等领域。在 20 世纪 70 年代，在 Makhoul 提出的自种滤波器的基础上发展了最小均方（LMS）自适应滤波器，该滤波器主要是遵循最小均方误差的算法准则，根据期望输出信号与实际输出信号的误差在迭代计算过程中自适应不断调整滤波器参数，使滤波器的实际输出信号与期望输出信号之间的均方误差最小来实现对信号进行滤波。

如图 4.43 所示自适应滤波器结构，其中自适应算法模块主要是对滤波器的系数进行调整。

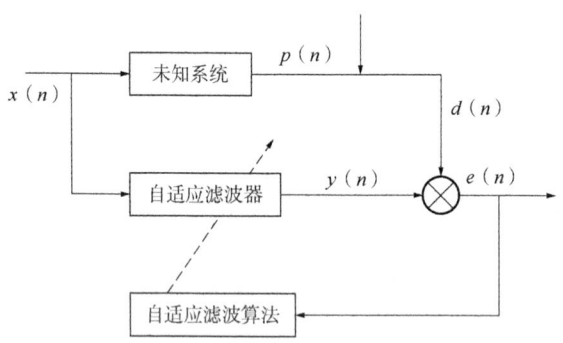

图 4.43 自适应滤波器结构示意图

$x(n)$—系统输入信号；$y(n)$—系统输出信号；$e(n)$—系统误差信号；$p(n)$—系统噪声信号；$d(n)$—系统期望输出信号

自适应滤波器的信号输入如图 4.44 所示。

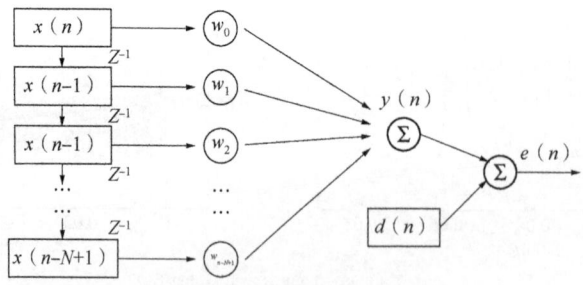

图 4.44 横向滤波器结构图

$$y(n) = \boldsymbol{W}^{\mathrm{T}}(n)\boldsymbol{X}(n) = \sum_{i=0}^{N-1}\omega_i x(n-i) \qquad (4.119)$$

式中：N 为自适应滤波器阶数；$\boldsymbol{X}(n)$ 为输入信号矢量，$\boldsymbol{X}(n) = [x(n), x(n-1), \cdots, x(n-N+1)]^{\mathrm{T}}$；$\boldsymbol{W}(n)$ 为自适应滤波器权系数矢量，$\boldsymbol{W}(n) = [w_0(n), w_1(n), \cdots w_{N-1}(n)]^{\mathrm{T}}$。

根据上述分析,将系统的输出与期望输出信号的误差写成:

$$e(n) = d(n) - y(n) = d(n) - \boldsymbol{W}^{\mathrm{T}}(n)\boldsymbol{X}(n) \tag{4.120}$$

则系统的均方误差为[20]:

$$J(n) = e^2(n) = E\{[d(n) - \boldsymbol{W}^{\mathrm{T}}(n)\boldsymbol{X}(n)]^2\}$$
$$= \{[d(n)]^2\} - 2E\{d(n)\boldsymbol{X}^{\mathrm{T}}(n)\boldsymbol{W}(n)\} + E\{\boldsymbol{W}^{\mathrm{T}}(n)\boldsymbol{X}(n)\boldsymbol{X}^{\mathrm{T}}(n)\boldsymbol{W}(n)\} \tag{4.121}$$

LMS 滤波器主要是利用最速梯度下降法,按照一定比例随着性能表面负梯度估值的方向进行迭代更新,不断调整滤波器的权重矢量。

自相关矩阵 $\boldsymbol{R}$ 与互相关矩阵 $\boldsymbol{P}$ 如下所示:

$$\boldsymbol{P} = E\{x(n)d(n)\} = E\begin{bmatrix} x(n)d(n) \\ \cdots \\ x(n-L+1)d(n) \end{bmatrix} \tag{4.122}$$

$$\boldsymbol{R} = \boldsymbol{X}(n)\boldsymbol{X}^{\mathrm{T}}(n) = \begin{bmatrix} r(0) & r(1) & \cdots & r(L-1) \\ \cdots & \cdots & \cdots & \cdots \\ r(L-1) & r(L-2) & \cdots & r(0) \end{bmatrix} \tag{4.123}$$

然而在实际应用中无法获得信号的相关特性,对于权重矢量的精确获得,需要在现有的数据基础上估计梯度矢量。对于 LMS 算法来说则是利用瞬时均方误差替换最速梯度下降法中的均方运算对瞬时抽头权重矢量求梯度估计[21]。

最速梯度下降法中误差函数 $J(n)$ 权重矢量的梯度估计如下所示:

$$\nabla \boldsymbol{J} = \frac{\partial\{E[e^2(n)]\}}{\partial \boldsymbol{W}} = -2\boldsymbol{P} + 2\boldsymbol{R}\boldsymbol{W}(n) \tag{4.124}$$

LMS 算法中误差函数 $J(n)$ 权重矢量的梯度估计如下所示:

$$\widehat{\nabla} \boldsymbol{J} = \frac{\partial[e^2(n)]}{\partial \boldsymbol{W}} = \left[2e(n)\frac{\partial e(n)}{\partial w_1(n)}, 2e(n)\frac{\partial e(n)}{\partial w_2(n)}, \cdots, 2e(n)\frac{\partial e(n)}{\partial w_M(n)}\right]$$
$$= -2e(n)\boldsymbol{X}(n) \tag{4.125}$$

最速梯度下降法中随着性能表面负梯度估值的方向进行迭代更新调整权重矢量的迭代公式如下所示:

$$\boldsymbol{W}(n+1) = \boldsymbol{W}(n) - \mu(\widehat{\nabla}\boldsymbol{J}) = \boldsymbol{W}(n) + 2\mu e(n)\boldsymbol{X}(n) \tag{4.126}$$

式中:μ 为步长。

LMS 自适应滤波算法步骤流程见表 4.5。

表 4.5 经典 LMS 自适应滤波算法步骤

序号	流程
1	选择合适的步长及抽头输入向量（即滤波器的阶数）
2	初始化滤波器的权重 $W(0)=0$
3	根据权重系数 W，输入信号 X 等数据来计算输出信号的响应 $W^T(n)X(n)$
4	计算输出信号与期望输出信号之间的误差：$e(n)=d(n)-y(n)$
5	利用瞬时均方误差准则调整权重参数，更新估计值：$W(n+1)=W(n)+\mu(\hat{\nabla})$

在 LMS 滤波算法中，收敛性是满足其自适应的根本要求。做如下假设：某时刻的权重矢量 $W(n)$ 与该时刻的信号 $X(n)$、期望输出信号 $d(n)$ 是相互独立的，其只跟过去所有时刻的样本矢量 $X(n)$、期望信号 $d(n)$，以及初始权重矢量 $W(0)$ 有关系。基于以上假设条件，令权重偏差为 $V(n)=W_{opt}(n)-W(n)$，则可整理得到权重更新公式为：

$$V(n+1)=V(n)-2\mu e(n)X(n)$$
$$=V(n)-2\mu X(n)X^T(n)V(n)-2\mu t(n)X(n) \quad (4.127)$$

则权重数学期望为：

$$E\{V(n+1)\}=(I-2\mu R)E\{V(n)\} \quad (4.128)$$

采用特征分解矩阵 R，即 $R=Q\Lambda Q^T$；令 $V'(n)=Q^TV(n)$；假设初始值为 $V'(0)$。则式（4.128）可写成：

$$E\{V'(n+1)\}=(I-2\mu\Lambda)^nE\{V'(0)\} \quad (4.129)$$

当 n 无限变大时，式（4.128）右边收敛趋于 0，此刻权重矢量期望满足于收敛至最佳权重矢量。当步长满足条件：$0<\mu<\dfrac{1}{\lambda_{max}}$ 时，可保证式（4.129）收敛。

式中：Λ 为对角特征矩阵，特征值均为正实数；λ_{max} 为矩阵 R 最大特征值。

将本小节开头建立的带噪声的时变信号模型，利用 LMS 自适应算法对该信号进行滤波，滤波效果如图 4.45 所示。

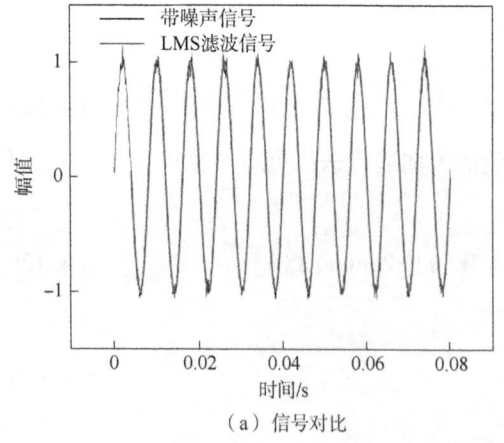

（a）信号对比

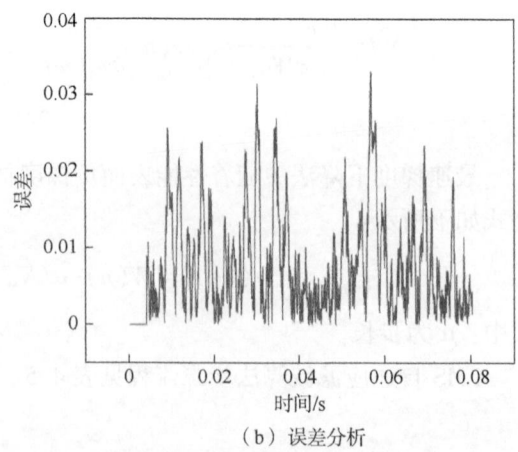

（b）误差分析

图 4.45 LMS 自适应滤波效果及误差

利用 LMS 自适应进行滤波可知，将带噪声的信号进行滤波后与理想的正弦信号相比较，其效果较良好，其滤波平均绝对误差为 0.0077。但是由图 4.45(a) 可知该方法进行滤波时前面有一小段数据是丢失的，因此在计算误差时需要利用理想信号的前一小段相同的数据对缺失数据进行补全。

4.8.4　FIR 滤波方法

有限脉冲响应数字滤波器（Finite Impulse Response Digital Filter），又称为卷积滤波器，主要通过傅里叶变换来完成对数字信号的过滤。其本质是指系统的输出具有有限个脉冲响应。FIR 滤波器的结构属于非递归型结构，可以改善相位特征，保证相位的线性特征。FIR 滤波器输出是在 N 个长度的窗口或者具有 $N-1$ 个抽头系数的数据样本上的线性卷积，其直接形式如图 4.46 所示。FIR 滤波器的传递函数为：

$$H(z) = \frac{Y(z)}{X(z)} = \sum_{n=0}^{N-1} h(z) z^{-n} \tag{4.130}$$

则 FIR 滤波器系统的差分方程为：

$$y(n) = a(0)x(n) + a(1)x(n-1) \cdots + a(N-1)x(n-N+1) = a(n) \otimes x(n) \tag{4.131}$$

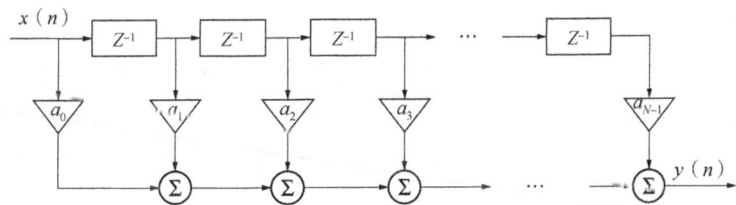

图 4.46　FIR 线性相位滤波器

FIR 滤波器的频率响应方程如下所示：

$$H(e^{j\omega}) = \sum_{n=0}^{N-1} h(n) e^{-j\omega n} \tag{4.132}$$

在 FIR 滤波器中主要有相位延时和群延时。其脉冲响应无论是满足奇对称或者偶对称，滤波器都具有线性特征，$\theta(\omega) = -\frac{N-1}{2}\omega$。输出后的滤波信号补偿延时某个常数时间则称为群延时，其常数为 $\frac{N-1}{2}$。[22]

在 FIR 滤波器的设计中，使用加窗技术来截断无限长的响应序列来获得有限长的单位响应序列。因此，加窗技术起着重要的作用，其可以降低滤波器的阶数，提高性能指标。常见的具体窗函数类型见表 4.6。

表 4.6　窗口类型及对应的权重函数

窗型	权重
矩形窗	$\begin{cases} W(n) = 1, & 0 \leq n \leq M-1 \\ 0, & 其他 \end{cases}$

续表

窗型	权重
汉明窗	$\begin{cases} W(n) = 0.54 + 0.46\cos\left(\dfrac{2\pi n}{M-1}\right), & 0 \leq n \leq M-1 \\ 0, & \text{其他} \end{cases}$
汉宁窗	$\begin{cases} W(n) = 0.5 - 0.5\cos\left(\dfrac{2\pi n}{M-1}\right), & 0 \leq n \leq M-1 \\ 0, & \text{其他} \end{cases}$
布莱克曼窗	$\begin{cases} W(n) = 0.42 + 0.5\cos\left(\dfrac{2\pi n}{M-1}\right) + 0.08\cos\left(\dfrac{4\pi}{M-1}\right), & 0 \leq n \leq M-1 \\ 0, & \text{其他} \end{cases}$
巴特利特窗	$\begin{cases} W(n) = 1 - \dfrac{2n}{M-1}, & 0 \leq n \leq M-1 \\ 0, & \text{其他} \end{cases}$

在进行加窗中需要遵循以下原则：主瓣宽度尽量减少，使得频谱过渡带陡；旁瓣与主瓣相对值尽量地小，主瓣的宽度需对旁瓣的宽度起到抑制，同时使得波动达到最小。

利用加窗技术对 FIR 滤波器来实现信号频域的滤波需要用到 Fourier 变换与逆变化。使用窗型函数产生系数，然后将输入信号与获得的滤波器系数进行相同点的离散 Fourier 变换，再将结果一一对应相乘，最后对相乘的结果进行 Fourier 逆变换进而输出滤波结果。

经过滤波器不同参数的设置，以及上述 5 种加窗技术等多次调试，最终确定利用汉宁窗函数的加窗技术，确定滤波器阶数为 2 阶，此时在 FIR 滤波器中效果为较好的。具体结果如图 4.47 和表 4.7 所示。

表 4.7　不同加窗技术结果对比

窗函数	矩形窗	汉明窗	汉宁窗	布莱克曼窗	巴特利特窗
信噪比	22.2858	21.0191	22.3800	20.6109	20.3106
平均绝对误差	0.0541	0.0549	0.0542	0.0539	0.0552

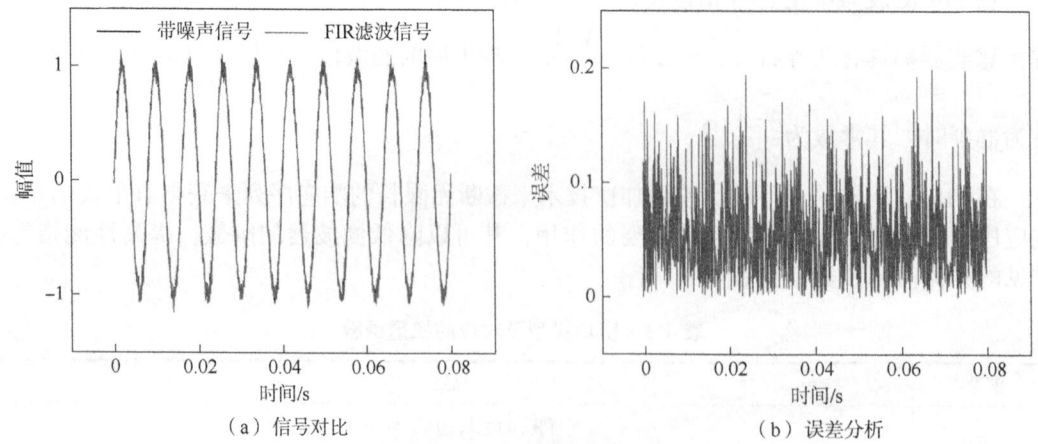

(a) 信号对比　　　　　　　　　　(b) 误差分析

图 4.47　FIR 滤波效果及误差

通过小波变换滤波、LMS自适应滤波,以及FIR滤波不同滤波方法对比,可知在这三种方法中根据性能评价指标及绝对平均误差对比,LMS自适应滤波性能最好,但是LMS在滤波时存在数据的部分缺失。因此,综合比较,对于科氏流量计信号滤波处理方法,选取小波变换滤波的方法。

参 考 文 献

[1] 梁大涛. 科氏质量流量计的原理及选型注意事项[J]. 现代制造技术与装备, 2019(5): 186-187.

[2] 刘帆. 质量流量监测技术研究[D]. 沈阳: 沈阳工业大学, 2007.

[3] 李普良, 刘泽晖, 黄梦微. 多参数科氏力谐振传感器测量数学模型分析[J]. 工业仪表与自动化装置, 2019(3): 95-96, 101.

[4] 刘延柱, 陈文良, 陈立群. 振动力学[M]. 北京: 高等教育出版社, 1998.

[5] HUANG Y M, LIU Y S, LI B H, et al. Natural frequency analysis of fluid conveying pipeline with different boundary conditions[J]. Nuclear Engineering and Design, 2010, 240(3): 461-467.

[6] AL-GAHTANI H J, MUKHTAR F M. RBF-based meshless method for the free vibration of beams on elastic foundations[J]. Applied Mathematics and Computation, 2014, 249: 198-208.

[7] 谢超. 气液两相流管道振动特性研究[D]. 北京: 中国石油大学(北京), 2010.

[8] 杨刊, 张英敏, 任建新. 基于弯曲振动黏度测量的能耗研究[J]. 测控技术, 2011, 30(12): 4-6, 11.

[9] 周波, 任建新, 张鹏. 采用科里奥利质量流量计的流体黏度测量方法及影响因素研究[J]. 机械与电子, 2008(2): 10-13.

[10] 赵振兴, 何建京. 水力学[M]. 北京: 清华大学出版社, 2005.

[11] 邵鹏, 曹胜强, 沈林. 基于密度变化的科氏流量计测量管磨损在线检测方法[J]. 工业仪表与自动化装置, 2017(6): 7-9, 14.

[12] 赵敏涛. 科氏质量流量计的应用研究[D]. 西安: 西安石油大学, 2013.

[13] 苏刚琴, 马文生, 刘艇. 科氏质量流量计应用技术探讨[J]. 自动化仪表, 2007(S1): 60-63.

[14] 肖素琴, 韩厚义. 质量流量计[M]. 北京: 中国石化出版社, 1999.

[15] 曹妍妍, 赵登峰. 有限元模态分析理论及其应用[J]. 机械工程与自动化, 2007(1): 73-74.

[16] 陈孔阳. 一种基于改进DFT算法的相位差测量研究[J]. 微计算机信息, 2012, 28(4): 142-144.

[17] 李叶. 科里奥利质量流量计数字信号处理算法的研究与实现[D]. 合肥: 合肥工业大学, 2010.

[18] 魏晓斌. 基于小波变换的离心泵典型故障振动信号分析研究[D]. 南昌: 南昌工程学院, 2020.

[19] 杨旭东. 基于小波变换的ECG信号特征参数提取研究[D]. 成都: 电子科技大学, 2020.

[20] 李宁. LMS自适应滤波算法的收敛性能研究与应用[D]. 哈尔滨: 哈尔滨工程大学, 2009.

[21] 孟小猛. 自适应滤波算法研究及应用[D]. 北京: 北京邮电大学, 2010.

[22] 万永革. 数字信号处理的MATLAB实现[M]. 北京: 科学出版社, 2007.

第5章 水基钻井液性能参数动态感知系统开发

目前井场上对钻井液性能参数的获取主要是采用手动或者半自动的测量方式进行。该方法耗费大量的时间、人力成本，同时还会出现人为操作等因素造成的误差。为实现钻井液性能参数实时、快速、准确地测量，本章主要根据前面几个章节所需要测量的性能参数的各个模块进行装置的具体加工设计制造，以及配套系统的开发，以实现全自动的钻井液性能测量。

5.1 电控系统设计

整个设备系统采用五线制380V供电电路，高压电通过变压器转换成直流24V开关电源供低电压器件正常工作，在所有设备中，自吸离心泵、电动隔膜泵、变频器所使用的是380V的电源供电，其他使用220V电源的设备从380V的三相电源中接出两线进行供电。强电布置于电柜里的上端，弱电布置于电柜里的下端。强电设备包括：pH值检测仪、变送器、电动三通球阀、电磁阀、空压机、自吸离心泵、电动隔膜泵、变频器、变送器、搅拌器、报警器、工控机、触摸屏。弱电设备包括：压差传感器、质量流量计（24V-DC）。为安全控制控制装置的频繁启停，I/O卡的端子输出需连接交流接触器，起到过载保护的作用。设备的电控系统如图5.1所示。电控柜内部接线图如图5.2所示。

（1）离心泵控制。

离心泵工作电压为AC380V，功率1.1kW，控制方式采用交流接触器控制启停。接触器线圈为DC24V，中间继电器触点连接线圈，工控机通过O点控制中间继电器的吸合断开，从而控制自吸离心泵的启停。

（2）空压机控制。

空压机工作电压为AC220V，功率0.8kW，空压机达到压力设定阈值会自动启停。这里也采用一个交流接触器，空压机接常闭触点。正常工作时不用控制，遇到特殊情况，工控机可以给空压机断电。

（3）电动隔膜泵控制。

电动隔膜泵工作电压为AC380V，功率2.2kW，通过变频器控制泵的启停和转速调节。变频器支持RS485串口通信，Modbus RTU协议，工控机通过串口给变频器发控制指令，达到控制泵的启停和调节转速的目的。

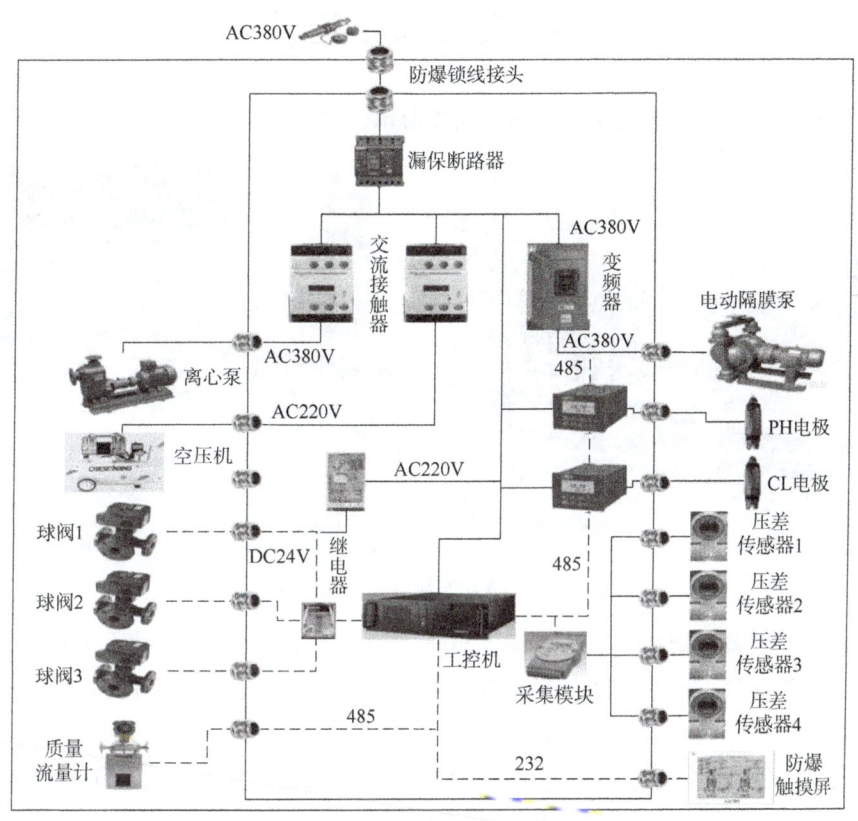

图 5.1　电器控制系统示意图

（4）电动球阀控制。

电动球阀工作电压为 DC24V，开关型，工控机 O 点控制中间继电器吸合断开，达到控制球阀的开关切换。

（5）质量流量计控制。

质量流量计工作电压为 DC24V，自带 485 通信，支持 Modbus RTU 协议，工控机通过 485 通信给质量流量计发送指令，可以控制数据采样，得到温度、质量、流量等实时数据。

（6）压差传感器控制。

压差传感器工作电压为 DC24V，输出模拟量信号 4~20mA，一共有 4 路，用采集模块分别采集各路模拟量数据，采集模块和工控机之间通过 485 通信，协议为 Modbus RTU。

图 5.2　实验架台的电控柜内部接线图

5.2　硬件系统设计

根据方案设计加工了机械模型，如图 5.3 所示，以便能更加直观地展示。

图 5.3　钻井液实时测量加工装置实物图

搭建的实验装置框架采用 316 不锈钢矩管。测量管均为壁厚 2mm 的 316 不锈钢圆管。连接方式为法兰连接，便于管线的拆装和分段清理。其余剩下的管利用内径为 25mm 不锈钢圆管连接。电动隔膜泵入口端与钻井液罐、测量出口端均用 25mm 软管连接。整个系统具备减振效果，各个泵与框架均不连接。橇装时在底座与泵体底座间加装了减振橡胶或其他性能良好的减振器。如果在现场应用时，钻井液黏度受温度影响较大，温度浮动较大时，需增加必要保温装置，以保证系统测量的准确性。实验主要在实验室进行，因此该套装置暂时不考虑加保温装置。双测量管压差测量模块位于整个系统框架最上方，平行排列，由于要求测量有很高的精确度，在测量管前后留有一定长度余量，保证钻井液流态的稳定。

5.3　系统总体设计方案及技术路线

本章集成了一套能够实现实时钻井液性能参数数据采集、监测分析、控制于一体的系统。该系统开发基于 Microsoft Visual Studio 平台，采用 C#高级编程语言完成，配套的数据库基于 SQL Sever 数据库管理软件完成。

5.3.1　硬件系统设计方案

本书设计的设备主要由采集装置、控制装置、上位机三部分组成。根据系统功能和要求制定了装置的顶层设计方案，如图 5.4 所示。质量流量计、变频器、离心泵构成控制回路，采用 PID 调节闭环控制，在自动测量环节中，不同转速下的稳定流体状态可以更准确地计算出流变参数。通信线外部缠绕屏蔽层，其封装保证强电系统的控制装置与弱电系统的通信装置之间不会产生信号干扰，保证通信的正常进行。

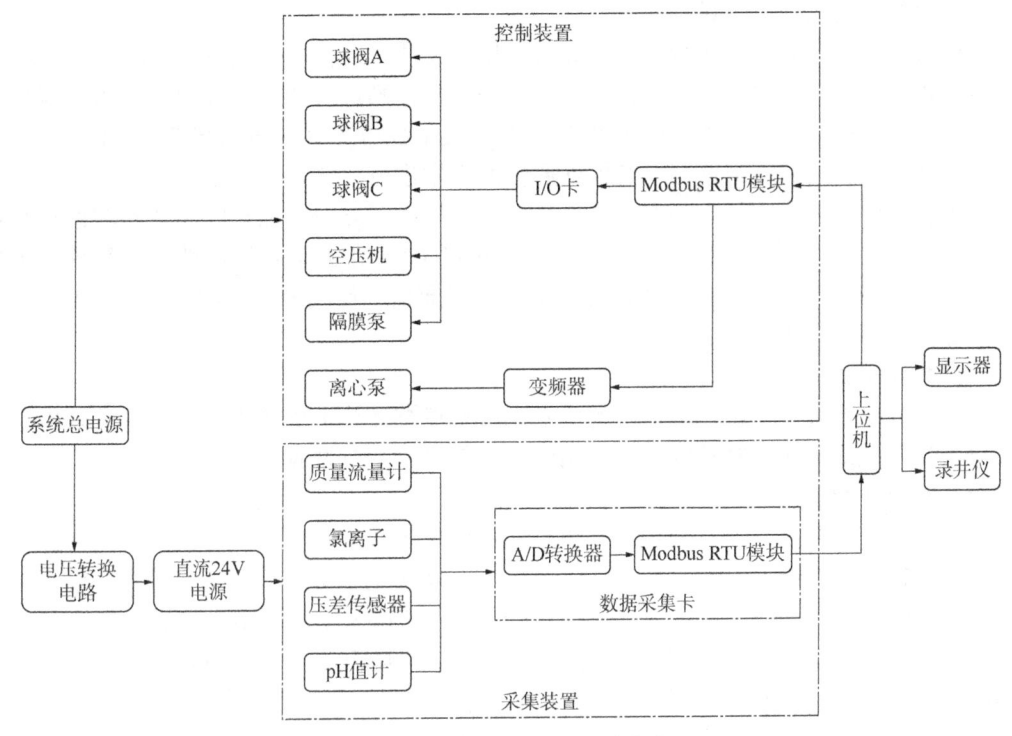

图 5.4 装置系统顶层设计方案

控制装置具有可操控面板与按键，用户可不依托上位机软件对硬件进行点对点调试、复位或者进行清洗环节；采集装置具有可操作面板，用户可不依托上位机软件对传感器进行复位、标定、设置量程，用户可手动记录面板上的实时数据，计算每一组的流变参数。整体封装时，底部放置加热装置，保证管内各处钻井液温度恒定且一致；对发热较为严重的离心泵增加风机散热；采用正压防爆箱体，主电路处连接正压控制器；整个装置安全系数较高，满足井场现场所需要的防爆级别，具有高可靠性。

先对采集装置进行设置，更改其测量范围与输出量程，设置波特率、校验位、数据位、停止位、从机地址；打开工控机，在设备管理器中检查端口号是否存在，若存在，可打开上位机软件，输入对应的端口号与通信参数后可成功与下位机进行连接；选择正确的功能码则可解析目标从机发送的数据或进行控制。数据采集卡通过 RS485 串行总线连接至工控机，上位机软件基于 Modbus RTU 协议实时接收解析采集到的数据并显示，当系统处于自动计算流程时，系统会每隔 20s 通过模拟量输出模块调整一次变频器电压进而调节离心泵排量，六次电压值分别对应旋转黏度计不同的转速，实时采集的数据将用于计算流变参数并保存入库，测量完毕进行自清洗环节后结束此次循环。

上位机软件包括了硬件通信参数设置、WITS 传输通信配置、井基本参数配置，实现了与录井仪器连接的相关录井参数的实时显示、钻井液性能参数在线监测等功能。由于离心泵工作时具有低频干扰，会影响一般的通信线或无线通信，因此采用有线连接方式进行信号与数据的传输。该总体设计方案在保证检测效果、提高测量精度的前提下，可以使外检测装置的体积、功耗和可靠性等得到进一步优化，同时缩短系统的开发周期、降低开发成本，具有较好的开发优势和灵活高效的特点。

(1) 上位机与通信方式设计。

上位机保存的免安装可执行文件，具有数据可视化、通信参数设置、WITS 传输配置、钻井液报告、安全密度窗口功能，提供手动清洗和自动测量及清洗两种模式。由于现场工作环境复杂，存在较多的干扰，因此数据采集卡及 I/O 卡均通过 RS485 转 USB 串行总线与工控机连接，在外缠绕屏蔽层，其保证通信的正常进行。选择接口丰富、处理器运算速度快、内存大的工控机，一方面保证了系统的可扩展性，方便增加新的传感器辅助计算或实验，另一方面保证大量数据可以长期存储。Modbus RTU 由于其易用性、可靠性、电气接口丰富、帧格式简单，可在短时间内实现设备间通信，使用 Modbus RTU 可以极大简化硬件间通信调试、便于维护。

(2) 数据采集系统设计。

工业实际生产过程中传感器输出的信号无法直接被计算机所接收，需经过调理电路将输出电信号转换成便于可被接收识别利用的有用信号，A/D 数据转换电路接收调理后的信号并将其输出成数字信号，传输至计算机的数据采集接口，供显示、打印、计算、存储。考虑传感器输出的精度、数据处理的方便性、数据采集的实时性、压力数据的高频性，选用完整的 16 位逐次逼近型模数转换器 ADAS3023，依据通道数的不同最高采样速度可达到 500kSPS、最低采样率可达到 125kSPS。A/D 转换器需要线性稳压器为其提供抑制低频噪声后的电源，但 DC-DC 在工作过程中会受到电源纹波噪声的影响从而降低效率，因此选用 ADP1613 作为 A/D 转换器的高压稳定电源。采集系统电路设计图如图 5.5 所示。

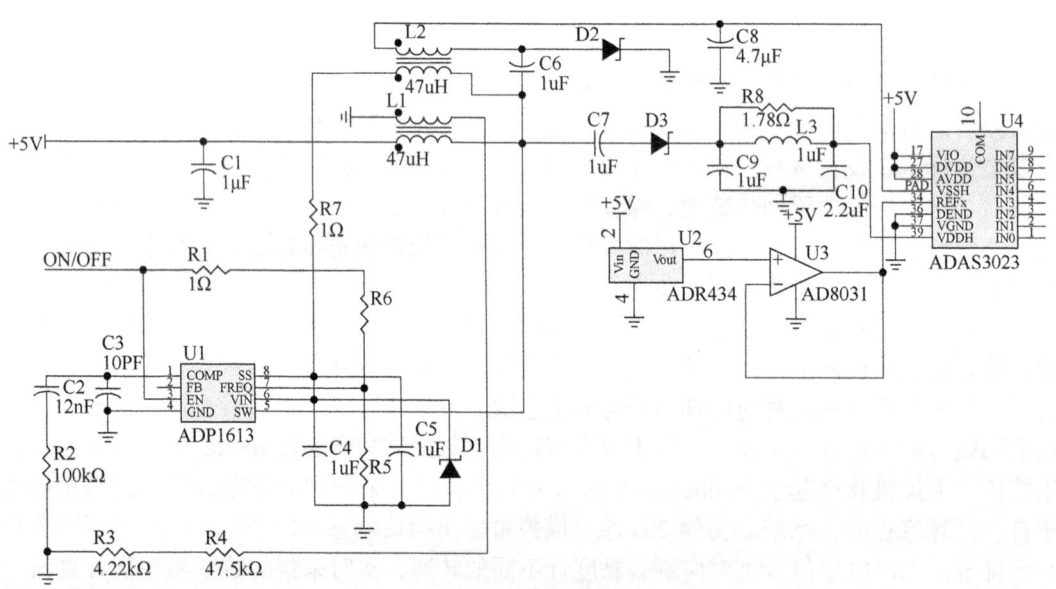

图 5.5 采集系统电路设计

选用支持 Modbus RTU 通信协议、支持 8 通道模拟量采集的数据采集卡。Modbus RTU 协议规定前后两次传输信息帧的超时间隔小于 1.5 字符的静止时间，超时定时器工作模式不可选用 CTC 工作模式，而需要采用溢出模式，即在串口接收中断后需要重置初始值。Modbus RTU 通信采用主从通信模式，每一次的数据交互都需要应答，但会因为通信线缆、传输衰减、上下位机时间同步的问题出现丢包、粘包等问题，导致通信无法进行，在软件上需设置单独的计时器，用于判断在一定的通信超时时间内，该帧报文是否接收完整，防止出现上一帧未接收完整，主机或从机始终等待上一帧数据，从而影响后续的数据交互。应在接收到的每一个新的字节时重新启动软件定时器计时，倒计时的最大值为两帧之间的最小间隔，选用不同的波特率，间隔也不同，倒计时时间内接收到的下一个字节数据都是算作同一帧内的，当接收到结束标志符时，说明一帧接收完成，主程序通过 CRC 冗余校验判断该帧数据的有效性，确定为有效数据，则进行下一步的处理；若倒计时完成，则结束本次数据传输，进入到下一帧数据传输过程。

普通的 485 通信模块不具备自动切换发送/接收状态的功能，主机与从机交互过程中，主机发送一次请求数据后需要及时地切换到接收状态，否则会丢失从机传输回来的数据，软件定时器进入倒计时等待，随着时间累积会严重占用 CPU 机时，时间戳对应错误造成数据错位，导致的通信速率峰值低，故可以通过解决换向问题提高通信速率上限值。需在原有设计的基础上将普通 485 模块替换成具备自动切换方向功能的模块，为与 A/D 转换器最高速率相匹配，选择 RSM485PHT 模块构成隔离转换电路。为保证长时间通信不掉线，同时为了确保通信的稳定性，对电路进行单独供电处理。为有效抑制 RS485 总线上的干扰，需将 232 端与 485 端隔离开(图 5.6)。

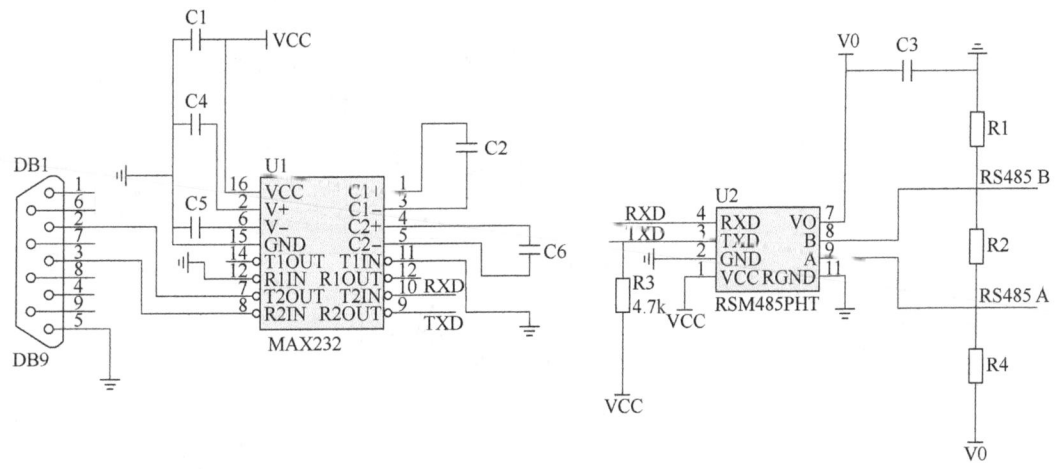

图 5.6　双隔离电路设计

（3）电源模块设计。

设备需要 380V 电压、220V 电压与 24V 电压驱动。380V 来自现场直接接入，220V 来自单相间电压，24V 来自直流开关转换输出。24V 开关电源由于其输出具有很高的稳定性，可有效保护电子元件，保证系统采集的正常运行，因而被广泛地应用在各类检测仪表上。开关电源电路为"直—交—直"型的逆变电路，将直流电压转换成脉冲电压经整流后变成所需电压。逆变电路由振荡回路、稳压回路、保护电路、负载回路四部分组成。

输入进来的 220V 市电或工业电相间电压经过 C2、L1 抑制其中的高频干扰输出较为纯净的交流电。滤波后的交流电一部分经过桥式整流电路、C4 滤波整流成不稳定的直流电压；另一部分经 C3、D3 滤波整流后作为启动电压加到 UC3842 的供电端子，电路启动后变压器的副绕组 N2 的整流滤波电压为 UC3842 提供正常工作电压，R48、C8 改变晶振，其振荡频率的最大值可达 500kHz。逆变电路接收不稳定直流电压，功率管的驱动电压来自 R20、R50 对 6 引脚输出的方波信号的分压，通过高速控制开关管的导通与截止，将直流电转化为高频率的交流电提供给变压器进行变压，变压器次级线圈 N3 产生多组高频电压，经过整流滤波后输出各数值不同的直流电压加载到负载上。为使输出电压稳定，需要闭环反馈系统控制 PWM 占空比以调节输出电压，一部分电压通过 TL1、U1 组成的外部误差放大器，接入到误差放大器反相输入端子，为 UC3842 提供负反馈电压，2 引脚电压与 1 引脚电压呈相反的变化趋势，调节 UR1 电位器的阻值改变反馈电压，使脉宽占空比发生变化，以此稳定输出电压。整流电路任意器件发生过载、短路等异常情况，都会引起保护回路与稳压回路做出相应的保护动作。电阻 R2 用于电流检测与 3 引脚形成电流反馈回路，R18、ZD2、SCR 组成过压保护电路，稳压回路与保护回路构成了双闭环控制系统，高稳定度可保护功率管不至于过流而损坏(图 5.7)。

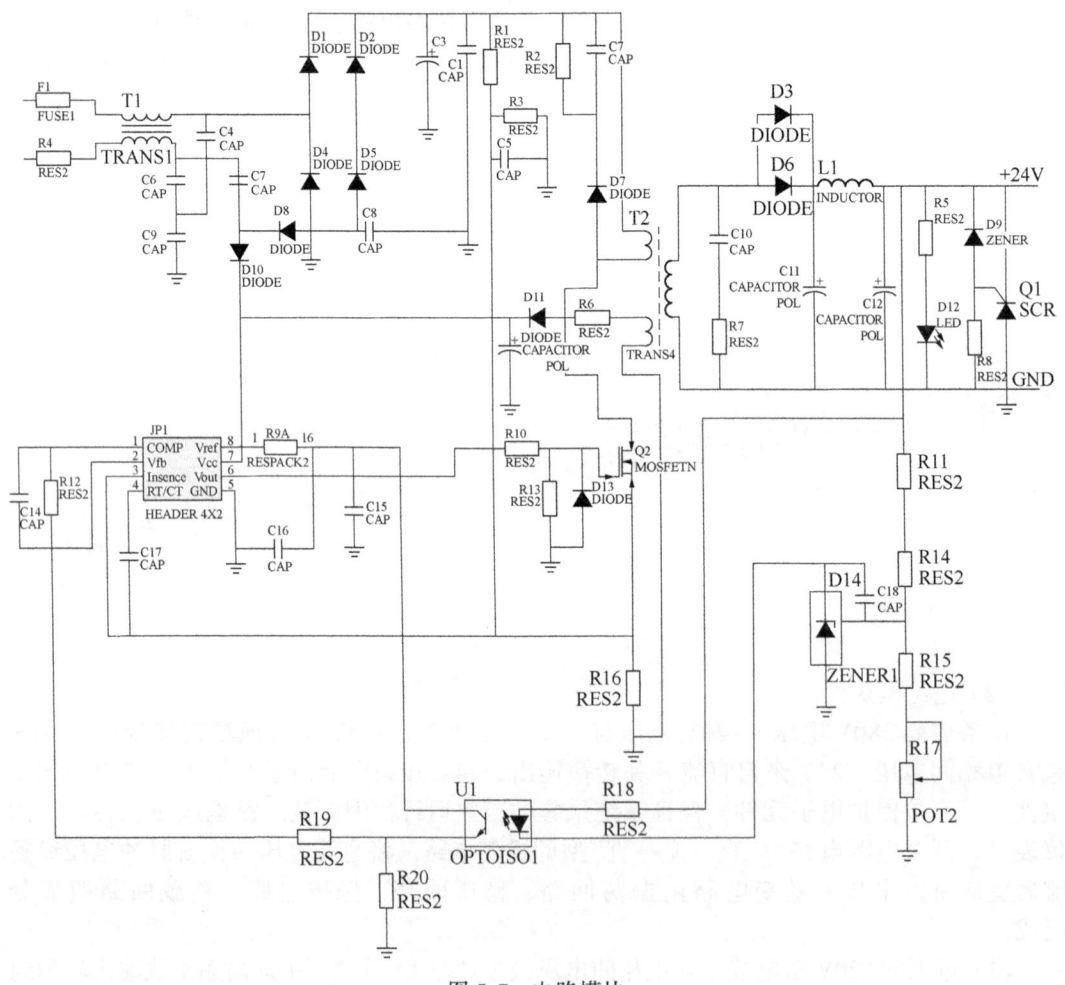

图 5.7　电路模块

(4) 电动球阀控制设计。

球阀控制回路采用弱电控制强电的方式，通过 I/O 扩展模块输出高低电平控制接触器的通断，两两通道组合控制三通球阀的阀门变化情况，同一时刻有且仅有一组保持通路，避免造成憋阀(图5.8)。球阀控制着管道的通断，系统测量全程都需要控制三个球阀的组合方式。测量时球阀开路保证钻井液正常流入管道内；清洗时保证在自吸离心泵的作用下，管道内有清水进行循环清洗，保证空压机对管线进行正反向吹扫时管道畅通。

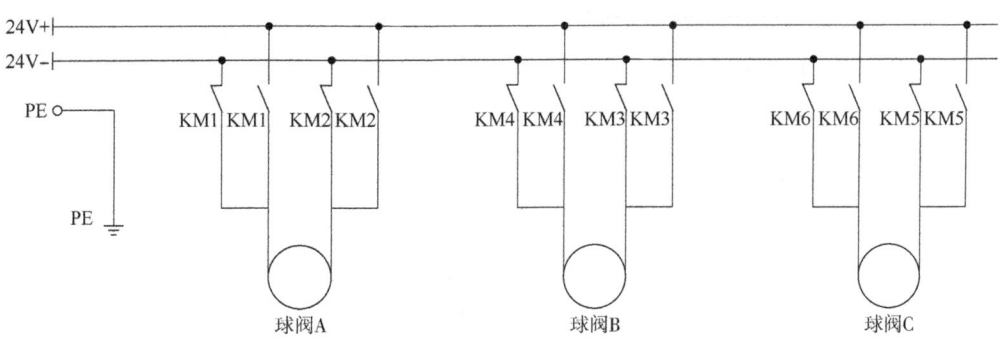

图 5.8 电动球阀电路控制图

(5) 电动隔膜泵控制设计。

电动隔膜泵参与整个测量过程，通过调节变频器的输出电压改变隔膜泵的启动及转速，改变从钻井液罐抽取液体的流速，在系统层面反映的是旋转黏度计不同的转数。电动隔膜泵电路控制如图5.9所示。

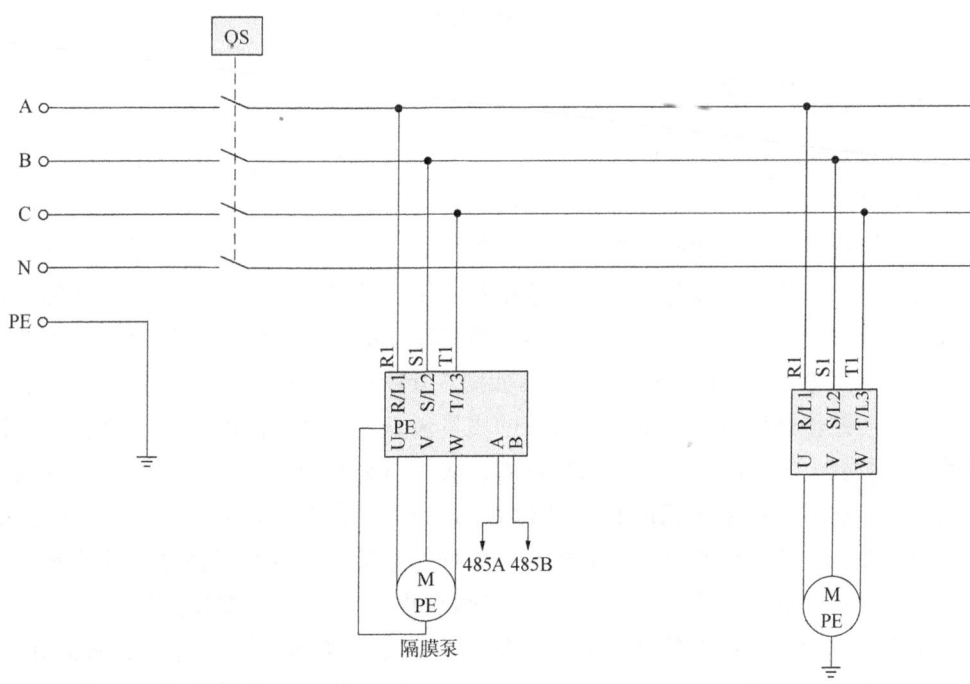

图 5.9 电动隔膜泵电路控制图

(6) 空气压缩机控制设计。

空压机直接连接系统供电电压，通过I/O扩展模块控制输出高低电平从而控制接触器的通断,打开或关闭空压机(图5.10)。空压机主要应用于正常清洗环节中对滤网及管道的空气正反冲、断电情况下使用备用电池对隔膜泵及管道进行吹洗。

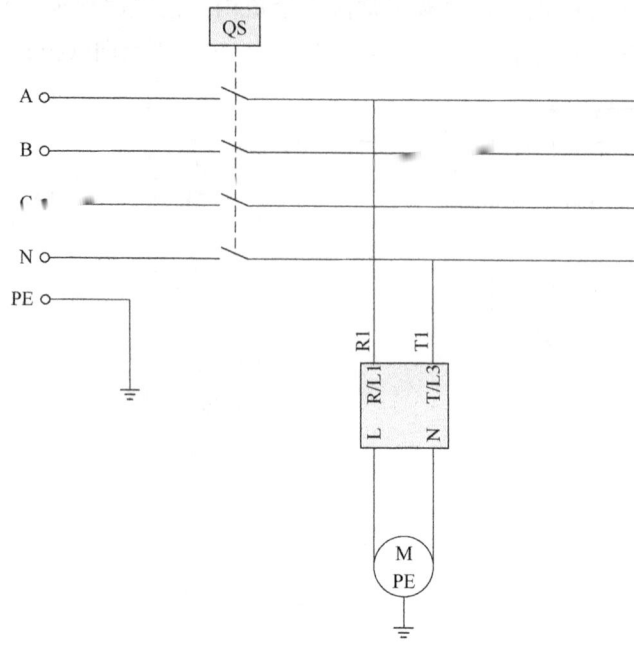

图 5.10　空压机电路控制图

5.3.2　总体技术方案

本研究开发的配套系统主要基于 C/S(客户端/服务端)架构模式,其点对点连接方式能够直接操作本地设备,比较方便。本研究开发的系统主要包括以下几个模块:隔膜泵流量控制模块、钻井液性能参数的数据采集系统、与钻井液性能参数配套的各个计算功能模型模块、与井场的综合录井仪的数据相互传递模块、数据的存储与可视化。系统通过与钻井液实时测量装置连接通信,然后通过建立的各个模型将采集到的实际参数在软件界面展示出来。系统的总体设计方案如图5.11所示。其中,通过数据采集卡可以直接采集到压差传感器数据,质量流量计的质量流量、密度、温度数据,以及其他检测仪器的各项数据,并实时将数据存入数据库,实现研制的测量设备硬件与开发的系统之间无缝对接。然后根据采集到的数据及建立的计算模型实时计算钻井液的流变性能参数、管道压差的补偿、隔膜泵的恒流控制。数据库系统是为后续对钻井液性能参数进行实时分析与评价、井底压力计算为现场工程师提供一手信息的重要数据基础。与此同时,数据库需完成一些静态数据,如:井的基本数据、实钻井深结构、实钻钻具组合、地层岩性等数据和实时采集的动态数据进行可交互性管理。采集系统和数据库管理系统将实时监测参数模块。

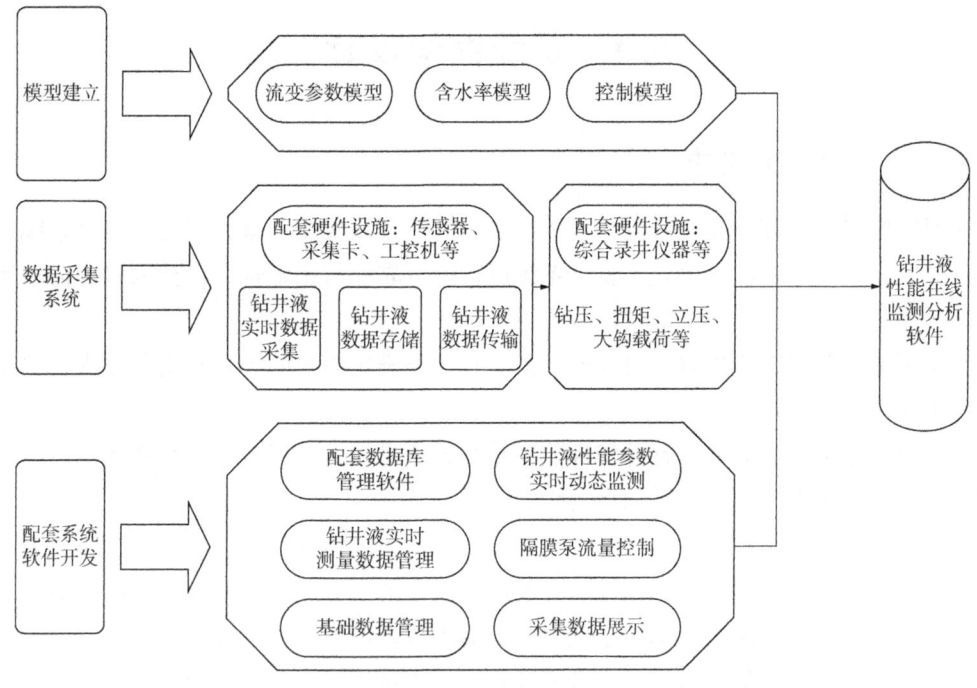

图 5.11 系统总体设计方案

5.3.3 技术路线

基于自主研制的钻井液性能实时测量装置来采集相关的参数并进行计算分析,并与井场的综合录井仪数据相互传递分析,从而来实现钻井液性能的评价与分析。系统技术路线如图 5.12 所示。首先,为了实现不同速度梯度下的壁面剪切应力,需要对隔膜泵进行流量控制,以便达到不同的流速。然后根据质量流量计对隔膜泵流量实现流量反馈,达到精确的恒流控制,同时在流量控制时需要消除脉动。若测量管发生倾斜,可以根据质量流量计测量的密度,从而实现对管道压差进行补偿。利用装置采集测量的数据,根据建立的模型计算钻井液的流变性能参数。最后对钻井液性能进行分析与评价,判断是否满足钻井安全需求,系统界面做出相应的指示,为司钻提供第一手信息。

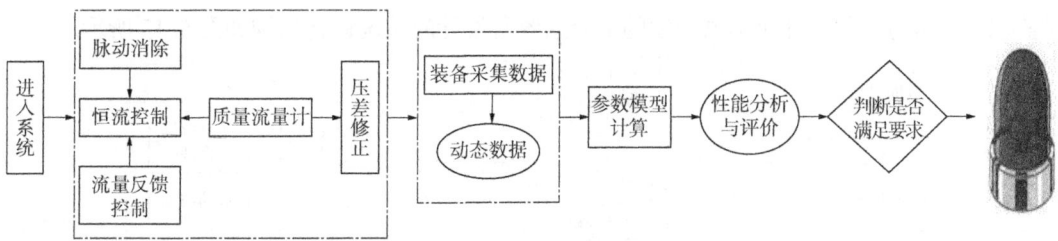

图 5.12 技术路线示意图

5.4 系统框架设计

5.4.1 系统设计要求

本研究针对钻井液性能在线测量装置及配套的钻井液性能,首先需要对整个系统进行架构设计。合理的架构设计决定了整个系统运行的可靠性与稳定性。设计的软件需要满足以下几个条件:

(1) 开发的系统兼容性好,可操作性强,且需要满足用户的个性化定制要求,包括监测界面的美化。

(2) 满足数据的高效性。钻井液性能参数的数据量较大,保证原始数据入库、数据预处理入库;相关数据库系统设计简单易懂。

(3) 满足数据的可靠性。在采集原始数据时难免出现错误数据,在对数据进行处理入库时应该考虑该问题。确保钻井液性能在线测量获得的参数能够准确与现场的综合录井仪器对接数据相互传递,系统流畅不卡顿,保证监测数据的连续实时性。

(4) 确保钻井液性能参数的动态分析评价,为现场决策人员及时提供一手信息、决策依据,以及技术支持,为避免事故的发生或进一步扩大提供可靠的数据支持。

(5) 系统的扩展性。由于在钻井作业中,基于钻井液理论的工程监测分析功能还比较多,目前开发的装置与系统还处于第一阶段,在现场不断调试与应用后将继续深入下一个阶段,随着采集的数据越来越多,系统也需要不断地进行更新。遇到的数据问题越来越多,数据清洗的方法需要不断完善。因此,系统满足易扩展性方便后续的升级。

5.4.2 配套系统运行架构

钻井液性能参数实时监测与分析计算系统基于 SQL Server 2008 R2 数据库平台。通过近端通信将研制的钻井液性能测量实验装置上能直接采集到的动态数据存储入库,然后对其他数据进行实时计算存储入库。同时通过远端通信与现场录井仪器数据相互传递,然后结合一些静态数据,如:系统基础数据、钻井基础数据,设计参数等,实现客户端对钻井液性能实时监测、分析与评价。针对本书开发的配套系统所设计的系统运行架构如图 5.13 所示。

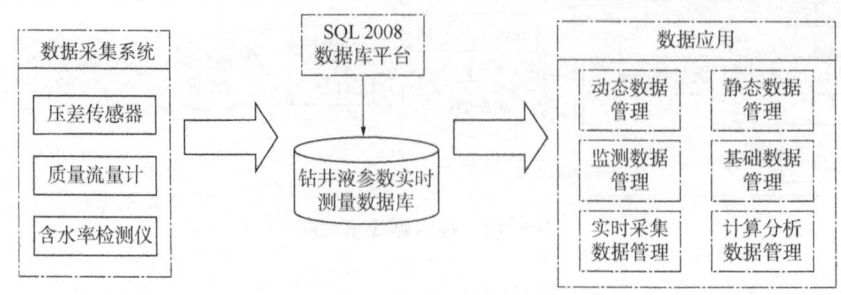

图 5.13 系统运行架构示意图

5.4.3 配套系统功能逻辑架构

系统的逻辑架构是系统总体架构设计的重要思维，主要包括软件系统的逻辑元素组成部分、各个逻辑元素之间的关系。本研究的系统逻辑架构根据测量系统、控制系统、监测系统的设计需求分析，将系统分解成不同的逻辑单元，并需要规定其间的交互机制。本书设计的基于钻井液性能监测分析与评价系统的逻辑架构主要分为4类，如图5.14至图5.17所示。

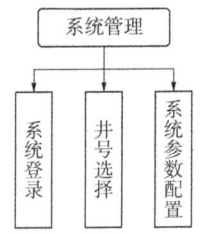

图 5.14　系统基础管理逻辑功能

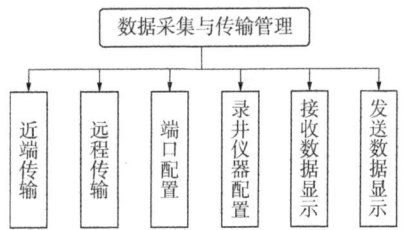

图 5.15　数据采集与传输逻辑功能

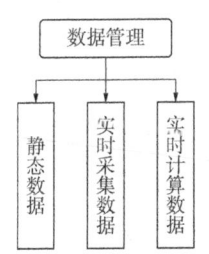

图 5.16　数据管理逻辑功能

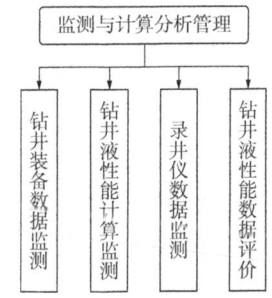

图 5.17　监测与计算分析逻辑功能

该系统逻辑架构主要包括：系统基础管理逻辑功能、静态动态数据管理逻辑功能、监测与计算分析逻辑功能、数据采集与传输逻辑功能四大块内容。

5.4.4 配套的系统数据库架构设计

数据库管理系统主要是负责满足系统功能模块的配套数据显示与分析等功能，其保障数据的安全可靠性。本书设计的基于钻井液性能在线测量参数计算分析与评价的数据库软件系统需要保障入库数据的可用性，如：数据冗余，以及扩展性能，如：增加索引、增加缓存等。本书设计的钻井液性能监测软件数据库管理系统是基于 SQL Server 2008 R2 数据库平台开发的。主要包括以下几个主要部分：钻井基础数据、整个系统的管理数据、钻井液性能测量实时采集的数据、钻井液性能计算数据、钻井液性能评价。系统数据架构如图 5.18 所示。

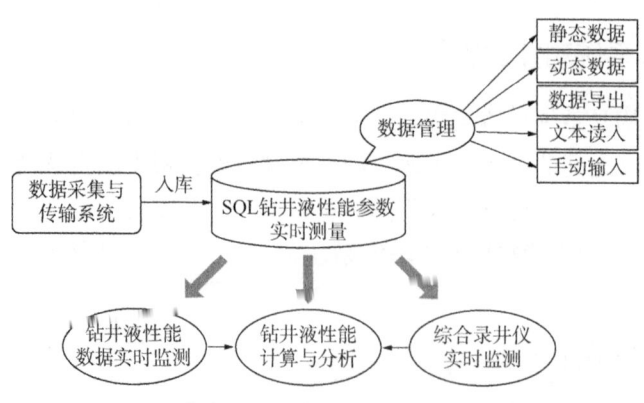

图 5.18 配套系统的数据库架构设计示意图

5.5 系统数据库设计

5.5.1 数据库需求分析

针对本书自主研制的钻井液性能实验装置,所开发配套软件系统设计的配套数据库主要包括井基础数据表、装置直接采集数据表、通过模型间接计算数据表、与工程录井数据相互传递的数据表、性能分析评价数据表,以及日志报表几大类。数据库表结构如图 5.19 所示。

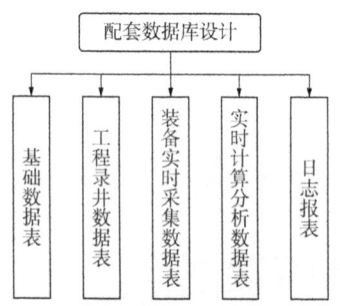

图 5.19 系统配套数据库表主要结构

5.5.2 数据库表结构设计

通过对本书开发的系统功能模块要求分析,设计相关的数据表及数据需求。各个表里主要包括需要实现各个功能模块参数的字段名称、字段类型(如 char 型、float 型等)、字段的长度等。设计表详细信息见表 5.1。

表 5.1 数据库设计表

数据表名称	数据来源	主要内容及作用
工程录井实时数据表	综合录井仪或现场实时数据服务器	系统接收并解析来自综合录井仪或服务器系统发送来的 WITS 数据,存储内容与基本时间数据表(GTB)一致,包含 45 个录井参数,系统主要获取其中的井深数据(包括钻头测量及垂直深度),其余参数用于系统扩展时的计算或作数据对比使用
流体性能实时监测表	设备传感器实时测量	系统通过质量流量计、压力计、pH 值计、倾角传感器、电导率传感器实时采集钻井液的关键参数,参数用于计算钻井液性能参数,并绘制曲线,用户可直观地观察管内钻井液的物理性质的变化。同时数据用于系统扩展后的计算参数主要来源,也可通过 WITS 发送模块发送至其他系统,参与计算

续表

数据表名称	数据来源	主要内容及作用
流体性能中间参数计算数据表	系统根据静态数据与实时数据计算出的过渡参数	系统实时计算出的与钻井液性能间接相关的参数，存储结果用于日后核对校验系统内嵌公式、算法是否正确，为修正提供最有力证明
流体性能计算结果数据表	系统根据静态数据与实时数据计算出的目标参数结果	存储系统实时计算出的用户重点关注的钻井液性能参数，包括动切力、流性指数、稠度系统、黏度。主要用于提供直观的参数展示，并与钻井液公司分析数据进行比对校验，同时数据用于系统扩展后的计算参数主要来源，也可通过 WITS 发送模块发送至其他系统，参与计算
井基本数据表	人工录入	录入井的井名、井号、所属区块、井别类型，以及部分地理信息。主要用于记录当前数据所属井，便于数据筛选区分，以及功能扩展时提供一定的关键信息
报表数据表	系统自动保存或人工录入	系统将操作者所选信息、数据自动填入表单中，操作者也可自行更改其中数据。用于向上级管理部门或工作交接时提交钻井液性能材料每日报表所需数据，以及记录修改数据结果

5.6 配套功能模型设计

5.6.1 登录界面设计

该系统的登录界面如图 5.20 所示。根据服务器主机地址进入软件登录界面，其需要输入客户的用户名、密码、系统选择连接的数据库名，以及相应的服务器 IP 地址。该功能能够保障系统的安全，不会被人轻易篡改、操作，造成系统崩溃，或者资料泄露。如图 5.21 所示，当登录系统后会对不同区块、不同井型、井号来进行选择监控，确保设备和软件应用于各口井数据的独立性与完整性。然后进入系统主界面，客户选择不同的功能模块进行实时监测与分析。

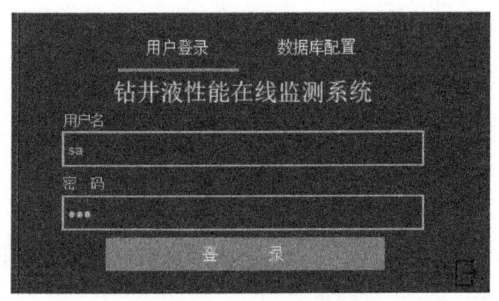

图 5.20 系统登录界面

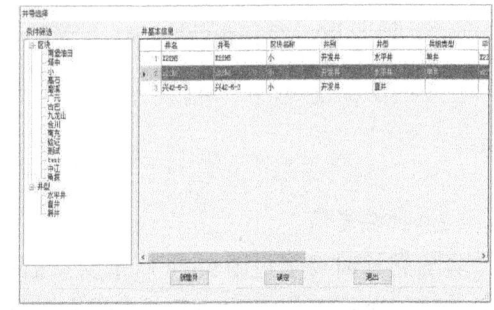

图 5.21 登录后主界面及选井界面

5.6.2 通信模块

通信模块实现了近端通信与远端通信。远端采用标准 WITS 端口与现场综合录井仪进行数据的交互,包括全部直接测量与间接测量的参数。首先进行录井仪器的连接,如图5.22所示。然后进行录井仪器的连接后进行数据的配置,也可点击"添加录井仪"按钮添加新设备。

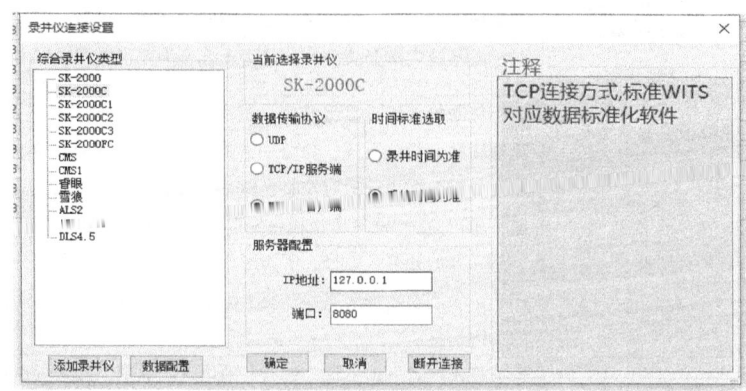

图 5.22　通信配置界面

(1) 近端通信。

近端通信通过采集卡连接下位机或者采用端口直接连接的方式,相关接口配置界面如图 5.23 所示。

图 5.23　近端数据接口配置

(2) 远端通信。

Wits 传输时可通过图 5.24 所示窗口监测数据发送状态。主要是将装置测量获得的近端数据通过 Wits 协议发送到远端录井仪的接收端。

5.6.3　数据管理模块

数据管理模块主要包括直接测量的数据表,以及对流体性能通过公式间接计算的数据表(图 5.25)。

时间	AV	PV	YP	n	K	FV	氯离子	PH	温度2	密度
2018/7/22 10:05:58	16.631	12.191	4.439	0.715	148.208	36.039	19312.302	10.015	40.474	1.761
2018/7/22 10:06:09	16.613	12.075	4.538	0.708	144.637	36.067	23868.292	9.829	40.497	1.760
2018/7/22 10:06:20	16.614	11.971	4.644	0.702	155.028	36.082	18557.623	9.902	40.306	1.759
2018/7/22 10:06:31	16.619	11.847	4.772	0.694	154.167	36.108	19000.529	9.868	40.398	1.759
2018/7/22 10:06:42	16.617	11.768	4.849	0.689	141.377	36.090	20711.926	9.766	40.161	1.759
2018/7/22 10:06:52	16.618	11.731	4.887	0.687	140.265	36.096	22142.993	9.848	40.649	1.758
2018/7/22 10:07:03	16.619	11.708	4.910	0.686	151.205	36.111	20315.366	9.788	40.233	1.757
2018/7/22 10:07:14	16.625	11.697	4.928	0.685	149.480	36.143	17914.129	9.875	40.489	1.757
2018/7/22 10:07:25	16.638	11.707	4.931	0.685	140.243	36.134	21021.456	9.918	40.404	1.757
2018/7/22 10:07:36	16.650	11.737	4.913	0.686	138.833	36.123	18440.733	9.815	40.406	1.758
2018/7/22 10:07:46	16.665	11.778	4.888	0.688	145.533	36.164	18894.271	9.741	40.434	1.759
2018/7/22 10:07:57	16.674	11.788	4.886	0.688	149.788	36.175	20891.422	9.755	40.638	1.761
2018/7/22 10:08:08	16.695	11.783	4.912	0.686	153.684	36.178	16375.501	9.869	40.448	1.762
2018/7/22 10:08:19	16.720	11.772	4.948	0.684	160.477	36.172	19462.834	9.907	40.586	1.763
2018/7/22 10:08:30	16.737	11.805	4.932	0.685	139.777	36.148	22413.919	9.839	40.695	1.764
2018/7/22 10:08:40	16.748	11.842	4.906	0.687	130.444	36.144	22897.375	9.869	40.131	1.764
2018/7/22 10:08:51	16.760	11.888	4.872	0.689	125.411	36.153	19108.577	9.830	40.405	1.764
2018/7/22 10:09:02	16.772	11.928	4.844	0.691	135.006	36.135	20204.128	9.963	40.373	1.764
2018/7/22 10:09:13	16.780	12.005	4.776	0.695	110.190	36.230	20268.736	9.867	40.339	1.763
2018/7/22 10:09:24	16.796	12.144	4.653	0.703	91.715	36.228	19128.942	9.714	40.013	1.763
2018/7/22 10:09:35	16.804	12.319	4.485	0.713	83.699	36.209	18727.084	9.864	40.437	1.762
2018/7/22 10:09:46	16.813	12.517	4.296	0.725	80.438	36.222	18213.994	9.842	40.250	1.763
2018/7/22 10:10:07	16.852	12.975	3.877	0.752	68.639	36.247	18375.342	9.889	40.199	1.763

数据发送状态监控

2018/7/22 10:08:40 数据发送正常
2018/7/22 10:08:51 数据发送正常
2018/7/22 10:09:02 数据发送正常
2018/7/22 10:09:13 数据发送正常
2018/7/22 10:09:24 数据发送正常
2018/7/22 10:09:35 数据发送正常
2018/7/22 10:09:46 数据发送正常
2018/7/22 10:10:07 数据发送正常

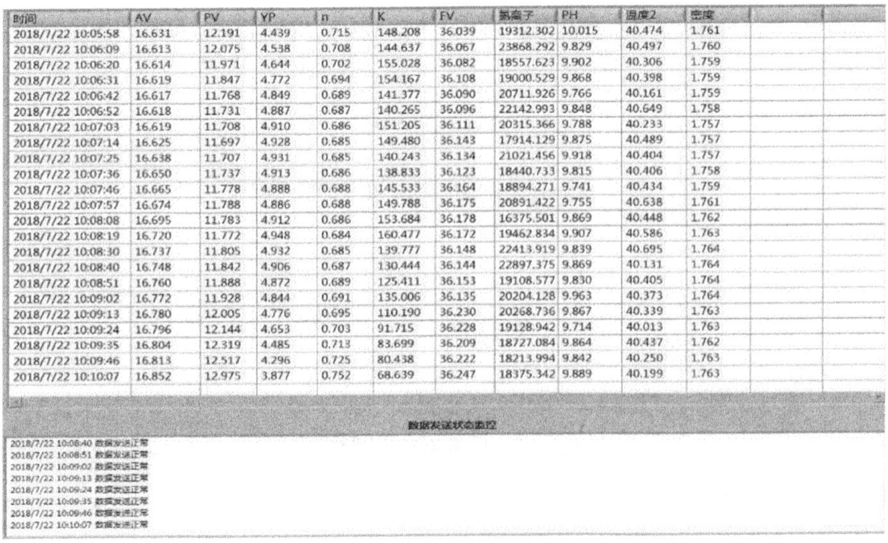

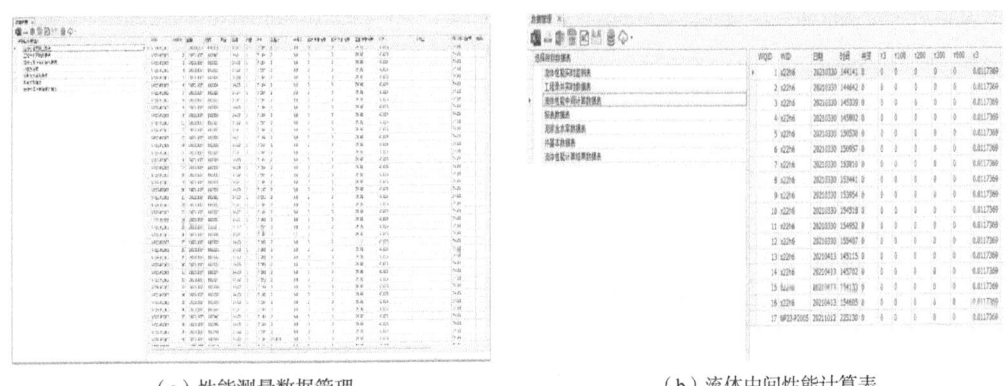

图 5.24　Wits 数据发送监测窗口

（a）性能测量数据管理　　（b）流体中间性能计算表

图 5.25　不同功能模块的数据管理

5.6.4　设备运行控制界面

该模块主要与研制的钻井液实时测量设备连接（图 5.26）。点击“启动通信”按钮，工控机成功与下位机建立通信连接，实时接收下位机传输的现场数据，发送至各功能模块用于显示、计算、存储。该模块实时监测下位机关键设备的运行状态，设备异常时及时报警，保障运行安全。控制按钮分为手动与自动两种模式，用户可根据设备当前阀位的开关状态选择控制模式，保障设备不出现憋住的情况。

5.6.5　监测界面

钻井液数据实时监测模块如图 5.27 所示，左侧实时显示当前最新数据，右侧为实时监测曲线，可修改参数的取值范围和曲线颜色。所有数据在后台与录井数据的井深和时间标齐，然后将所有数据存入数据库中。

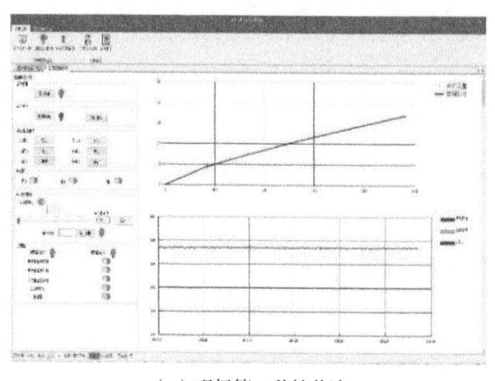 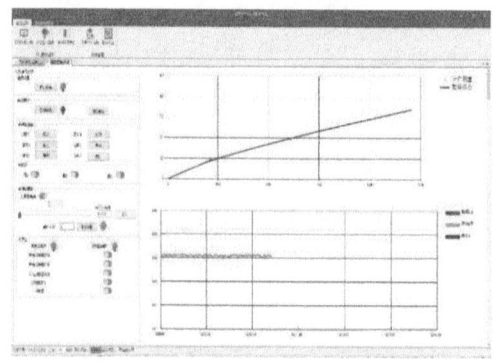

（a）现场第一种钻井液　　　　　　　　　（b）现场第二种钻井液

图 5.26　设备运行控制界面

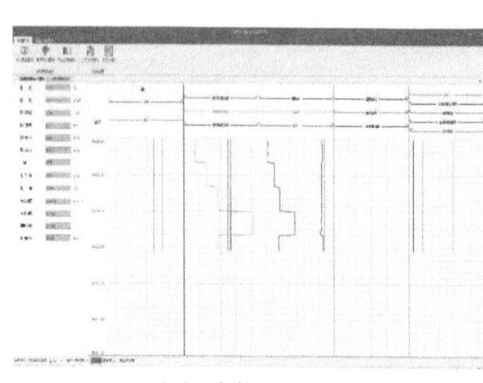 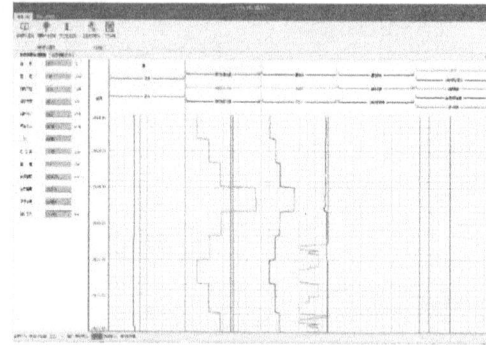

（a）现场第一种钻井液　　　　　　　　　（b）现场第二种钻井液

图 5.27　钻井液实时测量监测界面

测试钻井液来自川中北地区高石区块的井。利用研制的装置测量,控制过程及测量计算结果如图 5.26 和图 5.27 所示。根据图 5.26 设备运行控制界面可以看出,在左侧的各个灯亮为绿色表示设备在正常运行中,机械装置未发生故障,且与录井的通信正常连接,能够实现数据的交互。图 5.26(a)(b)分别测量的表观黏度为 0.046Pa·s 与 0.042Pa·s。根据图 5.27 钻井液性能数据实时监测界面左边所示,测量数值的显示主要包括温度、密度、压差、流变参数、流量、pH 值等参数。最下面菜单栏会显示当前测试井的井号,以及通信是否正常信息。

第6章 水基钻井液性能在线监测系统现场试验情况

2023年3月，水基钻井液性能在线监测系统运输至新疆博孜，从2号罐钻井液槽抽取钻井液进行性能测试。在线监测系统可将钻井液性能通过WITS通信协议实时发送给现场"黑匣子"和远程监控系统。完成了水基钻井液性能监测装置现场安装情况的布置研讨，并完成了流体管线、电器线路的连接及整体功能的联合调试。

使用旋转黏度计和水基钻井液性能在线监测系统对钻井液常规性能进行监测，数据见表6.1。

表6.1 实验数据

表观黏度 (mPa·s)	表观黏度		塑性黏度 (mPa·s)	塑性黏度		动切力 (Pa)	动切力		漏斗黏度	漏斗黏度		出口温度 (℃)	出口温度	
自动	手动	符合率	自动	手动	符合率	自动	手动	符合率	自动	手动	符合率	自动	手动	符合率
41.83	41.2	98.47%	32.756	31.8	96.99%	9.074	9.4	96.53%	47.09	47	99.81%	47	45	95.56%
40.84	41.15	99.25%	31.6	32	98.75%	9.24	9.15	99.02%	46.451	47	98.83%	47	45	95.56%
40.207	41.15	97.71%	31.326	32	97.89%	8.881	9.15	97.06%	46.195	47	98.29%	47	46	97.83%
42.388	41.15	96.99%	33.526	32	95.23%	8.862	9.15	96.85%	47.83	50	95.66%	46.4	45	96.89%
41.478	43	96.46%	30.683	32	95.88%	10.795	11	98.14%	46.946	49	95.81%	46.8	45	96.00%
39.229	41	95.68%	30.52	32	95.38%	8.709	9	96.77%	45.712	47	97.26%	45.7	45	98.44%
42.129	43	97.97%	31.509	32	98.47%	10.62	11	96.55%	45.605	47	97.03%	44.2	45	98.22%
39.206	41	95.62%	30.474	32	95.23%	8.732	9	97.02%	45.335	47	96.46%	45.5	45	98.91%
41	43	95.35%	37.05	39	95.00%	3.95	4	98.75%	47	48	97.92%	45.6	45	95.83%
40.742	41	99.37%	32.593	33	98.77%	8.149	8	98.14%	46.231	47	98.36%	44.6	46	96.96%
42.929	43	99.83%	38.817	39	99.53%	4.112	4	97.20%	46.464	48	96.80%	46	47	97.87%
40.182	41	98.00%	32.199	33	97.57%	7.983	8	99.79%	48.217	47	97.41%	46	45	97.78%
40.913	41	99.79%	32.658	33	98.96%	8.255	8	96.81%	48.564	48	98.83%	46	45	97.78%
42.211	41	97.05%	34.165	33	96.47%	8.046	8	99.43%	47.146	49	96.22%	46.7	47	99.36%
40.303	41	98.30%	32.661	33	98.97%	7.642	8	95.52%	45.213	47	96.20%	44.4	43	96.74%
42.215	41	97.04%	33.951	33	97.12%	8.264	8	96.70%	47.98	50	95.96%	44.2	43	97.21%
40.93	40.95	99.95%	32.767	33	99.29%	8.163	7.95	97.32%	46.296	47	98.50%	46	44	95.45%
42.013	40.95	97.40%	34.191	33	96.39%	7.822	7.95	98.39%	46.973	48	95.86%	44.1	43	97.44%
42.474	40.95	96.28%	34.266	33	96.16%	8.208	7.95	96.75%	46.996	49	95.91%	43.2	42	97.14%
41.6	40.95	98.41%	34	33	96.97%	7.6	7.95	95.60%	46.4	47	98.72%	42.1	41	97.32%
40.4	40.95	98.66%	32.75	33	99.24%	7.65	7.95	96.23%	53.1	47	87.02%	45	46	97.83%
42	40.95	97.44%	33.843	33	97.45%	8.157	7.95	97.40%	49.315	47	95.07%	47	48	97.92%
42.5	43	98.84%	38.6	39	98.97%	3.9	4	97.50%	50.17	49	95.48%	45.2	46	98.26%
42.32	41	96.78%	34.2	33	96.36%	8.12	8	98.50%	52.081	49	95.84%	46.3	47	97.11%
42.546	43	98.94%	34.817	35.1	98.19%	7.729	7.9	97.84%	47.067	49	96.06%	49	50	98.00%
43.428	43	99.00%	35.124	35	99.65%	8.304	8	96.20%	47.49	49	96.92%	48.3	49	98.57%
43.695	43	98.38%	35.869	35.2	98.10%	7.826	7.8	99.67%	47.699	50	95.40%	49	50	98.00%

通过对比人工手动和系统自动的方式获得的结果数据，检验水基钻井液性能在线监测系统的监测效果。人工手动的方式即由现场人员人工取样钻井液(图6.1)，再使用旋转黏

度计对钻井液流变性能进行测量,难以实现实时测量的同时,还可能因为环境、人员操作不当等因素造成测量误差较大。

图 6.1　人工取样钻井液

而经测试,工作稳定、测量精准的钻井液性能在线监测系统能够有效减少人为误差,实现钻井液性能参数实时监测与传输,有助于复杂事故的及时快速处理,大幅提升作业效率和质量,增强现场决策的时效性与科学性,如图 6.2 和图 6.3 所示。

图 6.2　系统现场测试(一)

图 6.3　系统现场测试(二)

设备测试软件的主界面通常包含菜单栏、工具栏和操作面板。菜单栏提供各种功能选项,工具栏包含常用工具和快捷按钮,操作面板用于设置测试参数和控制测试过程。钻井液实时测量监测界面显示设备测试软件实时采集和测试的数据。这些数据以曲线及实时数字形式展示,帮助用户实时监测钻井液的性能和状态,如图 6.4 和图 6.5 所示。

经现场试验,水基钻井液性能在线监测系统工作及待命总时间 109d,稳定运行 92d;测试参数不少于 15 项,常规性能误差不大于 5%,离子浓度平均不大于 10%,较好地完成了现场试验任务。通过在博孜 1001 井开展现场试验，验证了水基钻井液性能在线监测系统及测量方法能够有效满足现场作业需求。

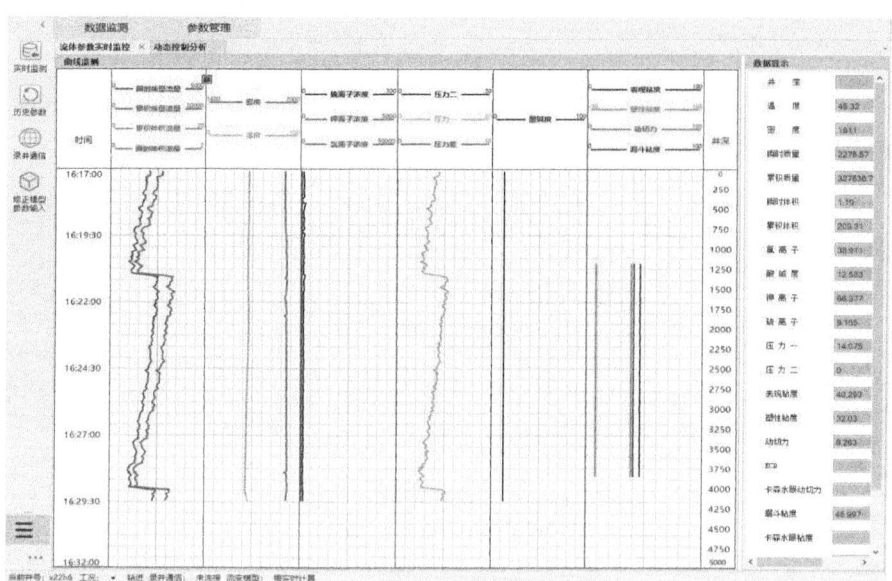

图 6.4　液体参数实时监测界面

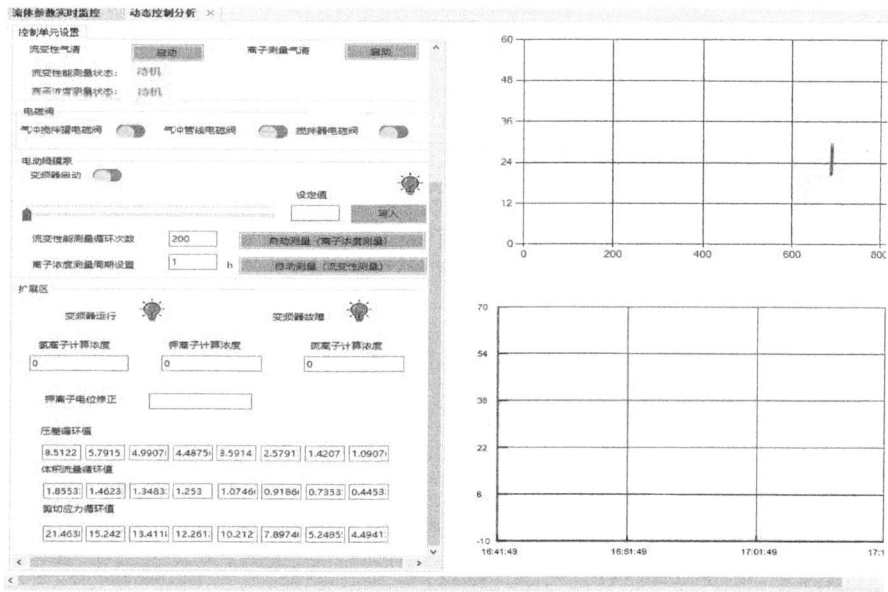

图 6.5　动态控制分析界面